矿山救援规程解读
2024

国家安全生产应急救援中心　编
应急管理部矿山救援中心

应急管理出版社

·北京·

图书在版编目（CIP）数据

矿山救援规程解读. 2024 / 国家安全生产应急救援中心，应急管理部矿山救援中心编. -- 北京：应急管理出版社, 2024. -- ISBN 978-7-5237-0656-5

Ⅰ. TD77-65

中国国家版本馆 CIP 数据核字第 20246RJ730 号

矿山救援规程解读　2024

编　　者	国家安全生产应急救援中心　应急管理部矿山救援中心
责任编辑	闫　非　肖　力　郭玉娟　籍　磊　王一名
编　　辑	杨　帆
责任校对	赵　盼
封面设计	解雅欣
出版发行	应急管理出版社（北京市朝阳区芍药居 35 号　100029）
电　　话	010-84657898（总编室）　010-84657880（读者服务部）
网　　址	www.cciph.com.cn
印　　刷	天津嘉恒印务有限公司
经　　销	全国新华书店
开　　本	710mm×1000mm $^1/_{16}$　印张　27　字数　342 千字
版　　次	2024 年 10 月第 1 版　2024 年 10 月第 1 次印刷
社内编号	20170188　　　　　　　　定价　128.00 元

版权所有　违者必究

本书如有缺页、倒页、脱页等质量问题，本社负责调换，电话：010-84657880
（请认准封底防伪标识，敬请查询）

编委会

主　　编　王立兵
副 主 编　姚　勇　李胜利　邱　雁　黄　昊
编写人员（按姓氏笔画排序）

　　　　　　王　辉　王小林　王明岳　王梦杰　申　辰
　　　　　　田得雨　刘　远　刘　涛　李树明　吴　兵
　　　　　　邹云龙　辛文斌　宋广林　张文明　陈庆贺
　　　　　　陈强盛　欧阳奇　胡召明　段鹏飞　侯志华
　　　　　　高玉忠　葛　亮　曾宪荣　霍军伟
统　　稿　宋广林　陈强盛
审稿专家　肖文儒　周心权　孟斌成　赵小魁　王宏伟

前言

习近平总书记指出，要坚持依法管理，运用法治思维和法治方式提高应急管理法治化、规范化水平。为进一步加强矿山救援工作法制化建设，提高矿山应急救援能力，应急管理部组织有关单位和专家，以行业标准《矿山救护规程》为基础，制定了《矿山救援规程》（简称《规程》），于2024年4月28日以应急管理部令第16号公布，自2024年7月1日起施行。

习近平总书记强调，法规制度的生命力在于执行。为帮助矿山安全和救援领域各单位和有关人员学好《规程》、用好《规程》、守好《规程》，国家安全生产应急救援中心、应急管理部矿山救援中心专门组织有关单位和专家，精心编写了这本《〈矿山救援规程〉解读》。

本书严格依照《规程》的精神内涵编写，主要把握以下原则：紧扣法理性，围绕相关法律、法规、标准和文件的有关要求，科学严谨解读条文，充分体现贯彻落实上位法和国家有关规定要求；力求释义性，对《规程》逐条释义，对条文的目的、意义以及关键语句、关键词、关键数据等进行阐释，做到深入浅出；突出专业性，从专业角度对有关原理、技术、装备、设施、方法等进行介绍，便于读者学懂弄通；注重可读性，在部分条文解读中列举了典型性案例，有的条文解读采用了图片等形式，做到通俗易懂；强化

前言

执行性，既解读条文本义，也解读条文落实和执行要求，使读者做到学用贯通、知行合一。

本书的编写和出版，得到了众多相关单位和专家的支持和帮助，汇聚了行业之才、凝聚了行业之力、发挥了行业之智。20余名来自应急管理部矿山救援中心、国家矿山安全监察局内蒙古局救援指挥中心、中国矿业大学（北京）、中煤科工集团重庆研究院有限公司、应急总医院、国家矿山应急救援开滦队、国家矿山应急救援大同队、国家矿山应急救援鹤岗队、国家矿山应急救援平顶山队、郑煤集团救援中心、国家危险化学品应急救援中煤平朔队、永贵能源开发有限责任公司矿山救护大队等单位的专业人员参与编写；5名资深专家对本书进行了全面、认真、严格、细致的审稿，提出了许多宝贵的修改意见；应急管理出版社组织骨干编辑力量，全力承担书稿的编辑任务，实现本书付梓面世。在此，对上述全体人员一并表示感谢！

因时间有限，书中难免有瑕疵不足，恳请广大读者批评指正并提出宝贵意见。希望本书的出版，对宣贯落实、准确执行《规程》发挥积极的促进和推动作用。

《矿山救援规程解读》编写组
2024 年 7 月

目 录

第一部分 导读

第一节 《规程》制修订历史沿革及简要过程 …………… 1

第二节 《规程》框架内容及主要特点 …………………… 4

第二部分 条文解读

第一章 总则 ……………………………………………… 8

第二章 矿山救援队伍 …………………………………… 23

 第一节 组织与任务 …………………………………… 23

 第二节 建设与管理 …………………………………… 31

第三章 救援装备与设施 ………………………………… 39

第四章 救援培训与训练 ………………………………… 49

第五章 矿山救援一般规定 ……………………………… 58

 第一节 先期处置 ……………………………………… 58

 第二节 闻警出动、到达现场和返回驻地 …………… 61

 第三节 救援指挥 ……………………………………… 64

 第四节 救援保障 ……………………………………… 69

 第五节 灾区行动基本要求 …………………………… 77

 第六节 灾区探察 ……………………………………… 87

目 录

　　第七节　救援记录和总结报告 …………………………… 92
第六章　救援方法和行动原则 ………………………………… 95
　　第一节　矿井火灾事故救援 ……………………………… 95
　　第二节　瓦斯、矿尘爆炸事故救援 ……………………… 129
　　第三节　煤与瓦斯突出事故救援 ………………………… 137
　　第四节　矿井透水事故救援 ……………………………… 146
　　第五节　冒顶片帮、冲击地压事故救援 ………………… 154
　　第六节　矿井提升运输事故救援 ………………………… 162
　　第七节　淤泥、黏土、矿渣、流砂溃决事故救援 ……… 170
　　第八节　炮烟中毒窒息、炸药爆炸和矸石山事故
　　　　　　救援 ……………………………………………… 173
　　第九节　露天矿坍塌、排土场滑坡和尾矿库溃坝
　　　　　　事故救援 ………………………………………… 179
第七章　现场急救 ……………………………………………… 183
第八章　预防性安全检查和安全技术工作 …………………… 201
　　第一节　预防性安全检查 ………………………………… 201
　　第二节　安全技术工作 …………………………………… 205
第九章　经费和职业保障 ……………………………………… 216
第十章　附则 …………………………………………………… 223

第三部分　附录

附录Ⅰ　中华人民共和国应急管理部令　第 16 号 ………… 224
附录Ⅱ　矿山救援规程 ………………………………………… 225
附录Ⅲ　《矿山救援规程》与《矿山救护规程》条文
　　　　对照表 ………………………………………………… 287

第一部分 导读

第一节 《规程》制修订历史沿革及简要过程

矿山救援是守护矿工生命安全的最后一道防线。矿山救援工作环境复杂、次生灾害多、安全风险高,具有很强的专业性,《规程》作为矿山应急救援工作的基本规范和重要遵循,其制修订和公布施行,作用突出,意义重大。

一、历史沿革

1953年,燃料工业部煤矿管理总局发布《中国煤矿军事化矿山救护队试行规程》,共6章135条,这是新中国第一部系统的煤矿救护规程。

1963年,煤炭工业部修订发布《煤矿军事化矿山救护队战斗条例》,促进了矿山救护队战斗力的提升。

1978年,煤炭工业部修订发布《矿山救护队工作条例》《矿山救护队战斗准备标准和检查办法》,这两部法规执行近10年,对于加强矿山救护工作和矿山救护队建设发挥了重要作用。

1987年,煤炭工业部修订发布《煤矿救护规程》《军事化矿山救护队战斗行动准则》《军事化矿山救护队管理办法》。

第一部分 导读

1995年，煤炭工业部决定将《煤矿救护规程》《军事化矿山救护队战斗行动准则》《军事化矿山救护队管理办法》修改合并为《煤矿救护规程》。

2004年，我国开始实施安全生产行业标准，原国家安全监管局（国家煤矿安监局）将《矿山救护规程》列入制修订计划，于2007年以强制性标准的形式发布了《矿山救护规程》（AQ 1008—2007），增加了金属非金属矿山救援和医疗急救内容。

2015年以来，国家安全生产应急救援中心、应急管理部矿山救援中心以《矿山救护规程》（AQ 1008—2007）为基础，牵头制定了部门规章《矿山救援规程》，于2024年4月28日以应急管理部令第16号公布，自2024年7月1日起施行。

二、《规程》制定的必要性

一是适应新时代提升矿山救援能力的需要。进入新时代，习近平总书记关于应急管理的重要论述，为推进我国应急管理体系和能力现代化提供了根本遵循和行动指南；国务院及安委会出台一系列文件对建设更加高效应急救援体系、加快提高应急救援能力、确保安全有效施救等方面提出了新要求；科技进步和应急产业发展推动救援技术装备达到了新水平，事故救援实践形成了一些更加科学的救援措施；另外，原《规程》自2007年发布以来已经17年，有必要对原《规程》作出相应改进，以适应当前和今后一个时期矿山救援工作需要。

二是加强和规范矿山救援工作的需要。原《规程》作为行业标准，在规范矿山救援工作、保护矿山职工生命安全、减少事故损失等方面发挥了积极作用，但也存在偏重于技术性要求、矿山救援管理工作弱化、权威性不高、矿山企业和有关单位不够重视等问题，为进一步加强矿山救援工作，有必要将其从强制性行业标准上升为部门规章管理,更好发挥其作用。

三是完善应急救援法律法规体系的需要。《中华人民共和国安全生产法》《中华人民共和国矿山安全法》和《生产安全事故应急条例》《煤矿安全生产条例》等法律法规对应急救援工作规定了原则性的法律条款,需要制定一部涵盖矿山救援各方面工作、细化落实和准确执行上位法有关规定的部门规章,为矿山救援工作提供基本、全面的法规制度遵循。

三、《规程》制定的简要过程

《规程》制修订工作,从 2015 年启动到 2024 年完成,总体经历了三个阶段。

第一阶段,2015 年至 2017 年,研究起草部门规章《矿山救援规程》。按照国家安全监管总局立法项目计划,2015 年 9 月 16 日,召开《规程》编审组会议,成立编审工作机构,设立 8 个编审小组(由国家矿山应急救援鹤岗队、大同队、开滦队、淮南队、平顶山队、芙蓉队、靖远队和龙口矿业集团救护大队分别牵头)开展编写工作。2016 年 3 月至 2017 年 3 月,形成《规程》(征求意见稿),在国家安全监管总局政务网站 2 次公开征求意见,组织召开了 2 次专家研讨会,多次研究修改。2017 年 6 月,形成了《矿山救援规程(送审稿)》。

第二阶段,2017 年至 2021 年,修订标准《矿山救护规程》。2017 年 11 月至 2018 年 1 月,按照有关通知要求,申报修订《规程》为安全生产行业标准和国家标准。2018 年 4 月 13 日,应急管理部下发《关于印发 2018 年安全生产行业标准制修订计划的通知》,将《规程》列为强制性行业标准修订项目。2019 年 4 月 4 日,国家标准化管理委员会下发通知,将制定《规程》列为强制性国家标准项目。2019 年 4 月至 2021 年 4 月,矿山救援中心牵头与中煤科工集团重庆研究院、国家矿山应急救援开滦队等单位，在第一阶段基础上开展《规程》编写工作，形成《规程》（征求意见稿）。2021年5月，《规程》（征求意见稿）在应急管理部政府网站面向社会公开征集意见。2021年11月组织召开了专家研讨会，根据专家意见研究修改，形成了《矿山救护规程（送审稿）》。

第三阶段，2021年至2024年，制定和发布部门规章《矿山救援规程》。2021年12月开始，根据健全完善应急管理法律法规和加强矿山救援工作需要，按照应急管理部副部长宋元明有关要求和国家安全生产应急救援中心重点工作安排，组织有关单位和专家在前两个阶段工作的基础上，按照起草部门规章有关要求，进行《规程》的研究和修改，于2022年形成征求意见稿。2022年至2023年，通过应急管理部政务网站和中国政府法制信息网（司法部官网）向社会公开征求意见，组织专家对《规程》作了修改补充和完善，并列入应急管理部2024年度立法工作计划。经过进一步修改完善和规定程序，2024年4月28日，《规程》以应急管理部令第16号公布，同年7月1日起施行。

第二节 《规程》框架内容及主要特点

一、《规程》的基本框架和内容

《规程》包括10章及附录，共172条及11个附录，主要内容如下。

第一章总则，共9条，主要明确目的、依据和适用范围，提出矿山救援工作理念、指导原则，规定了矿山企业应急管理责任、建立矿山救援队伍、做好应急救援工作等基本要求。

第二章矿山救援队伍、第三章救援装备与设施、第四章救援培训与训练，共29条，规定了矿山应急救援准备相关工作，主要包括矿山救援队的组织与任务、建设与管理、基本救援装备与设施配备、救援培训与训练的基本内容及要求等。

第五章矿山救援一般规定、第六章救援方法和行动原则、第七章现场急救，共116条，提出了矿山事故应急救援相关规定，包括三个方面：一是在事故先期处置、救援队接警出动、救援指挥、救援保障、灾区行动基本要求、灾区探察等方面作出规定；二是对煤矿、金属非金属矿山及尾矿库易发的九大类事故的救援方法和行动原则作出规定；三是对应急救援人员应当掌握的现场急救知识和急救措施作出规定。

第八章预防性安全检查和安全技术工作，共13条，规定了矿山救援队按照主动预防要求服务矿山企业，开展预防性安全检查、进行安全风险防范和参加各种安全技术服务工作的主要内容和基本要求。

第九章经费和职业保障，共3条，明确了矿山救援队建设运行经费保障和应急救援人员职业保障相关规定。

第十章附则，共2条，明确了本规程专业用语的含义，规定本规程的实施时间。附录以表格形式列出了《规程》部分条款规定的技术装备基本要求及其他相关内容。

二、《规程》制定的主要特点

《规程》以原《矿山救护规程》（AQ 1008—2007）为基础，修改、补充、完善了相关内容，主要有以下八个特点。

（一）体现践行"两个至上"的应急救援理念。增加了矿山救援工作应当以人为本，坚持人民至上、生命至上，贯彻科学施救原则，全力以赴抢救遇险人员，确保应急救援人员安全，防范次生灾害事故，避免或者减少事故对环境造成的危害等新规定。

（二）增加强化矿山企业应急救援工作责任的相关规定。提出了矿山企业应当健全应急救援规章制度，编制应急救援预案、组织开展应急救援演练、储备应急救援装备物资、加强对从业人员应急和自救知识培训、主要负责人对应急救援工作全面负责、全力做好抢险救援及相关工作等新要求。

（三）提出加强矿山救援队建设管理的新措施。规定了加强矿山救援队标准化建设工作，明确标准化建设内容要求。提出矿山救援队应当加强思想政治、职业作风和救援文化建设，强化职责使命教育，进一步规范队伍日常管理等基本要求。

（四）适当修改调整矿山救援基本装备配备要求。增加了技术成熟、先进适用的便携式气体分析化验设备、生命探测仪、泥沙泵、高压排水软管、救援三脚架等新装备，删除了技术落后、在救援实践中不起作用的负压氧气呼吸器、高压脉冲灭火装置、爆炸三角形测定仪等老装备，鼓励采用新技术、新装备。

（五）明确加强现场指挥和救援保障的新要求。要求参加事故灾害救援的队伍服从现场指挥部统一调度指挥，矿山救援队指挥员参与制定应急救援方案，具体负责矿山救援队的救援行动，带队执行灾区探察和救援任务，遇到突发危险情况有权带队撤出灾区。提出了救援保障基本要求，鼓励队伍加强自我保障能力。

（六）补充矿山事故救援方法和安全措施。新增了矿井冲击地压事故、提升运输事故救援方法和行动原则，矿山事故救援联络信号规定和大口径钻孔救援措施。补充了矿井封闭火区、启封火区、排放瓦斯等高风险作业安全措施，露天矿边坡坍塌事故救援相关规定，鼓励使用多种技术手段和设备进行人员搜救和安全监测预警。

（七）明确矿山救援队经费保障和应急救援人员职业保障。为保障矿山救援队持续、健康发展，提出了关于矿山救援队建设运行经费保障和应急救援人员职业保障方面的有关规定。

（八）调整采用专业化的表述方式。考虑到矿山救援队在我国应急力量体系中作为专业化应急救援队伍的特点，为进一步加强矿山救援队伍专业化、标准化建设，参照《生产安全事故应急条例》，将原《矿山救护规程》中使用的"救护指战员""加强战备""战备值班""灾区侦察"等带有军事化色彩的用语，调整采用"应急救援人员""加强准备""应急值班""灾区探察"等专业化术语进行表述。

第二部分 条文解读

第一章 总则

第一条 为了快速、安全、有效处置矿山生产安全事故,保护矿山从业人员和应急救援人员的生命安全,根据《中华人民共和国安全生产法》《中华人民共和国矿山安全法》和《生产安全事故应急条例》《煤矿安全生产条例》等有关法律、行政法规,制定本规程。

解读 本条指出了制定《矿山救援规程》的目的和依据。

(一)制定目的。我国矿产资源丰富、赋存条件复杂,矿山企业数量多、产量大,矿山生产系统繁多、自然灾害严重,事故灾害时有发生,安全生产形势依然严峻。矿山救援是守护矿工生命安全的最后一道防线,对于保护矿山从业人员和应急救援人员的生命安全、保障矿山安全生产至关重要。制定本规程的目的,一是加强矿山救援工作,提升应急救援能力,通过科学救援、高效救援,实现多救人、快救人,最大限度挽救遇险人员生命,减轻事故损失;二是规范矿山救援工作，明确行动原则和要求，通过依规救援、安全救援，避免违章指挥、盲目施救，保障应急救援人员生命安全，避免次生灾害事故；三是做好应急准备，提升救援水平，通过加强矿山救援队伍建设、配备先进适用装备、开展救援培训与训练等，做到快速、安全、有效处置矿山生产安全事故，最大限度减少事故灾害造成的损失；四是加强安全风险防范，推进关口前移，通过矿山救援队伍参与预防性安全检查、进行安全技术工作等，及时发现和处置事故隐患，有效预防矿山生产安全事故。

（二）制定依据。本规程依据《安全生产法》《突发事件应对法》《矿山安全法》和《生产安全事故应急条例》《煤矿安全生产条例》等法律和行政法规制定。上述法律法规对生产安全事故应急救援工作作了原则性规定，如《安全生产法》第七十九条至第八十五条，《突发事件应对法》第三十六条、第三十九条、第四十条，《矿山安全法》第三十一条、第三十六条，《生产安全事故应急条例》第四条至第二十八条，《煤矿安全生产条例》第二十九条等。本规程的立法原则和基本要求与上述法律法规完全一致，内容与上位法相衔接。本规程是上述法律法规有关条文规定对于矿山救援工作的具体化，是涵盖矿山救援各方面、细化落实和准确执行上位法有关规定的部门规章，为矿山救援工作提供基本、全面的法规制度遵循。

第二条 在中华人民共和国领域内从事煤矿、金属非金属矿山及尾矿库生产安全事故应急救援工作（以下统称矿山救援工作），适用本规程。

解读 本条明确了本规程的适用范围。

第二部分 条文解读

（一）本规程的适用范围。在中华人民共和国领域内，煤矿、金属非金属矿山及尾矿库生产安全事故应急救援工作，包括矿山生产安全事故的应急准备和救援处置工作，统称矿山救援工作，适用本规程。

（二）本规程适用的主体范围。在中华人民共和国领域内的各类煤矿、金属非金属矿山及尾矿库企业（统称矿山企业）和矿山救援队伍，适用本规程。

第三条 矿山救援工作应当以人为本，坚持人民至上、生命至上，贯彻科学施救原则，全力以赴抢救遇险人员，确保应急救援人员安全，防范次生灾害事故，避免或者减少事故对环境造成的危害。

解读 本条提出了矿山救援工作的理念和原则。

（一）牢固树立"人民至上、生命至上"理念。矿山救援工作是安全生产和应急管理的重要组成部分。《安全生产法》第三条规定，安全生产工作应当以人为本，坚持人民至上、生命至上，把保护人民生命安全摆在首位。《突发事件应对法》第五条规定，突发事件应对工作应当坚持总体国家安全观，统筹发展与安全，坚持人民至上、生命至上。《煤矿安全生产条例》第三条规定，煤矿安全生产工作应当以人为本，坚持人民至上、生命至上，把保护人民生命安全摆在首位。党的十八大以来，习近平总书记始终把人民放在心中最高的位置，坚持人民至上、生命至上，把保障人民群众生命财产安全作为坚守初心、践行宗旨的重要使命。做好新时代矿山救援工作，就是要坚持"两个至上"理念，把遇险人员和应急救援人员生命安全放在第一位，不抛弃、不放弃，全力以赴抢救遇险人员,切实做到救民于水火,助民于危难;助力防范化解重大安全风险,切实为矿山安全生产保驾护航,不断增强人民群众的获得感、幸福感、安全感。

(二)坚持科学施救工作原则。矿山救援作业环境复杂,次生灾害多、安全风险高,具有很强的专业性。《安全生产法》第八十五条规定,参与事故抢救的部门和单位应当服从统一指挥,加强协同联动,采取有效的应急救援措施,防止事故扩大和次生灾害的发生,减少人员伤亡和财产损失,避免或者减少对环境造成的危害。《突发事件应对法》第五条规定,突发事件应对工作应当坚持依法科学应对,尊重和保障人权。《生产安全事故条例》第十八条规定,有关地方人民政府及其部门在采取应急救援措施时,应防止事故危害扩大和次生、衍生灾害发生,避免或者减少事故对环境造成的危害。《国务院安委会关于进一步加强生产安全事故应急处置工作的通知》提出,坚持科学施救的原则,在确保救援人员安全的前提下实施救援,全力以赴搜救遇险人员,精心救治受伤人员,妥善处理善后,有效防范次生衍生事故。矿山救援工作要始终贯彻上述规定,在实施救援的过程中,确保应急救援人员安全,坚决防范次生灾害事故,避免或者减少事故对环境造成的危害。

(三)科学施救需要把握的要点。一是精准救援。习近平总书记在2019年中央政治局第十九次集体学习时提出要实施精准治理,预警发布要精准,抢险救援要精准。矿山救援必须精准调动救援力量,科学制定救援方案,及时作出救援决策,合理采取救援措施。二是专业救援。救援指挥要专业、队伍要专业、装备要专业,要充分依靠专家、专业技术人员分析研判灾情,充分运用先进适用技术装备。三是高效救援。救援力量快速响应,有效运用应急联动机制,加强救援现场组织协调,抢抓生命救援黄金时间,快速打通生命通道。四是安全救援。加强救援现场安全预警监测,提高救援安全系数，严防发生次生灾害事故，确保救援人员安全。五是加强保障。发生事故的矿山企业和当地有关部门，在后勤、物资、通信、交通、医疗、电力、气象、现场秩序维护等方面加强保障，确保救援顺利进行。

第四条 矿山企业应当建立健全应急值守、信息报告、应急响应、现场处置、应急投入等规章制度，按照国家有关规定编制应急救援预案，组织应急救援演练，储备应急救援装备和物资，其主要负责人对本单位的矿山救援工作全面负责。

【解读】本条是关于矿山企业落实安全生产主体责任，加强应急准备工作的规定。

（一）建立矿山救援组织体系。根据《安全生产法》第五条规定，矿山企业承担安全生产工作主体责任，其主要负责人是本单位安全生产第一责任人，对本单位的安全生产工作全面负责，其他负责人对职责范围内的安全生产工作负责。矿山救援工作是矿山安全生产的重要组成部分，矿山企业应当结合本单位安全生产管理机构，建立矿山救援组织体系。一是明确矿山企业主要负责人对本单位的矿山救援工作全面负责，各分管负责人按照职责分工负责。二是明确矿山救援管理机构，配备相应的管理人员。三是建立健全应急工作规章制度，规范应急管理和矿山救援工作。四是按照有关规定建立矿山救援队伍，及时响应处置矿山事故灾害。五是落实全员安全生产责任制，全员参与本单位应急工作。

（二）建立健全应急工作规章制度。一是应急值守制度，矿山实行24小时调度值班，值班人员应当熟悉应急处置程序，在出现险情或发生事故时及时下达撤人指令和采取应急措施。二是监控预警制度，充分利用各种监测监控预警系统，发挥监测预警系统早期识别风险和应急处置工作的支撑作用。三是信息报告制度，事故现场作业人员、调度值班人员、企业负责人等及时报告事故信息，迅速通知有关单位、人员和应急救援队伍参加救援。四是应急响应制度，明确各类事故灾害应急响应的程序、级别、单位及人员、采取措施等。五是现场处置制度，规定本单位发生事故灾害后及时成立现场指挥机构及人员组成，规范现场处置程序，提出各类事故灾害救援处置措施，明确抢险救援保障工作任务等。六是应急投入制度，保障应急救援队伍建设运行、应急救援装备物资及设施建设、应急救援演练等应急工作资金，做到应急投入到位。

（三）编制应急救援预案与组织应急演练。一是矿山企业必须按照《安全生产法》《突发事件应对法》和《生产安全事故应急条例》《煤矿安全生产条例》等有关法律法规的要求，编制本单位应急救援预案。二是编制应急救援预案，应当符合《突发事件应急预案管理办法》《生产安全事故应急预案管理办法》《生产经营单位生产安全事故应急预案编制导则》的要求，结合本单位安全生产实际，开展风险辨识和评估，要具有很强的针对性和操作性，并能体现自救互救和先期处置等特点。三是应当按照有关要求与所在地县级以上地方人民政府及其有关部门组织制定的应急救援预案相衔接，并按照分级属地原则进行备案，抄送驻地矿山安全监察机构。四是应急救援预案的主要内容发生变化，或者在事故处置和应急演练中发现存在重大问题时，应当及时修订完善。五是煤矿还应按照《煤矿安全规程》有关要求编制年度灾害预防和处理计划，并根据具体情况及时修改。六是按照上述有关法律法规和《生产安全事故应急演练基本规范》等标准，组织开展应急救援演练。

（四）储备应急装备物资和建立应急设施。《安全生产法》第八十二条规定，矿山等单位应当配备必要的应急救援器材、设备和物资，并进行经常性维护、保养，保证正常运转。《突发事件应对法》第三十六条规定，矿山等单位应当配备必要的应急救援器材、设备和物资。《生产安全事故应急条例》第十三条规定，矿山等应当根据本单位可能发生的生产安全事故的特点和危害，配备必要的灭火、排水、通风以及危险物品稀释、掩埋、收集等应急救援器材、设备和物资，并进行经常性维护、保养，保证正常运转。矿山企业应当坚守安全红线，运用底线思维，坚持预防为主、预防与应急相结合，充分做好应急装备物资和设施准备，宁可备而不用，不可用时无备。一是根据可能发生的生产安全事故的特点和危害，配备必要的灭火、排水、通风等应急救援器材、设备和物资。二是根据矿井灾害事故特点，重点加强潜水电泵及配套管路、救援钻机及其配套设备、快速掘进与支护设备、应急通信装备等的储备。三是按照有关规定建立矿井安全避险系统，包括监测监控、人员定位、通信联络、压风自救、供水施救、紧急避险、避灾路线、应急广播等系统。四是为入井人员配备额定防护时间不低于30分钟的隔绝式自救器，并根据需要在避灾路线上设置自救器补给站。五是配备的救援装备、器材、物资、仪器和建立的设施，应当定期检查、维护、校准、保养，做好记录，确保正常、完好、可靠。六是了解掌握周边单位和社会应急资源，与邻近地区矿山企业和有关单位建立应急资源共享、协作机制，提高事故应对处置能力。

第五条 矿山救援队（矿山救护队，下同）是处置矿山生产安全事故的专业应急救援队伍。所有矿山都应当有矿山救援队为其服务。

矿山企业应当建立专职矿山救援队；规模较小、不具备建立专职矿山救援队条件的，应当建立兼职矿山救援队，并与邻近的专职矿山救援队签订应急救援协议。专职矿山救援队至服务矿山的行车时间一般不超过 30 分钟。

县级以上人民政府有关部门根据实际需要建立的矿山救援队按照有关法律法规的规定执行。

解读 本条明确了矿山救援队的性质和矿山企业建立矿山救援队的基本要求。

（一）矿山救援队的性质。矿山救援队是为应对矿山生产安全事故而设立，承担矿山事故灾害救援职责，其组成人员经过矿山救援专业知识和技能培训，其工作任务具有较强的专业特性，是处置矿山生产安全事故的专业应急救援队伍。按照职业特性，矿山救援队分为专职矿山救援队和兼职矿山救援队。矿山救援队从事矿山事故灾害的救援处置和安全生产风险防范等工作，服务范围应当覆盖所有矿山。

（二）矿山企业建立矿山救援队的要求。矿山开采属于高危行业。《安全生产法》第八十二条规定，危险物品的生产、经营、储存单位以及矿山、金属冶炼、城市轨道交通运营、建筑施工单位应当建立应急救援组织；生产经营规模较小的，可以不建立应急救援组织，但应当指定兼职的应急救援人员。《突发事件应对法》第三十九条规定，单位应当建立由本单位职工组成的专职或者兼职应急救援队伍。《矿山安全法》第三十一条规定，矿山企业应当建立由专职或者兼职人员组成的救护和医疗急救组织。《生产安全事故应急条例》第十条规定，易燃易爆物品、危险化学品等危险物品的生产、经营、储存、运输单位，矿山、金属冶炼、城市轨道交通运营、建筑施工单位，以及宾馆、商场、娱乐场所、旅游景区等人员密集场所经营单位，应当建立应急救援队伍；其中，小型企业或者

第二部分 条文解读

微型企业等规模较小的生产经营单位，可以不建立应急救援队伍，但应当指定兼职的应急救援人员，并且可以与邻近的应急救援队伍签订应急救援协议。《煤矿安全生产条例》第二十九条规定，煤矿企业应当设立专职救护队；不具备设立专职救护队条件的，应当设立兼职救护队，并与邻近的专职救护队签订救护协议。依据上述法律法规，结合当前矿山安全生产形势依然严峻的实际，本规程规定，矿山企业应当建立专职矿山救援队；生产规模较小、从业人员较少、建立专职矿山救援队确实有困难的矿山企业，可以建立兼职矿山救援队，但同时应当与邻近的专职矿山救援队签订应急救援协议。

（三）专职矿山救援队的服务范围。矿山事故灾害应急救援工作是与时间赛跑，能够争取到越快的救援时间，就越有利于抢险救援。另一方面，我国矿山企业数量多、分布区域广，生产规模、灾害程度差异大，安全生产形势持续稳定好转。综合考虑矿山救援以往经验、当前实际和应急救援资源合理配置与布局，本条规定专职矿山救援队至服务矿山的行车时间一般不超过 30 分钟，就是要求在通常的情况下，专职矿山救援队的驻地至服务矿山的最远距离，在路况正常、无极端天气、车辆正常行驶时，以行车时间不超过 30 分钟为限。专职矿山救援队的驻地距离服务矿山较远的，可以采取派驻救援分队（可轮流驻扎）的方式为服务矿山提供应急救援服务。个别生产规模较小且地理位置偏远的矿山企业，不具备建立专职矿山救援队条件且周边 30 分钟车程范围内无专职矿山救援队的，应当与距离最近的专职矿山救援队签订应急救援协议，同时进一步加强兼职矿山救援队建设，大力提升应急救援能力，在专职矿山救援队到达前迅速、安全、有效开展前期救援处置工作。

（四）关于政府部门建立的矿山救援队。《突发事件应对法》第三十九条规定，县级以上人民政府有关部门可以根据实际需要设立专业应急救援队伍。《生产安全事故应急条例》第九条规定，县级以上人民政府负有安全生产监督管理职责的部门根据生产安全事故应急工作的实际需要，在重点行业、领域单独建立或者依托有条件的生产经营单位、社会组织共同建立应急救援队伍。多年来，一些政府部门根据上述法律法规和实际工作需要，建立了多支矿山救援队，这些队伍的组织管理、培训训练、装备设施、救援处置等工作应该遵守本规程。

（五）关于矿山救援队的称谓。传统上，我国的矿山救援工作也称为矿山救护工作，从事这项工作的专业队伍称为矿山救护队。近年来，在法规、文件和实际工作中，"矿山救援"一词使用的频次增多，新建的专业队伍有的称为矿山救援队。目前，各地使用矿山救援队、矿山救护队或者矿山应急救援中心等名称的专业应急救援队伍同时存在，这些队伍性质是相同的，都是我国的矿山应急救援队伍。本规程考虑既成事实，不搞形式主义，不要求统一各队伍的称谓，各支队伍现有的名称、标识等不需因本规程的发布而改变。本条中"矿山救援队（矿山救护队，下同）"的表述，是为了《规程》条文表述的简化方便，《规程》条文表述中凡是涉及矿山救援队的，同样适用矿山救护队或者其他名称的同类队伍。

第六条 矿山企业应当及时将本单位矿山救援队的建立、变更、撤销和驻地、服务范围、主要装备、人员编制、主要负责人、接警电话等基本情况报送所在地应急管理部门和矿山安全监察机构。

解读 本条是关于矿山救援队信息报备的规定。

（一）矿山救援队信息报备的要求。《生产安全事故应急条例》

第二部分 条文解读

第十二条规定，生产经营单位应当及时将本单位应急救援队伍建立情况按照国家有关规定报送县级以上人民政府负有安全生产监督管理职责的部门，并依法向社会公布。根据上述规定，结合矿山救援工作实际，矿山企业应当及时将本单位矿山救援队的建立情况报送所在地应急管理部门和矿山安全监察机构，使其及时、准确掌握属地矿山救援队伍基本情况，规范矿山救援队伍管理，精准调用、指导协调矿山救援队伍参加事故灾害救援。应急管理部门和矿山安全监察机构应当根据需要将属地矿山救援队伍建立情况报送上级单位。矿山企业可以根据需要将本单位矿山救援队的建立情况报送所在地其他负有安全生产监督管理职责的部门。

（二）矿山救援队信息报备的内容。需要报备的矿山救援队建立情况，包括本单位矿山救援队的名称及建立、变更、撤销时间，矿山救援队的驻地、服务范围、主要装备、人员编制、主要负责人、接警电话等基本情况。

> **第七条** 矿山企业应当与为其服务的矿山救援队建立应急通信联系。煤矿、金属非金属矿山及尾矿库企业应当分别按照《煤矿安全规程》《金属非金属矿山安全规程》《尾矿库安全规程》有关规定向矿山救援队提供必要、真实、准确的图纸资料和应急救援预案。

【解读】 本条规定矿山企业应与矿山救援队建立应急通信联系，主动提供必要的图纸和资料。

（一）建立良好的应急通信联系。应急通信联系是事故信息接报和救援信息传递的专用渠道，是实现迅速响应、及时处置的关键环节。矿山企业应与矿山救援队建立良好的应急通信联系，一是应急电话独立专用,能够随时快速接通,避免发生线路占用。二是电话号码简单并相对固定,方便记忆和快速拨打,确需变更的要及时报备更新。三是信号传达清晰、稳定、不失真,通信用语简练、准确、专业,精准传递事故和救援信息。此外,应急通信联系方式不局限于电话,鼓励使用先进通信工具和信息化系统等其他科技手段。

(二)《煤矿安全规程》有关规定。井工煤矿应当向矿山救援队提供采掘工程平面图、矿井通风系统图、井上下对照图、井下避灾路线图、灾害预防和处理计划,以及应急救援预案;露天煤矿应当向矿山救援队提供采剥、排土工程平面图和运输系统图、防排水系统图及排水设备布置图、井工老空区与露天矿平面对照图,以及应急救援预案。

(三)《金属非金属矿山安全规程》有关规定。地下矿山应当向矿山救援队提供矿区地形地质图、水文地质图(含平面和剖面)、开拓系统图、中段平面图、通风系统图、井上井下对照图、压风供水排水系统图、通信系统图、供配电系统图、井下避灾路线图、相邻采区或矿山与本矿山空间位置关系图,以及应急救援预案;露天矿山为矿山救援队提供地形地质图、采剥工程年末图、采场边坡工程平面及剖面图、采场最终境界图、排土场年末图、排土场工程平面及剖面图、供配电系统图、井下采空区与露天矿平面对照图、防排水系统图,以及应急救援预案。

(四)《尾矿库安全规程》有关规定。生产经营单位应落实尾矿库应急管理主体责任,建立健全尾矿库生产安全事故应急工作责任制和应急管理规章制度,制定应急救援预案,并及时发放到尾矿库各部门、岗位和应急救援队伍。

(五)提供必要、真实、准确的图纸、资料。全面、真实、准确的图纸资料和应急救援预案是实现科学救援、安全救援、高效救

第二部分 条文解读

援的重要技术支撑。矿山企业应当主动向为其服务的矿山救援队提供必要的图纸资料和应急救援预案，提供的图纸、资料应当全面、真实、准确，并根据需要定期更新，不得弄虚作假，否则会对救援处置工作造成严重影响。例如，2022年2月25日，某矿超出矿界范围布置的隐蔽工作面发生重大顶板事故，该矿隐蔽工作面未上图纸、相关资料造假，给救援工作造成极大障碍，事故造成14人遇难。

第八条 发生生产安全事故后，矿山企业应当立即启动应急救援预案，采取措施组织抢救，全力做好矿山救援及相关工作，并按照国家有关规定及时上报事故情况。

解读 本条是关于发生生产安全事故后，矿山企业开展应急响应和救援处置的规定。

（一）矿山事故应急救援措施。根据《生产安全事故应急条例》和矿山救援工作实际，发生生产安全事故后，矿山企业应当立即启动应急救援预案，采取措施组织抢救。采取的主要措施包括：一是迅速控制危险源，通知矿山救援队、医疗急救机构等，组织抢救遇险人员；二是根据事故危害程度，组织现场人员撤离或者采取可能的应急措施后撤离；三是及时通知可能受到事故影响的单位和人员；四是采取必要措施，防止事故危害扩大和次生、衍生灾害发生；五是根据需要申请上级有关部门调用邻近矿山救援队伍参加救援，并向参加救援的矿山救援队伍提供相关技术资料、信息和处置方法；六是维护事故现场秩序，保护事故现场和相关证据；七是其他有效的应急救援措施。

（二）按照国家有关规定及时上报事故情况。按照《生产安全事故报告和调查处理条例》《矿山生产安全事故报告和调查处理办法》等有关规定，及时向矿山企业主管单位、政府和国家安全监管监察部门上报事故情况。报告事故应当包括下列内容：事故发生单位概况；事故发生的时间、地点以及事故现场情况；事故的简要经过；事故已经造成或者可能造成的伤亡人数（包括下落不明的人数）和初步估计的直接经济损失；已经采取的措施；其他应当报告的情况。事故报告后出现新情况的，应当及时补报。

（三）全力做好矿山救援及相关工作。发生事故的矿山企业应当把矿工生命安全摆在首要位置。必须在第一时间组织救援处置，救早救小，充分调动企业各方力量，形成最大合力，全力施救，并且全力做好后勤、物资等抢险救援保障，最大程度挽救遇险矿工生命、减少事故灾难造成的损失。

第九条 矿山救援队应当坚持"加强准备、严格训练、主动预防、积极抢救"的工作原则；在接到服务矿山企业的救援通知或者有关人民政府及相关部门的救援命令后，应当立即参加事故灾害应急救援。

解读 本条规定了矿山救援队的工作原则和参加应急救援法定义务。

（一）矿山救援队的工作原则。一是加强准备，就是加强应急准备。做好队伍建设、值班值守、装备配备及维护、救援技能培训、制定救援行动预案等各项准备工作。二是严格训练，就是苦练救援本领。树立"练为战"的思想，严格进行业务、体能和心理等训练，积极开展应急演练，不断提升应急救援能力和水平。三是主动预防，就是关口前移、风险防范。主动配合服务矿山企业开展预防性安全检查，参与安全技术工作，熟悉矿山环境和救援条件，及时消除风险隐患,积极协助企业开展应急知识和自救互救培训教育。四是积极抢救,就是全力以赴、科学施救。积极采取先进技术装备和技术手段,在保障自身安全的情况下,全力以赴开展抢险救援,做到快救人、多救人。

(二)履行应急救援法定义务。《安全生产法》第八十五条规定,任何单位和个人都应当支持、配合事故抢救,并提供一切便利条件。《生产安全事故应急条例》第十九条规定,应急救援队伍接到有关人民政府及其部门的救援命令或者签有应急救援协议的生产经营单位的救援请求后,应当立即参加生产安全事故应急救援。矿山救援队伍作为生产安全事故专业应急救援队伍,要坚守初心使命,践行训词精神,除了参与本企业事故灾害救援外,应当按照有关法律法规的规定,在接到服务矿山企业的救援通知或者有关人民政府及相关部门的救援命令后,立即参加事故灾害应急救援,积极发挥专业应急救援队伍的作用。

第二章 矿山救援队伍

第一节 组织与任务

第十条 专职矿山救援队应当符合下列规定：

（一）根据服务矿山的数量、分布、生产规模、灾害程度等情况和矿山救援工作需要，设立大队或者独立中队；

（二）大队和独立中队下设办公、战训、装备、后勤等管理机构，配备相应的管理和工作人员；

（三）大队由不少于2个中队组成，设大队长1人、副大队长不少于2人、总工程师1人、副总工程师不少于1人；

（四）独立中队和大队所属中队由不少于3个小队组成，设中队长1人、副中队长不少于2人、技术员不少于1人，以及救援车辆驾驶、仪器维修和氧气充填人员；

（五）小队由不少于9人组成，设正、副小队长各1人，是执行矿山救援工作任务的最小集体。

解读 本条是关于专职矿山救援队的编制、机构及人员配备的规定。

（一）队伍编制。矿山企业应当根据服务矿山的数量、分布、生产规模、灾害程度等情况和矿山救援工作需要，并根据本规程关于专职矿山救援队至服务矿山的行车时间一般不超过 30 分钟的规定,确定建立专职矿山救援队的规模,分为大队或独立中队两种编制。

（二）内设机构。大队和独立中队为独立编制单位,应当设置办公、战训、装备、后勤等管理机构。也可以根据需要增设培训、财务、党群等机构,或者合并设立职能机构增加相应功能。管理机构应当配备相应的管理和工作人员。

（三）大队人员配置。大队由不少于 2 个所属中队组成,设大队长 1 人、副大队长不少于 2 人、总工程师 1 人、副总工程师不少于 1 人；所属中队由不少于 3 个小队组成,设中队长 1 人、副中队长不少于 2 人、技术员不少于 1 人,以及救援车辆驾驶、仪器维修和氧气充填人员；小队由不少于 9 人组成,设正、副小队长各 1 人。

（四）独立中队人员配置。独立中队由不少于 3 个小队组成,设中队长 1 人、副中队长不少于 2 人、技术员不少于 1 人,以及救援车辆驾驶、仪器维修和氧气充填人员；小队由不少于 9 人组成,设正、副小队长各 1 人。

（五）有关说明。一是各队伍可以根据实际设立中队数量或者配备技术装备情况,在满足最低配置要求的基础上,适当增加大中队副职指挥员、大队副总工程师或者中队技术员的配备,加强队伍和技术装备管理。二是小队是执行矿山救援工作任务的最小集体,考虑日常值班备勤和病假、事假等特殊情况,为保障矿山救援工作正常开展,人员组成不能少于 9 人。

第十一条 专职矿山救援队应急救援人员应当具备下列条件：

（一）熟悉矿山救援工作业务,具有相应的矿山专业知识；

（二）大队指挥员由在中队指挥员岗位工作不少于 3 年或者

从事矿山生产、安全、技术管理工作不少于5年的人员担任，中队指挥员由从事矿山救援工作或者矿山生产、安全、技术管理工作不少于3年的人员担任，小队指挥员由从事矿山救援工作不少于2年的人员担任；

（三）大队指挥员年龄一般不超过55岁，中队指挥员年龄一般不超过50岁，小队指挥员和队员年龄一般不超过45岁；根据工作需要，允许保留少数（不超过应急救援人员总数的1/3）身体健康、有技术专长、救援经验丰富的超龄人员，超龄年限不大于5岁；

（四）新招收的队员应当具有高中（中专、中技、中职）以上文化程度，具备相应的身体素质和心理素质，年龄一般不超过30岁。

解读 本条是关于专职矿山救援队应急救援人员任职条件的规定。

（一）基本要求。矿山救援工作具有专业性强、环境复杂、风险性高的特点。本条规定的"熟悉矿山救援工作业务，具有相应的矿山专业知识"，是对专职矿山救援队应急救援人员的基本要求，达不到这个要求，就不能胜任矿山救援工作。

（二）指挥员任职条件。矿山救援工作的特殊性决定了担任各级指挥员应当具有一定的矿山救援工作或者矿山生产、安全、技术管理经验，具备带领指挥矿山救援队参加抢险救灾的能力。根据岗位职责的不同，本条规定大队指挥员由在中队指挥员岗位工作不少于3年或者从事矿山生产、安全、技术管理工作不少于5年的人员担任，中队指挥员由从事矿山救援工作或者矿山生产、安全、技术管理工作不少于3年的人员担任，小队指挥员由从事矿山救援工作不少于2年的人员担任。

（三）年龄要求。在以往相关规定的基础上，经过多次征求各方面意见，综合考虑当前矿山救援工作对体能、技术、经验等的要求，本规程明确了专职矿山救援队应急救援人员的年龄要求，大队指挥员年龄一般不超过55岁，中队指挥员年龄一般不超过50岁，小队指挥员和队员年龄一般不超过45岁；同时规定，根据工作需要，允许保留少数（不超过应急救援人员总数的1/3）身体健康、有技术专长、救援经验丰富的超龄人员，超龄年限不大于5岁。随着近年来事故减少，很多年轻应急救援人员缺乏救援实战经验，保留一些有技术专长、经验丰富、身体健康的超龄应急救援人员进行"传帮带"，在救援实战中发挥骨干和"定心丸"作用，在日常培训、训练中帮助带动新队员提高技术水平，对保障队伍梯队建设和新老更替，保持和提升队伍整体救援能力非常必要。

（四）新招收队员条件。《生产安全事故应急条例》第十一条规定，应急救援队伍的应急救援人员应当具备必要的专业知识、技能、身体素质和心理素质。根据上述规定，结合矿山救援工作实际，本规程规定新招收的队员应当具有高中（中专、中技、中职）以上文化程度，具备相应的身体素质和心理素质。另外，考虑到近年来矿山救援队在矿山企业从事井下工作人员中招录人员困难，一些队伍面向退役军人等社会人员招录，入队后通过岗位培训、编队实习、业务培训等方式培养，效果较好，因此本规程不再局限于从事井下工作1年以上的要求。同时，考虑随着生活条件不断改善和人员身体素质提高，根据当前就业形势等情况，将新队员年龄要求由25岁放宽至30岁。

第二章 矿山救援队伍

第十二条 专职矿山救援队的主要任务是：

（一）抢救事故灾害遇险人员；

（二）处置矿山生产安全事故及灾害；

（三）参加排放瓦斯、启封火区、反风演习、井巷揭煤等需要佩用氧气呼吸器作业的安全技术工作；

（四）做好服务矿山企业预防性安全检查，参与消除事故隐患工作；

（五）协助矿山企业做好从业人员自救互救和应急知识的普及教育，参与服务矿山企业应急救援演练；

（六）承担兼职矿山救援队的业务指导工作；

（七）根据需要和有关部门的救援命令，参与其他事故灾害应急救援工作。

解读 本条规定了专职矿山救援队承担的主要任务。

（一）承担主责主业。全力以赴抢救事故灾害遇险人员，科学高效处置矿山生产安全事故及灾害，这是专职矿山救援队的首要任务。

（二）开展风险防范。参与服务矿山企业预防性安全检查和消除事故隐患工作，参加排放瓦斯、启封火区、反风演习、井巷揭煤等需要佩用氧气呼吸器作业的安全技术工作，保障矿山安全生产。

（三）做好应急准备。协助矿山企业做好从业人员自救互救和应急知识的普及教育，参与服务矿山企业应急救援演练，指导兼职矿山救援队的业务工作，同时加强队伍自身建设，全面做好应急准备工作。

（四）实行一专多能。拓展服务范围，练就多种技能，根据需要和有关部门的救援命令，积极参与地震和地质灾害、城市

第二部分 条文解读

抗洪抢险排涝、森林草原火灾扑救等其他事故灾害应急救援工作。

> **第十三条** 兼职矿山救援队应当符合下列规定：
> （一）根据矿山生产规模、自然条件和灾害情况确定队伍规模，一般不少于2个小队，每个小队不少于9人；
> （二）应急救援人员主要由矿山生产一线班组长、业务骨干、工程技术人员和管理人员等兼职担任；
> （三）设正、副队长和装备仪器管理人员，确保救援装备处于完好和备用状态；
> （四）队伍直属矿长领导，业务上接受矿总工程师（技术负责人）和专职矿山救援队的指导。

【解读】 本条是关于兼职矿山救援队建设的规定。

（一）队伍编制。兼职矿山救援队设在矿山，队伍编制应当根据所在矿山的生产规模、自然条件和灾害情况等因素确定，一般不少于2个小队，每个小队不少于9人。

（二）人员构成。兼职矿山救援队应急救援人员主要由矿山生产一线班组长、业务骨干、工程技术人员和管理人员等兼职担任，人员尽量包含矿山生产、通风、机电、运输、安全等多个工种。设正、副队长和装备仪器管理人员，确保救援装备处于完好和备用状态。可以将矿山调度值班员列入兼职矿山救援队，承担应急值班任务。

（三）管理方式。鉴于矿长负责事故灾害救援指挥，本条规定队伍直属矿长领导，便于矿长直接组织指挥兼职矿山救援队开展救援工作。矿总工程师是矿山技术负责人，专业技术全面，由其指导兼职矿山救援队业务，有利于提高队伍矿山知识水平和技术业务素质。同时，兼职矿山救援队还需接受服务于本矿的专职矿山救援队的业务指导，定期开展佩用氧气呼吸器的演习训练，熟知各类矿山救援技术装备操作，保持和加强矿山救援专业技能。

> **第十四条** 兼职矿山救援队的主要任务是：
> （一）参与矿山生产安全事故初期控制和处置，救助遇险人员；
> （二）协助专职矿山救援队参与矿山救援工作；
> （三）协助专职矿山救援队参与矿山预防性安全检查和安全技术工作；
> （四）参与矿山从业人员自救互救和应急知识宣传教育，参加矿山应急救援演练。

解读 本条规定了兼职矿山救援队的主要任务。

兼职矿山救援队由矿山企业建立，设置在矿山并由其管理，熟悉矿山作业环境，可以就地迅速集结并开展救援，是专职矿山救援队的重要补充和辅助力量。其主要任务：一是在专职矿山救援队到达前，承担事故灾害先期救援处置任务，积极引导、救助遇险人员、控制事故扩大；二是在专职矿山救援队到达后，协助专职矿山救援队参与矿山救援工作，发挥熟悉矿井生产系统和环境条件的特点，协助完成救援任务；三是协助专职矿山救援队参与矿山预防性安全检查和安全技术工作；四是参与矿山从业人员自救互救和应急知识宣传教育，参加矿山应急救援演练。

第二部分 条文解读

> **第十五条** 矿山救援队应急救援人员应当遵守下列规定：
> （一）热爱矿山救援事业，全心全意为矿山安全生产服务；
> （二）遵守和执行安全生产和应急救援法律、法规、规章和标准；
> （三）加强业务知识学习和救援专业技能训练，适应矿山救援工作需要；
> （四）熟练掌握装备仪器操作技能，做好装备仪器的维护保养，保持装备完好；
> （五）按照规定参加应急值班，坚守岗位，随时做好救援出动准备；
> （六）服从命令，听从指挥，积极主动完成矿山救援等各项工作任务。

【解读】 本条规定了矿山救援队应急救援人员基本职责。

矿山救援队是专业应急救援队伍，担负抢险救援重要职责使命。矿山救援队应急救援人员应当贯彻落实"对党忠诚、纪律严明、赴汤蹈火、竭诚为民"四句话方针，牢固树立"爱党报国、敬业奉献、团结奋斗、向上向善"价值导向，努力练就"作风过硬、本领高强"，真正做到"救民于水火，助民于危难"。具体到矿山救援工作，就是要严格履行本条规定的六项基本职责，真心热爱本职工作，切实做到遵规守纪，不断加强作风建设，持续提高能力水平，积极主动完成矿山救援等各项工作任务，为矿山安全生产保驾护航。

第二节 建设与管理

第十六条 矿山救援队应当加强标准化建设。标准化建设的主要内容包括组织机构及人员、装备与设施、培训与训练、业务工作、救援准备、技术操作、现场急救、综合体质、队列操练、综合管理等。

解读 本条是关于矿山救援队标准化建设的规定。

矿山救援队标准化建设是一项重要的经常性、基础性工作，是加强矿山救援队伍建设管理的重要抓手，对提升队伍科学化、规范化、标准化管理水平和应急救援能力具有重要意义。

（一）基本情况。1977年，煤炭工业部颁布《矿山救护队战斗准备标准和检查办法》。1988年，煤炭工业部颁布《军事化矿山救护队验收标准和评定办法》。2007年，国家安全生产监督管理总局公布安全生产行业标准《矿山救护队质量标准化考核规范》（AQ/T 1009—2007）。2021年，应急管理部发布修订后的《矿山救护队标准化考核规范》（AQ/T 1009—2021）代替（AQ/T 1009—2007）。2022年，应急管理部印发《矿山救护队标准化定级管理办法》。全国矿山救援队按照上述要求持续开展标准化达标检查和考核评定工作。截至2023年底，全国共有专职矿山救援队451支、28871人，其中标准化一级53支、11366人，二级75支、5820人，三级244支、9246人（另有79支因队伍初建、人员及装备不足或缺少设施场地等原因暂未定级）；全国兼职矿山救援队1297支、21421人，暂未统一组织考核和评级工作。目前，兼职矿山救援队标准化建设工作可以部分参照专职矿山救援队有关标准、文件执行，下一步将研究制定兼职矿山救援队标准并组织实施。

（二）主要内容。本条规定，矿山救援队标准化建设的主要内容包括组织机构及人员、装备与设施、培训与训练、业务工作、救援准备、技术操作、现场急救、综合体质、队列操练、综合管理等。《矿山救护队标准化考核规范》进一步细化了考核内容、明确了考核标准、提出了评分办法，矿山救援队的标准化达标考核工作应当按此标准进行。

（三）定级管理。全国矿山救援队应当按照《矿山救护队标准化定级管理办法》开展标准化定级工作。该办法主要从组织管理、定级流程、监督管理等五个方面作出规定，明确矿山救护队标准化定级工作的组织领导、定级程序、检查抽查、动态管理等，目的在于加强矿山救援队标准化定级工作的组织领导，坚持战斗力标准，严格定级程序，加强矿山救援队全面建设，为矿山企业安全生产提供有力的应急救援保障。

第十七条 矿山救援队应当按照有关标准和规定使用和管理队徽、队旗，统一规范着装并佩戴标志标识；加强思想政治、职业作风和救援文化建设，强化救援理念、职责和使命教育，遵守礼节礼仪，严肃队容风纪；服从命令、听从指挥，保持高度的组织性、纪律性。

解读 本条是关于矿山救援队标志标识和作风建设的规定。

（一）建立规范职业形象。矿山救援队是一支专业化、职业化，承担急难险重救援任务的特殊队伍。本条规定矿山救援队应当按照有关标准和规定使用和管理队徽、队旗，统一规范着装并佩戴标志标识，目的是建立统一、规范的职业形象，强化队伍责任感、使命感，增强队伍行动力、协调性，提升职业荣誉感。国家矿山应急救援队应当按照《关于规范国家安全生产专业应急救援队作战训练防护服和标志标识的通知》（应救综合〔2022〕2号）的规定着装，使用专用标志标识。其他矿山救援队应当按照《中国矿山救援标识》（国家安全生产监督管理总局公告2011年第22号）和《矿山救援防护服》（AQ/T 1105—2014）、《矿山救援队队旗》（AQ/T 1106—2014）、《矿山救援队队徽》（AQ/T 1107—2014）等规定使用和管理队徽、队旗，统一规范着装并佩戴标志标识。

（二）养成优良职业操守。矿山救援队在事故灾害救援工作中面临高温、浓烟、缺氧、围岩冒落、有毒有害气体等特殊环境，冒着风险、逆向而行，加强思想政治、职业作风和救援文化建设，强化救援理念、职责和使命教育，遵守礼节礼仪，严肃队容风纪，养成优良的职业操守，是履行职责使命的重要保障。

（三）保持高度组织性、纪律性。矿山救援工作是与矿山事故灾害作斗争，危险性高、紧迫性强。我国矿山救援队从建立伊始，一直参照军事化要求进行管理，就是要求矿山救援队具有斗争精神，服从命令、听从指挥，保持高度的组织性、纪律性，做到"闻警即到，速战必胜"。应急救援人员结束救援返回驻地后，不管多么疲劳，必须整理装备，使其达到良好的应急准备状态，随时准备投入另一场"战斗"。

第十八条 专职矿山救援队的日常管理包括下列内容：

（一）建立岗位责任制，明确全员岗位职责；

（二）建立交接班、学习培训、训练演练、救援总结讲评、装备管理、内务管理、档案管理、会议、考勤和评比检查等工作制度；

（三）设置组织机构牌板、队伍部署与服务区域矿山分布图、值班日程表、接警记录牌板和评比检查牌板，值班室配置录音电话、报警装置、时钟、接警和交接班记录簿；

（四）制定年度、季度和月度工作计划，建立工作日志和接警信息、交接班、事故救援、装备设施维护保养、学习与总结讲评、培训与训练、预防性安全检查、安全技术工作等工作记录；

（五）保存人员信息、技术资料、救援报告、工作总结、文件资料、会议材料等档案资料；

（六）针对服务矿山企业的分布、灾害特点及可能发生的生产安全事故类型等情况，制定救援行动预案，并与服务矿山企业的应急救援预案相衔接；

（七）营造功能齐备、利于应急、秩序井然、卫生整洁并具有浓厚应急救援职业文化氛围的驻地环境；

（八）集体宿舍保持整洁，不乱放杂物、无乱贴乱画，室内物品摆放整齐，墙壁悬挂物品一条线，床上卧具叠放整齐一条线，保持窗明壁净；

（九）应急救援人员做到着装规范、配套、整洁，遵守作息时间和考勤制度，举止端正、精神饱满、语言文明，常洗澡、常理发、常换衣服，患病应当早报告、早治疗。

兼职矿山救援队的日常管理可以结合矿山企业实际，参照本条上述内容执行。

解读 本条是关于专职矿山救援队日常管理的规定。

严格规范的日常管理，是提高应急救援人员综合素质，提升矿山救援队救援能力水平，高效、专业应对处置矿山事故灾害的基本保证。专职矿救援队的日常管理主要包括以下内容。

第二章 矿山救援队伍

（一）建立全员岗位责任制。矿山救援队应当结合本企业、本队伍实际和承担的职责任务，制定全员岗位责任制，明确各级指挥员、管理机构人员和各岗位应急救援人员的工作职责，加强日常管理，做到履职尽责。

（二）建立各项工作制度。建立健全规章制度，规范应急救援人员的行为和工作流程，确保队伍的统一性和协调性。包括交接班、学习培训、训练演练、救援总结讲评、装备管理、内务管理、档案管理、会议、考勤和评比检查等，确保日常工作有序开展，在紧急情况下能够迅速、准确地执行救援任务。

（三）规范值班室管理。接警值班室是接收事故信息窗口，值班室内应设置队伍部署与服务区域矿山分布图、值班日程表、接警记录、录音电话、报警装置、时钟等设施。保障事故接警、记录，发布警报等装置齐全、好用，能够及时、准确传达各类信息。

（四）加强计划和信息管理。应当制定年度、季度和月度工作计划，建立工作日志和接警信息、交接班、事故救援、装备设施维护保养、学习与总结讲评、培训与训练、预防性安全检查、安全技术工作等工作记录；保存人员信息、技术资料、救援报告、工作总结、文件资料、会议材料等档案资料。档案资料的保存期限按照国家有关规定执行。

（五）制定救援行动预案。国务院办公厅印发的《突发事件应急预案管理办法》第十七条规定，应急救援队伍应当结合实际情况，针对需要参与突发事件应对的具体任务编制行动方案。矿山救援队应当按照上述规定，结合矿山救援工作实际，针对服务矿山企业的分布、灾害特点及可能发生的生产安全事故类型等情况，制定救援行动预案，并与服务矿山企业的应急救援预案相衔接。这里的救援行动预案，不是指企业编制的应急救援预案（企业自救的预案），而是指针对服务的各个矿山企业的不同分布、灾害特点及可能发生的生产安全事故类型等情况，有针对性地制定包含出动人员、携带的救援装备、最佳行车路线及不同类型事故基本处置流程等方面的行动方案。

（六）加强队伍内务管理。本条对矿山救援队的驻地环境、集体宿舍和应急救援人员的规范着装、作息考勤、言谈举止、卫生健康等方面作了规定。2023年，国家安全生产应急救援中心印发了《国家安全生产应急救援队内务管理规范》，进一步细化了队伍内务管理要求，国家矿山应急救援队伍应当遵照执行，其他矿山救援队伍可参照执行。

兼职矿山救援队的日常管理可以结合矿山企业实际，参照本条上述关于专职矿山救援队日常管理的内容执行。

第十九条 矿山救援队应当建立24小时值班制度。大队、中队至少各由1名指挥员在岗带班。应急值班以小队为单位，各小队按计划轮流担任值班小队和待机小队，值班和待机小队的救援装备应当置于矿山救援车上或者便于快速取用的地点，保持应急准备状态。

解读 本条是关于矿山救援队应急值班的规定。

《生产安全事故应急条例》第十四条规定，应急救援队伍应当建立应急值班制度，配备应急值班人员。矿山救援队是专业应急救援队伍，负有快速响应和应急救援职责，应当建立应急值班制度。

（一）专职矿山救援队的应急值班。应急值班以小队为单位，实行24小时应急值班制度，大队、中队至少各由1名指挥员在岗带班，各小队按计划轮流担任值班小队和待机小队。根据矿山救援队驻地情况，值班和待机小队的救援装备应当置于矿山救援车上，或者置于装备室、着装室等便于快速取用的地点，保持应急准备状态，能够随时取用。

（二）兼职矿山救援队的应急值班。可以结合矿山调度值班室职责，建立24小时应急值班制度，由矿山调度员兼做兼职矿山救援队值班员，负责应急值班，确保及时接到事故信息，迅速通知、集结队伍，参加本矿事故灾害先期救援处置。

第二十条 矿山救援队执行矿山救援任务、参加安全技术工作和开展预防性安全检查时，应当穿戴矿山救援防护服装，佩带并按规定佩用氧气呼吸器，携带相关装备、仪器和用品。

解读 本条是关于矿山救援队执行任务时的着装、自我防护和携带装备的规定。

矿山救援防护服装和氧气呼吸器，是矿山救援队应急救援人员最基本的个人防护装备，也是重要的专业特点和优势，矿山救援队无论是执行矿山救援任务、参加安全技术工作或者开展预防性安全检查，都应当穿戴和佩带，并根据需要及时佩用氧气呼吸器，以应对突发情况保护自身安全、安全开展救援。否则，无法保护自身安全，影响执行任务。例如，2023年5月16日，某煤矿矿山救援队在启封密闭探察过程中，2名队员未到达安全地点就摘掉氧气呼吸器，导致中毒遇难。

第二十一条 任何人不得擅自调动专职矿山救援队、救援装备物资和救援车辆从事与应急救援无关的活动。

解读 本条是关于禁止擅自调动专职矿山救援队、救援装备

物资和救援车辆的规定。

专职矿山救援队是保护矿山从业人员生命安全、应对处置突发矿山事故灾害的专职、专业应急救援队伍，有明确的职责任务，有严密的组织和严明的纪律，要时刻做好应急救援准备。任何人不得以任何理由调动专职矿山救援队，也不能擅自调动救援装备物资和救援车辆，从事与应急救援无关的工作，否则不能保证按规定闻警出动救援，若有重大灾情还可能造成贻误战机，失去抢救遇险人员生命和国家财产的最佳时机，就可能致使事故扩大而造成重大损失。例如，某煤矿领导因通风区瓦斯检查工人员少，安排矿山救援队员兼职瓦斯检查工到工作面盯岗查瓦斯，导致矿山救援队当班值班人员仅剩下4人，达不到救援小队入井救援最低人数要求。恰在此时井下了发生瓦斯突出事故，4名应急救援人员佩机进入灾区救人时，因工作强度大，携带装备不全，造成了自身伤亡。

第三章　救援装备与设施

第二十二条　矿山救援队应当配备处置矿山生产安全事故的基本装备（见附录1至附录5），并根据救援工作实际需要配备其他必要的救援装备，积极采用新技术、新装备。

解读　本条是关于矿山救援队基本装备配备的规定。

（一）总体要求。矿山救援队作为处置矿山生产安全事故的专业应急救援队伍，应当配备必要的矿山救援基本装备，本条以附录形式规定了矿山救援大队（附录1）、独立中队和大队所属中队（附录2）、矿山救援小队（附录3）、兼职矿山救援队（附录4）、矿山救援队应急救援人员个人（附录5）的基本装备，这是装备配备的最低标准。矿山救援队还应当根据承担的职责任务、服务区域内事故灾害的特点和参加各类应急救援工作的实际需要，配备其他必要的救援装备。为了更好地履行职责任务，实现科学高效安全救援，应当积极采用新技术、新装备，更新老旧装备、淘汰落后装备。

（二）基本装备调整变化情况。本规程根据近年来事故救援工作的实际，增加了部分先进适用的技术装备，淘汰了部分落后和不适用的技术装备，与原《矿山救护规程》比较，变化情况如下：一是大队增加高压软体排水管、泥沙泵、便携式气体分析化验设备、生命探测仪、氢氧化钙化验设备、氧气呼吸器校验仪、心理素质训练设备、打印机等，删除移动电话、高压脉冲灭火装置、便携式爆炸三角形、煤油等，对装备车、录音电话、快速密闭配备数量进行了调整；二是独立中队和大队所属中队增加高压软体排水管、救援三脚架、打印机等，删除矿山救护车、移动电话、程控电话、隔热服、高压脉冲灭火装置、快速接管工具、手表、绘图工具等，调整了自救器、备用氧气瓶、泡沫药剂配备数量；三是小队增加矿山救援车、便携式氧气检测仪、秒表、温度计等，删除紧急呼救器，引路线从通信器材类调整为工具备品，充气夹板修改为负压夹板或者充气夹板，记录表、圆珠笔调整为记录工具；四是兼职队删除手表，调整2小时氧气呼吸器数量；五是个人基本装备增加手表，删除温度计。

第二十三条 矿山救援队值班车辆应当放置值班小队和小队人员的基本装备。

解读 本条是关于矿山救援队值班车辆放置基本装备的规定。

矿山救援队闻警出动要求快速及时。值班车辆上应当放置值班小队和小队人员的基本装备（附录3、附录5），与值班小队同步做好应急准备，保持待命状态，做到随时与值班小队一同出动救援并携带装备齐全，满足灾情探察和抢救人员基本需要。否则，可能影响执行救援任务。例如，2021年1月19日，某煤矿发生火灾事故，矿山救援队接到服务矿井召请后赶赴现场，但因未按规定将所有装备放置在值班车上，携带装备不齐全，未能第一时间入井救援，延误了战机，事故造成3人遇难、1人受伤。

第三章　救援装备与设施

第二十四条　矿山救援队应当根据服务矿山企业实际情况和可能发生的生产安全事故，明确列出处置各类事故需要携带的救援装备；需要携带其他装备赴现场的，由带队指挥员根据事故具体情况确定。

解读　本条是关于矿山救援队救援装备应急准备的规定。

矿山救援队应当认真了解服务矿山的灾害情况、可能发生的生产安全事故、储备的救援装备物资以及救援环境条件（供电能力及电压、矿山生产系统、避险系统等），事先针对性地列出处置不同矿山企业、各类事故灾害需要携带的救援装备，可通过列表上墙等方式明确，在救援装备方面做好应急准备，便于快速、精准取用，快速出动救援。处置具体事故灾害时，带队指挥员还应当根据现场实际情况和需要，携带其他装备参与救援。

第二十五条　救援装备、器材、防护用品和检测仪器应当符合国家标准或者行业标准，满足矿山救援工作的特殊需要。各种仪器仪表应当按照有关要求定期检定或者校准。

解读　本条是关于救援装备、器材、仪器仪表、防护用品等合规性、适应性的要求。

矿山救援装备、器材、防护用品、检测仪器的应用环境较为恶劣，产品的质量和可靠性、安全性至关重要，因此，必须符合国家标准或行业标准，而且还应满足矿山救援时高温、潮湿、有毒有害气体严重超限等特殊环境需要。纳入矿用产品安全标志管理目录的产品，应取得矿用产品安全标志。按照《计量法》规定，需要强

第二部分 条文解读

制检定的仪器仪表要定期进行检定,强制性检定之外的仪器仪表要定期进行校准。未进行检定、校准的救援仪器仪表不得使用。

> **第二十六条** 矿山救援队应当定期检查在用和库存救援装备的状况及数量,做到账、物、卡"三相符",并及时进行报废、更新和备品备件补充。

解读 本条是关于矿山救援队救援装备管理的规定。

加强救援装备的管理,确保救援装备处于完好备用状态,对于保障矿山救援队顺利完成事故抢救任务,保证应急救援人员生命安全,及时抢救遇险人员,防止在抢救事故中扩大事故等,都起着重要作用。矿山救援队应当设专人对救援装备进行管理,建立全生命周期管理制度,建立档案和台账,定期检查在用和库存救援装备的状况及数量,做到账、物、卡"三相符",并及时对在训练、救援中损失的装备和备件进行维修和补充,对损坏和落后淘汰装备进行报废、更新、升级。

矿山救援队由于救援装备管理不善,造成自身伤亡的教训极为惨痛。例如,2019年10月22日,某煤矿发生瓦斯窒息事故,在处置过程中矿山救援队4名队员死亡、1人受伤,一个重要原因就是救援装备管理不到位,使用的氧气呼吸器存在吸气软管根部破损未及时更换、舱盖卡扣损坏未及时更换、呼吸软管装反等故障,救援队员使用故障氧气呼吸器进入窒息区,造成了悲剧发生。

> **第二十七条** 专职矿山救援队应当建有接警值班室、值班休息室、办公室、会议室、学习室、电教室、装备室、修理室、氧

气充填室、气体分析化验室、装备器材库、车库、演习训练场所及设施、体能训练场所及设施、宿舍、浴室、食堂等。

兼职矿山救援队应当设置接警值班室、学习室、装备室、修理室、装备器材库、氧气充填室和训练设施等。

解读 本条是关于矿山救援队建立工作场所及设施的规定。

专职矿山救援队主要负责矿山企业的事故处置，同时具备矿山应急救援人才培养、技术装备物资储备、培训演练等功能。应急值班需要配置接警值班室、值班休息室，日常办公需要配置办公室、会议室、宿舍、浴室、食堂，培训学习需要配置学习室、电教室，装备管理需要配置装备室、修理室、氧气充填室、气体分析化验室、装备器材库、车库，训练演练需要配置演习训练场所及设施、体能训练场所及设施。为矿山救援队应急值守，日常学习、训练，装备维护、保养、储备，生活后勤保障提供基本条件。

兼职矿山救援队主要由矿山生产一线班组长、业务骨干、工程技术人员和管理人员等兼职组成，为满足接警、学习、训练、装备维护和管理需要，设置必要的接警值班室、学习室、装备室、修理室、装备器材库、氧气充填室和训练设施等。接警值班室可以设在矿山调度值班室。

第二十八条 氧气充填室及室内物品和相关操作应当符合下列要求：

（一）氧气充填室的建设符合安全要求，建立严格的管理制度，室内使用防爆设施，保持通风良好，严禁烟火，严禁存放易燃易爆物品；

（二）氧气充填泵由培训合格的充填工按照规程进行操作；

（三）氧气充填泵在 20 兆帕压力时，不漏油、不漏气、不漏水、无杂音；

（四）氧气瓶实瓶和空瓶分别存放，标明充填日期，挂牌管理，并采取防止倾倒措施；

（五）定期检查氧气瓶，存放氧气瓶时轻拿轻放，距暖气片或者高温点的距离在 2 米以上；

（六）新购进或者经水压试验后的氧气瓶，充填前进行 2 次充、放氧气后，方可使用。

解读 本条是关于氧气充填室及室内物品和相关操作的规定。

（一）氧气充填室的要求。氧气充填室是氧气瓶充填和存放的场所，提供了氧气瓶安全充填的作业环境和必要设备。氧气瓶为压力容器，氧气是助燃物，氧气充填室应当使用防爆设施，保持通风良好，严禁烟火，严禁存放易燃易爆物品，重点防范气瓶的泄漏、爆炸对作业人员造成伤害和对充填室及室内物品造成破坏，也要防范充填室风险对其他人员及设施的影响。氧气充填室建设应当符合安全要求，以安全、方便、实用为原则合理布局建设，一般应独立设置，不宜设在综合性建筑物中。同时，还应建立严格的管理制度。

（二）氧气瓶的规范管理。氧气瓶作为承装高压气体的压力容器，应定期检查，确保瓶体、阀门等完好，并避免其移动时受到强烈碰撞，同时限定远离热源、火源等的安全距离。实行实瓶和空瓶的差异化安全管控、分别存放，采取防止倾倒的措施，并挂牌标明充填日期等基本信息。新购进或者经水压试验后的氧气瓶，需要在充填前进行充、放氧气的操作，充分置换出瓶内的空气和水分，理论上要多次置换或同时抽真空，2 次置换是最低要求，应符合《铝合金内胆碳纤维全缠绕气瓶》（GB/T 28053—2023）规定。

（三）相关操作要求。氧气充填应由培训合格的氧气充填工按照规程进行操作。使用的氧气充填泵及相关操作要符合《矿山用氧气充填泵技术条件》（MT/T 1085—2008）要求。

第二十九条 矿山救援队使用氧气瓶、氧气和氢氧化钙应当符合下列要求：

（一）氧气符合医用标准；

（二）氢氧化钙每季度化验 1 次，二氧化碳吸收率不得低于 33%，水分在 16% 至 20% 之间，粉尘率不大于 3%，使用过的氢氧化钙不得重复使用；

（三）氧气呼吸器内的氢氧化钙，超过 3 个月的必须更换，否则不得使用；

（四）使用的氧气瓶应当符合国家规定标准，每 3 年进行除锈（垢）清洗和水压试验，达不到标准的不得使用。

解读 本条是关于矿山救援队使用氧气瓶、氧气和氢氧化钙的规定。

（一）氧气。氧气的纯净度和安全性直接关系到应急救援人员的职业健康。矿山救援队所使用的医用氧气要符合《医用及航空呼吸用氧》（GB/T 8982—2009）要求，氧纯度不低于 99.5%，酸碱度、一氧化碳、二氧化碳、其他气态氧化物含量均为合格，无气味，且不能含有任何有害成分。

（二）氢氧化钙。应符合《隔绝式氧气呼吸器和自救器用氢氧化钙技术条件》(MT/T 454—2008)要求，二氧化碳吸收率不得低于33%，水分在16%至20%之间，粉尘率不大于3%。氢氧化钙是一种碱性化学物质，受环境影响其性能可能发生变化，已装填至氧气呼吸器的超过3个月必须更换，未使用的每季度应至少进行1次抽样化验，检测各项指标是否合格。已经使用过的氢氧化钙由于与二氧化碳反应转化为碳酸钙，吸收二氧化碳的能力明显下降，无法满足使用需要。因此使用过的氢氧化钙不得重复使用。

（三）氧气瓶。应符合《铝合金内胆碳纤维全缠绕气瓶》(GB/T 28053—2023)等国家标准。并按照《呼吸器用复合气瓶定期检验与评定》(GB/T 24161—2009)等国家标准对氧气瓶进行定期检验。

第三十条 气体分析化验室应当能够分析化验矿井空气和灾变气体中的氧气、氮气、二氧化碳、一氧化碳、甲烷、乙烷、丙烷、乙烯、乙炔、氢气、二氧化硫、硫化氢和氮氧化物等成分，保持室内整洁，温度在15至23摄氏度之间，严禁使用明火。气体分析化验仪器设备不得阳光曝晒，保持备品数量充足。

化验员应当及时对送检气样进行分析化验，填写化验单并签字，经技术负责人审核后提交送样单位，化验单存根保存期限不低于2年。

【解读】 本条是关于气体分析化验室和气体分析化验的规定。

矿山救援队参加矿山生产安全事故救援时，需要准确检测灾变气体成分和浓度，为救援决策提供准确的技术支撑。

（一）气体分析化验室。应配备相应气体分析化验设备，具备分析化验氧气、氮气、二氧化碳、一氧化碳、甲烷、乙烷、丙烷、乙烯、乙炔、氢气、二氧化硫、硫化氢和氮氧化物等空气和灾变气体成分，检测其浓度的能力。为保证分析精度，化验室应保持室内整洁，温度在15至23摄氏度之间；严禁使用明火，以防在气体分析时发生爆炸等事故；气体分析化验仪器设备不得阳光曝晒，以免设备精度下降或损坏；保持备品数量充足，以确保灾害发生时设备能正常使用。

（二）分析化验要求。化验员应当及时对送检气样进行分析化验，严格按照分析化验仪器要求和规定流程认真操作，并注意安全，填写化验单并签字，经技术负责人审核后提交送样单位，化验单存根保存期限不低于2年，以备查询。

第三十一条 矿山救援队的救援装备、车辆和设施应当由专人管理，定期检查、维护和保养，保持完好和备用状态。救援装备不得露天存放，救援车辆应当专车专用。

【解读】 本条是关于矿山救援队装备、设施和车辆管理的规定。

发生事故灾害时，为了保障抢险救援的顺利进行，需要完好且处于备用状态的救援装备随时快速投入应急救援工作。因此，必须加强矿山救援队的装备、设施和车辆管理。一是专人管理。指定熟悉业务人员进行专门管理，准确掌握各类装备用途、性能、状态、存放位置、运输要求等情况，确保各类装备和车辆保持应急准备状态。二是定期检查、维护和保养。管理人员根据各类装备、设施、车辆的不同要求，定期进行检查，及时维护保养，并做好相关记录，保持100%完好状态。三是妥善存放。建立装备器材库，所有装备入库室内，不得露天存放。以快速方便取用为原则，按照装备用途等分类分区规范存放，并设置标识牌。四是专车专用。矿山救援车、指挥车、装备车、气体分析化验车等根据各自功能专车专用，按照有关规定喷涂标志标识和安装警报器具。

第四章 救援培训与训练

第三十二条 矿山企业应当对从业人员进行应急教育和培训，保证从业人员具备必要的应急知识，掌握自救互救、安全避险技能和事故应急措施。

矿山救援队应急救援人员应当接受应急救援知识和技能培训，经培训合格后方可参加矿山救援工作。

解读 本条是关于矿山企业从业人员和应急救援人员培训的规定。

（一）矿山企业从业人员培训。矿山事故灾害发生后，现场作业人员及时进行自救互救和安全避险非常重要，能够有效保护自身安全、减少事故伤害。因此，矿山企业对从业人员进行应急教育和培训是十分必要的。例如，2005年11月27日，某煤矿发生煤尘爆炸事故，1名瓦斯检查工凭借丰富的自救经验，在生死关头带领26名工友佩戴自救器按避灾路线逃生，在自救器超过防护时间后又转移到一处没有污染风流流经的独头地点避险，大家不乱动、少说话，用毛巾蘸了巷道里的水堵住口鼻，等待救援，最终成功获救。

（二）矿山救援队应急救援人员培训。《突发事件应对法》第四十条规定，专业应急救援人员应当具备相应的身体条件、专业技能和心理素质，取得国家规定的应急救援职业资格。《生产安全事故应急条例》第十一条规定，应急救援队伍的应急救援人员应当具

第二部分 条 文 解 读

备必要的专业知识、技能、身体素质和心理素质。应急救援队伍建立单位或者兼职应急救援人员所在单位应当按照国家有关规定对应急救援人员进行培训；应急救援人员经培训合格后，方可参加应急救援工作。矿山救援队作为专业应急救援队伍，应急救援人员必须按照有关规定进行专业培训，经培训合格后方可参加矿山救援工作。以往历届《矿山救护规程》和本规程都对矿山救援队应急救援人员的培训作了规定。一直以来，矿山救援队的大中队指挥员、中队副职和小队指挥员以及救援队员，都是按照相应要求进行业务培训。

第三十三条 矿山救援队应急救援人员的培训时间应当符合下列规定：

（一）大队指挥员及战训等管理机构负责人、中队正职指挥员及技术员的岗位培训不少于30天（144学时），每两年至少复训一次，每次不少于14天（60学时）；

（二）副中队长，独立中队战训等管理机构负责人，正、副小队长的岗位培训不少于45天（180学时），每两年至少复训一次，每次不少于14天（60学时）；

（三）专职矿山救援队队员、战训等管理机构工作人员的岗位培训不少于90天（372学时），编队实习90天，每年至少复训一次，每次不少于14天（60学时）；

（四）兼职矿山救援队应急救援人员的岗位培训不少于45天（180学时），每年至少复训一次，每次不少于14天（60学时）。

解读 本条是关于矿山救援队应急救援人员培训时间的规定。

本规程根据以往矿山救援队应急救援人员培训有关要求和实践

经验，结合业务培训内容要求，规定了各类应急救援人员的培训时间，见表1。应急管理行业标准《矿山救援培训大纲及考核规范》（AQ/T 1118—2021）对培训内容、学时安排、考核要求和考核办法等作了进一步细化，各矿山救援队应当按该标准进行培训。

表1 矿山救援队应急救援人员培训时间

类别	时间	大队指挥员及战训等管理机构负责人、中队正职指挥员及技术员	副中队长，独立中队战训等管理机构负责人，正、副小队长	专职矿山救援队队员、战训等管理机构工作人员	兼职矿山救援队应急救援人员
培训	天数	30	45	90	45
培训	学时	144	180	372	180
复训	天数	14	14	14	14
复训	学时	60	60	60	60
复训周期		每两年至少一次		每年至少复训一次	

第三十四条 矿山救援培训应当包括下列主要内容：

（一）矿山安全生产与应急救援相关法律、法规、规章、标准和有关文件；

（二）矿山救援队伍的组织与管理；

（三）矿井通风安全基础理论与灾变通风技术；

（四）应急救援基础知识、基本技能、心理素质；

（五）矿山救援装备、仪器的使用与管理；

（六）矿山生产安全事故及灾害应急救援技术和方法；

（七）矿山生产安全事故及灾害遇险人员的现场急救、自救互救、应急避险、自我防护、心理疏导；

（八）矿山企业预防性安全检查、安全技术工作、隐患排查与治理和应急救援预案编制；

（九）典型事故灾害应急救援案例研究分析；

（十）应急管理与应急救援其他相关内容。

解读 本条是关于矿山救援培训内容的规定。

本条从十个方面规定了矿山救援培训的基本内容。矿山救援队应急救援人员的矿山救援培训、复训的具体内容要求应当按照《矿山救援培训大纲及考核规范》（AQ/T 1118—2021）执行。矿山救援队承担其他事故灾害应急救援职责的，还应当参加相应救援知识和技能培训，培训合格后方可参加相应救援工作。

第三十五条 矿山企业应当至少每半年组织1次生产安全事故应急救援预案演练，服务矿山企业的矿山救援队应当参加演练。演练计划、方案、记录和总结评估报告等资料保存期限不少于2年。

解读 本条是关于矿山企业应急救援预案演练的规定。

《安全生产法》第八十一条规定，生产经营单位应当制定本单位生产安全事故应急救援预案，并定期组织演练。《生产安全事故应急条例》第八条规定，矿山应当至少每半年组织1次生产安全事故应急救援预案演练。本规程按照上述要求，结合矿山安全生产实际，对矿山企业应急救援预案演练作出了相应规定。演练主体为

第四章 救援培训与训练

矿山企业，所属相关机构、单位都应参加，服务矿山企业的矿山救援队也应当参加演练，并制定自身的演练方案。矿山企业在演练过程中要安排专人对演练全过程进行记录，包括演练内容、时间节点、演练中救援决策、救援进度、采取的一切救援手段和方法等，对演练效果进行评估，包括事故处置程序是否合理、救援决策是否科学、事故波及人员采取自救措施是否得当，以及存在问题等。演练工作要有计划、实施方案、演练记录、演练总结、演练评估报告等内容，所有资料要保存2年以上。

第三十六条 矿山救援队应当按计划组织开展日常训练。训练应当包括综合体能、队列操练、心理素质、灾区环境适应性、救援专业技能、救援装备和仪器操作、现场急救、应急救援演练等主要内容。

解读 本条是关于矿山救援队日常训练内容的规定。

矿山救援队要制定年度训练计划，并按月度分解训练任务，合理规划训练科目，严格落实执行。通过综合体能训练强化应急救援人员的身体素质，适应矿山救援危险、恶劣环境开展救援工作的基本需要；通过队列操练强化应急救援人员的执行力，培养雷厉风行的作风，确保救援工作中做到令行禁止；通过强化心理素质训练，消除或减轻应急救援人员在应急救援过程中的恐惧心理；通过开展灾区环境适应性训练，模拟灾区真实场景，设置高温、浓烟、有毒有害气体、低矮巷道的复杂环境，开展灾区探察、伤员抢救、仪器操作、技术操作等训练，提升应急救援人员在灾变环境中的操作技能。通过日常训练，提高应急救援人员的身体素质、心理素质，掌握各种救援技能和装备操作，提高应急救援人员适应复杂灾变环境

第二部分 条 文 解 读

的能力。有助于矿山救援队在面对矿山突发事故时能够迅速、有效地展开救援行动,最大限度地保障人员生命安全和减少财产损失。

> 第三十七条　矿山救援大队、独立中队应当每年至少开展1次综合性应急救援演练,内容包括应急响应、救援指挥、灾区探察、救援方案制定与实施、协同联动和突发情况应对等;中队应当每季度至少开展1次应急救援演练和高温浓烟训练,内容包括闻警出动、救援准备、灾区探察、事故处置、抢救遇险人员和高温浓烟环境作业等;小队应当每月至少开展1次佩用氧气呼吸器的单项训练,每次训练时间不少于3小时;兼职矿山救援队应当每半年至少进行1次矿山生产安全事故先期处置和遇险人员救助演练,每季度至少进行1次佩用氧气呼吸器的训练,时间不少于3小时。

解读 本条是关于矿山救援队开展应急救援演练的规定。

矿山救援队自行组织开展应急救援演练的要求,主要是检验矿山救援队的应急响应,各级指挥员救援指挥与方案制定,队伍的灾区探察、协调联动、救援实施及突发险情应对等。

(一)大队(独立中队)演练。应当每年至少开展1次综合性应急救援演练,可根据事故场景设置调动多支队伍,开展联合演练。演练工作要有计划、方案、记录、总结和评估报告等内容。

(二)中队演练。应当每季度至少开展1次应急救援演练和高温浓烟训练,演练科目设置闻警出动、救援准备、灾区探察、事故处置、抢救遇险人员和高温浓烟环境作业等,中队指挥员和所有小队应全部参加。

(三)小队演练。除参加中队演练外,应当每月至少开展1次佩用氧气呼吸器的单项训练，用于检验氧气呼吸器的性能，提高应急救援人员佩用氧气呼吸器的适应能力，每次训练时间不少于3小时，佩机过程中可根据实际情况灵活设置其他训练项目。

（四）兼职矿山救援队演练。应当每半年至少进行1次矿山生产安全事故先期处置和遇险人员救助演练，每季度至少进行1次佩用氧气呼吸器的训练，时间不少于3小时。演练可参照专职矿山救援队科目执行或与专职矿山救援队联合开展。

第三十八条 安全生产应急救援机构应当定期组织举办矿山救援技术竞赛。鼓励矿山救援队参加国际矿山救援技术交流活动。

解读 本条是关于组织和参加矿山救援技术竞赛和技术交流活动的规定。

（一）举办矿山救援技术竞赛。矿山救援技术竞赛是由矿山救援队应急救援人员参加、按照竞赛规则进行的，考核矿山事故应急救援和现场急救技术、测试个人综合素质和基本装备操作能力的模拟比赛，项目设置具有较强的技术实战性，是对矿山救援队整体救援水平和应急救援人员个人综合素质的直观检验和综合演练，对提高矿山救援队技术水平和实战能力具有重要作用，是国内、国际公认的非常有效的矿山救援技术训练和交流方式，受到各采矿国家普遍重视，得到了广泛开展。在安全生产形势持续好转和矿山事故减少的情况下，仍需要矿山救援技术竞赛这种形式来保持和提高救援技术水平、保证队伍战斗力和得到社会对矿山救援工作的关注，各级安全生产应急救援机构应当定期组织举办矿山救援技术竞赛。我国自1987年举办首届全国煤矿救护技术比武大会至2023年举办第十二届全国矿山救援技术竞赛,全国矿山救援技术竞赛已举办12届,累计有401支队伍参赛,先后授予13支队伍"全国五一劳动奖状"、15人"全国五一劳动奖章"、20支队伍"全国青年安全生产示范岗"、57人"全国青年岗位能手"、1支队伍"全国工人先锋号"荣誉称号。通过举办竞赛,广泛宣传了队伍的建设成果,推动了矿山救援新装备、新技术、新战法的研发和应用,检验了队伍的救援能力,提升了矿山救援队伍的整体实力。

(二)参加矿山救援国际交流活动。我国是国际矿山救援组织22个成员国之一,积极参加矿山救援国际交流活动,推动矿山救援事业发展,促进我国矿山救援技术水平提升。一是参加国际矿山救援大会。这是由国际矿山救援组织成员轮流举办,旨在促进矿山救援信息与技术交流、提高矿山救援水平的国际性会议,每两年举办一次,至今共举办了11届,我国派代表团参加了历届大会,于2011年主办了第五届大会。二是参加国际矿山救援竞赛。这是展示各国矿山救援技术水平和促进国际交流的高水平赛事,自1999年美国举办首届竞赛以来,迄今已举办了12届,我国派队参加了8届国际竞赛,共有12支矿山救援队代表中国参赛,获得团体总分第一名1次,呼吸器操作项目第一名4次、第二名4次、第三名1次,医疗急救项目第三名1次,模拟救灾项目第一名1次、第二名2次,理论考试第一名1次。三是组织矿山救援人员出国培训及考察。国家安全生产应急救援中心、应急管理部矿山救援中心组织矿山救援人员赴波兰、南非、澳大利亚、美国、德国等国家参加多次培训和考察活动,出国参加培训的矿山救援指挥员和管理人员200余人、出国考察人员100余人。四是开展矿山救援国际交流合作项目。在中美矿山安全合作项目中安排了矿山救护交流与合作内容,美方派出高级矿山救援专家对我国矿山救护师资和阳泉矿山救护队进行了培训。成功召开了中国矿山应急救援体系建设国际研讨会，与会专家对中国矿山应急救援体制、机制建设提出了有价值的建议。

本条提出鼓励矿山救援队参加国际矿山救援技术交流活动，通过参与国际矿山救援技术交流活动，可以学习和借鉴国际矿山救援领域的先进经验和技术，取长补短，对促进我国矿山应急救援体系建设有重大现实意义。

第二部分 条文解读

第五章 矿山救援一般规定

第一节 先期处置

> **第三十九条** 矿山发生生产安全事故后,涉险区域人员应当视现场情况,在安全条件下积极抢救人员和控制灾情,并立即上报;不具备条件的,应当立即撤离至安全地点。井下涉险人员在撤离时应当根据需要使用自救器,在撤离受阻的情况下紧急避险待救。矿山企业带班领导和涉险区域的区、队、班组长等应当组织人员抢救、撤离和避险。

【解读】本条是关于矿山事故涉险人员和现场管理人员应急行动的规定。

矿山事故初期,波及的范围和危害相对较小,既是抢救和控制事故的有利时机,也是涉险人员和现场人员自救互救、逃生避险的关键时刻。

(一)在安全条件下积极抢救人员和控制灾情。矿山发生事故后,涉险人员应当迅速判断灾情,根据灾情和现场条件,在保证自身安全的前提下,积极抢救其他遇险或者受伤人员,采取有效措施积极控制初期灾情,并立即上报。比如,发生外因火灾的初期,在火势可控的情况下,可以利用附近的灭火器、水等积极灭火,避免火势加大扩大灾情。例如，1961年3月16日，某煤矿-280米水泵房高压配电室二号电容器爆炸引发了火灾，当班的2名工人由于惊恐，没有及时采取适宜措施直接灭火，擅离工作岗位，致使火灾在一段时间内无人处置。30分钟后火势蔓延，高温烟流逆着风流方向进入采区进风巷，侵袭弥漫了2个采区，造成110人遇难。

（二）迅速撤离危险区域。发生爆炸、瓦斯突出、透水、冒顶、内因火灾或者外因火灾且火势较大等情况，难以保证自身安全，必须迅速撤离。撤离时应当根据灾情，按照应急预案、避灾路线、应急广播指令等有序撤退。遇有溜煤眼、积水区、垮落区等危险地段，应探明情况，谨慎通过。

（三）根据需要使用自救器。矿井发生火灾、爆炸、瓦斯突出等事故时，现场人员撤离时应当根据情况立即佩戴自救器，保障自身安全。例如，2023年12月14日，某煤矿工作面发生瓦斯超限险情，瓦斯浓度达79.21%，井下10人及时使用自救器，得以成功脱险。事后查看自救器培训视频资料时发现，该矿此次涉险矿工在盲戴自救器培训中均考核过关，成为此次自救互救成功的决定性因素。

（四）撤离受阻时避险待救。撤离时遇到冒顶、积水或者高温浓烟等受阻时，应当选择避难硐室或者其他安全地点避险待救，切忌盲目行动。同时，应通过各种手段争取与外界取得联系。例如，2024年1月12日，某煤矿发生重大煤与瓦斯突出事故，23名工友躲进硐室避险6小时，成功等到救援安全脱困。

（五）立即上报事故信息。事故地点附近的人员应尽量了解和判断事故性质、地点和灾害程度，应迅速利用最近处的电话或其他方式向矿调度室汇报，同时向事故可能波及的区域发出警报，使此区域其他工作人员尽快知道已经发生灾情而采取避灾措施。在汇报灾情时，要将看到的异常现象（火、烟、飞尘、水等），听到的异常声响，感觉到的异常冲击如实汇报。汇报者必须注意，不能凭主观想象判定事故性质，否则会给领导造成错觉，影响救灾决策。

（六）现场管理人员组织有序应急。现场带班领导和涉险区域的区、队、班组长要发挥带头作用，统一组织和指挥，采取防止灾区条件恶化和保障救灾人员安全的措施，不能惊慌失措，严禁冒险蛮干。当现场不具备事故抢救条件或可能危及现场人员安全时，带领人员选择安全条件最好、距离最短的路线，迅速撤离危险区域，并通知临近区域人员安全撤退。

第四十条　矿山值班调度员接到事故报告后，应当立即采取应急措施，通知涉险区域人员撤离险区，报告矿山企业负责人，通知矿山救援队、医疗急救机构和本企业有关人员等到现场救援。矿山企业负责人应当迅速采取有效措施组织抢救，并按照国家有关规定立即如实报告事故情况。

【解读】本条是关于矿山值班调度员和企业负责人应急处置的规定。

（一）矿山值班调度员的应急处置。矿山值班调度员负有事故接报和应急处置重要职责。《国务院关于坚持科学发展　安全发展 促进安全生产形势持续稳定好转的意见》规定，企业生产现场带班人员、班组长和调度人员在遇到险情时，要按照预案规定，立即组织停产撤人。《国务院安委会关于进一步加强生产安全事故应急处置工作的通知》要求，要明确并落实生产现场带班人员、班组长和调度人员直接处置权和指挥权，在遇到险情或事故征兆时立即下达停产撤人命令，组织现场人员及时、有序撤离到安全地点，减少人员伤亡。依据上述规定，矿山值班调度员接到事故报告后，具有直接处置权,应当根据应急救援预案等有关规定启动应急响应,立即通知涉险区域人员撤离危险区,通知矿山救援队、医疗急救机构和本企业有关人员等到现场救援。

(二)矿山企业负责人的应急处置。《安全生产法》第二十一条规定,生产经营单位的主要负责人负有及时、如实报告生产安全事故职责;第八十三条规定,生产经营单位负责人接到事故报告后,应当迅速采取有效措施,组织抢救,防止事故扩大,减少人员伤亡和财产损失,并按照国家有关规定立即如实报告当地负有安全生产监督管理职责的部门,不得隐瞒不报、谎报或者迟报,不得故意破坏事故现场、毁灭有关证据。《生产安全事故报告和调查处理条例》《煤矿安全生产条例》和《矿山生产安全事故报告和调查处理办法》等,都对发生事故后矿山企业负责人组织抢救和事故报告作了规定。依据上述规定,本条要求矿山企业负责人应当迅速采取有效措施组织抢救,并按照国家有关规定立即如实报告事故情况。另外,矿山企业负责人还应当组织评估灾情,应急救援力量不足时,及时向上级主管部门、应急救援管理机构求援。如果矿山企业不按照国家有关规定立即如实报告事故情况,不但严重影响抢险救援工作,相关负责人也会受到严肃处理。例如,2022年3月2日,某煤矿发生较大煤与瓦斯突出事故,造成8人死亡、13人受伤,煤矿未按规定报告事故,造成恶劣影响,企业负责人等74名相关责任人被追责问责。

第二节 闻警出动、到达现场和返回驻地

第四十一条 矿山救援队出动救援应当遵守下列规定:
(一)值班员接到救援通知后,首先按响预警铃,记录发生

事故单位和事故时间、地点、类别、可能遇险人数及通知人姓名、单位、联系电话，随后立即发出警报，并向值班指挥员报告；

（二）值班小队在预警铃响后立即开始出动准备，在警报发出后1分钟内出动，不需乘车的，出动时间不得超过2分钟；

（三）处置矿井生产安全事故，待机小队随同值班小队出动；

（四）值班员记录出动小队编号及人数、带队指挥员、出动时间、携带装备等情况，并向矿山救援队主要负责人报告；

（五）及时向所在地应急管理部门和矿山安全监察机构报告出动情况。

解读 本条是关于矿山救援队接警出动救援的规定。

（一）接警、预警和警报。矿山救援队电话值班员接听事故电话时要沉着冷静。首先按响预警铃，提示值班人员做好紧急出动准备。然后问清和记录事故情况，包括发生事故单位和事故时间、地点、类别、可能遇险人数及通知人姓名、单位、联系电话等。为确保信息准确无误，应向通知人复述一遍通知内容并进行确认。记录和确认完毕后，立即发出警报，同时向值班指挥员汇报事故情况并提供电话记录单。

（二）准备和出动。值班小队在预警铃响后立即开始出动准备，在警报发出后1分钟内出动，不需乘车的，出动时间不得超过2分钟。处置矿井生产安全事故，待机小队随同值班小队出动。待机小队出动的，需要另外安排人员值班；不需要出动的，立即转为值班小队。

（三）记录和报告。值班员应翔实记录出动小队的编号及人数、带队指挥员的姓名、出动的详细时间和携带的装备清单等信息，向矿山救援队主要负责人报告，并与出动队伍保持不间断联系，随时掌握事故现场信息和救援进展。矿山救援队及时向所在地区的应急管理部门和矿山安全监察机构等部门报告出动情况。

第四十二条 矿山救援队到达事故地点后，应当立即了解事故情况，领取救援任务，做好救援准备，按照现场指挥部命令和应急救援方案及矿山救援队行动方案，实施灾区探察和抢险救援。

解读 本条是关于矿山救援队到达事故现场后的行动要求。

（一）了解情况。由于事故的突发性和不可预见性，接警时很难全面掌握事故情况。矿山救援队到达事故地点后，带队指挥员应立即赶到救援指挥部报到，进一步了解事故、灾区及救援进展等情况，这是科学精准救援的重要前提。

（二）救援准备。无论何种情况，到达事故地点的矿山救援队都应根据事故性质，按照装备合格等要求，迅速做好救援准备。入井前和进入灾区前，应认真检查小队及个人装备，并明确小队装备携带和使用人员。若未能及时发现故障，造成带病装备（如氧气压力低于18兆帕、氧气呼吸器不气密、氢氧化钙未及时更换或失效等）进入灾区，将对应急救援人员的自身安全造成致命影响。

（三）制定方案。矿山救援队带队指挥员应当参与制定矿山事故应急救援方案，并根据应急救援方案，迅速制定切实可行的矿山救援队行动方案，明确执行任务的行动计划和安全措施，并向参与救援任务的应急救援人员进行贯彻部署。

（四）灾区探察和抢险救援。矿山救援队应当按照现场指挥部命令和应急救援方案及矿山救援队行动方案，实施灾区探察，开展抢险救援，完成救援任务。

第四十三条 矿山救援队完成救援任务后，经现场指挥部同意，可以返回驻地。返回驻地后，应急救援人员应当立即对救援装备、器材进行检查和维护，使之恢复到完好和备用状态。

解读 本条是关于矿山救援队返回驻地的规定。

（一）听从命令归建。矿山救援队完成救援任务后，何时撤离或返回驻地应当听从现场指挥部的命令。因为根据救援进展情况以及矿山救援队伍的战斗力和疲劳程度，现场指挥部会对救援力量作出必要的调整和安排。何时撤离、哪个队撤离必须听命于现场指挥部，许多大型事故处置尤其如此。所以，矿山救援队只有接到撤离命令后，才能返回驻地。

（二）维护救援装备。矿山救援队不管是暂时撤离休整还是事故处置结束后撤离，返回驻地后，应急救援人员无论疲劳程度如何，都必须对所有救援装备、器材进行认真检查和维护，恢复到完好和备用状态，保证能够随时安全地投入应急救援工作。

第三节 救援指挥

第四十四条 矿山救援队参加矿山救援工作，带队指挥员应当参与制定应急救援方案，在现场指挥部的统一调度指挥下，具体负责指挥矿山救援队的矿山救援行动。

矿山救援队参加其他事故灾害应急救援时，应当在现场指挥部的统一调度指挥下实施应急救援行动。

第五章　矿山救援一般规定

解读　本条是关于矿山救援队参加救援时现场指挥原则的规定。

（一）参与制定应急救援方案。《生产安全事故应急条例》第二十条规定，发生生产安全事故后，有关人民政府认为有必要的，可以设立由本级人民政府及其有关部门负责人、应急救援专家、应急救援队伍负责人、事故发生单位负责人等人员组成的应急救援现场指挥部。《国务院安委会关于进一步加强生产安全事故应急处置工作的通知》要求，救援队伍指挥员应当作为指挥部成员，参与制定救援方案等重大决策。矿山救援队带队指挥员具有丰富的救援经验，熟悉应急知识和矿山救援规程，了解矿山救援队的救援能力，通过组织灾区探察掌握灾区情况，应当依据上述规定和工作需要，主动参加现场指挥部工作，积极参与制定应急救援方案，踊跃发表意见，敢于坚持原则，既要全力以赴施救，又要以保护应急救援人员安全为己任，决不能唯命是从，丧失安全救援的基本原则。

（二）听从现场指挥部的调度指挥。《生产安全事故应急条例》第二十一条规定，参加生产安全事故现场应急救援的单位和个人应当服从现场指挥部的统一指挥。《国务院安委会关于进一步加强生产安全事故应急处置工作的通知》要求，事故现场所有人员要严格执行指挥部指令，对于延误或拒绝执行命令的，要严肃追究责任。矿山救援队无论是参加矿山事故救援还是其他事故灾害救援，到达事故地点后，要立即到现场指挥部报到，接受现场指挥部的统一调度指挥，按照现场指挥部命令开展应急救援工作。

（三）具体负责指挥矿山救援队行动。《国务院安委会关于进一步加强生产安全事故应急处置工作的通知》要求，救援队伍指挥员应当根据救援方案和总指挥命令组织实施救援。矿山救援队参加矿山救援工作，带队指挥员应当履行本队现场指挥职责，在现场指挥部的统一调度指挥下，具体负责指挥矿山救援队，组织实施矿

第二部分 条文解读

山救援行动。

第四十五条 多支矿山救援队参加矿山救援工作时，应当服从现场指挥部的统一管理和调度指挥，由服务于发生事故矿山的专职矿山救援队指挥员或者其他胜任人员具体负责协调、指挥各矿山救援队联合实施救援处置行动。

解读 本条是关于多支矿山救援队联合救援协调指挥的规定。

多支矿山救援队联合实施矿山救援工作时，应当在服从现场指挥部统一管理和调度指挥的前提下，明确由服务于发生事故矿山的专职矿山救援队指挥员具体负责协调、指挥各矿山救援队联合实施救援处置行动。主要考虑该矿山救援队平时为该矿山安全生产服务，更加熟悉事故矿山作业环境和救援条件，有利于科学合理地指挥救援工作。但如果事故复杂救援难度大，该队指挥员不具备协调组织指挥能力，无法胜任指挥工作时，现场指挥部要另行委任能够胜任此工作的人员担任。例如，2023年7月1日，某铁矿发生一起溜井喷料导致运行中的电梯轿厢坠落被埋事故，现场指挥部调集3支矿山救援队联合救援，明确由参加救援的1支国家矿山应急救援队带队指挥员统一调度、指挥矿山救援队行动，具体负责井下抢救工作，安全、迅速地完成了事故处置，取得了很好效果。

第四十六条 矿山救援队带队指挥员应当根据应急救援方案和事故情况，组织制定矿山救援队行动方案和安全保障措施；执行灾区探察和救援任务时，应当至少有1名中队或者中队以上指挥员在现场带队。

第五章 矿山救援一般规定

> **解读** 本条是关于矿山救援队指挥员现场工作任务的规定。

（一）制定行动方案和安全保障措施。救援行动是一项危险而又复杂的工作，灾区环境恶劣，每次需要执行的任务都有不同的目标和要求，而且随时都有可能发生变化。因此，带队指挥员要根据现场指挥部的应急救援方案和已掌握的事故情况，分析可能存在的危险因素，结合矿山救援队人力、装备、技术能力，组织制定合理的矿山救援队行动方案和安全保障措施，保证矿山救援队的救援行动都有计划和安全保障措施，否则可能发生次生事故灾害。例如，1995年9月25日，某矿掘进工作面在封闭火区时发生爆炸，在未制定和采取安全措施消除爆炸危险的情况下，安排矿山救援队进入施工防爆墙，即将完工时再次发生爆炸，造成8人遇难。

（二）现场带队执行任务。根据以往救援经验和加强矿山救援工作需要，为保障救援任务按计划安全、顺利完成，本条规定，执行灾区探察和救援任务时，应当至少有1名中队或者中队以上指挥员作为现场带队指挥员在现场带队，负责落实行动方案和安全保障措施。

第四十七条 现场带队指挥员应当向救援小队说明事故情况、探察和救援任务、行动计划和路线、安全保障措施和注意事项，带领救援小队完成工作任务。矿山救援队执行任务时应当避免使用临时混编小队。

> **解读** 本条是关于现场带队指挥员工作职责的规定。

（一）现场带队指挥员的职责。现场带队指挥员是救援行动的直接负责人，负责带领小队完成探察和救援任务。在下达任务时，必须向救援小队每名应急救援人员详细说明已掌握的事故情况、具体的行动任务、进入和撤出的行动路线、保障各项任务安全实施的相关安全措施和注意事项，使所有应急救援人员做到心中有数、行动统一。救援小队的正、副小队长应当与现场带队指挥员密切配合，共同带领小队完成任务。

（二）避免使用临时混编小队。本条要求避免使用临时混编小队，这是因为使用临时混编小队的弊病很多。一是小队是一个执行救援任务的集体，队员之间有明确分工，经常在一起训练演练，配合默契，在灾区内工作时队员间的一个手势、一个动作所表达的含义大家都能读，而使用临时混编小队将打破这种密切配合，造成队员之间的沟通障碍。二是小队中每名队员都有自己分管的装备，而每台装备又都为全小队服务，如使用临时混编小队有可能造成人与装备的生疏，不利于高效救援。三是使用临时混编小队后，小队长和队员间可能互不熟悉各自技术素质、身体素质、心理素质等方面情况，给小队长部署任务及队员之间配合造成障碍，不利于安全救援。

第四十八条 矿山救援队在救援过程中遇到危及应急救援人员生命安全的突发情况时，现场带队指挥员有权作出撤出危险区域的决定，并及时报告现场指挥部。

【解读】本条是关于赋予现场带队指挥员应急处置权的规定。

《国务院安委会关于进一步加强生产安全事故应急处置工作的通知》规定，遇到突发情况危及救援人员生命安全时，救援队伍指挥员有权作出处置决定，迅速带领救援人员撤出危险区域，并及时报告指挥部。根据上述规定，矿山救援队现场带队指挥员应当结合矿山救援现场实际，当遇到高温、浓烟、塌冒、爆炸和水淹等险情或者应急救援人员身体不适、氧气呼吸器故障等突发情况危及应急救援人员生命安全时，应立即作出处置决定，迅速带领应急救援人员撤出危险区域，并及时报告现场指挥部。否则，可能造成应急救援人员伤亡。例如，1983年4月11日，某煤矿在处置掘进工作面火灾过程中，多次安排矿山救援队冒险进入灾区，特别是第4次进入灾区时，在测得瓦斯浓度为8%～10%，且存在阴燃火源的危险情况下，矿山救援队不但未撤出危险区域，仍第5次冒险进入灾区洒水灭火，发生瓦斯爆炸事故，造成25人遇难、16人受伤，其中矿山救援人员11人遇难、10人受伤，教训十分惨痛。

第四节　救　援　保　障

第四十九条　在处置重特大或者复杂矿山生产安全事故时，应当设立地面基地；条件允许的，应当设立井下基地。

应急救援人员的后勤保障应当按照《生产安全事故应急条例》的规定执行。同时，鼓励矿山救援队加强自我保障能力。

解读　本条是关于加强矿山救援保障工作的规定。

（一）基地保障。在处置重特大或者复杂矿山生产安全事故时，为了保证救援装备、器材的供应与存放、维修保养，应急救援人员得到临时休息和待机，满足其他后勤保障功能，应当设立为矿山救援队服务的地面基地。井下基地是井下抢险救灾的前线指挥所，是应急救援人员与物资的集中地，待机小队的待命区，进入灾区的出发点，也是遇险人员的临时救护站。井下救灾现场的指挥与决策在此作出，救灾命令及信息在此发出和传送。因此，在事故救援时，为保证井下抢救工作的顺利进行，在条件允许时，应当设立井下基地。不按要求设立井下基地，可能导致严重后果。例如，1995年9月16日，某煤矿采煤工作面上部采空区发生瓦斯燃烧事故，矿山救援队在没有建立井下基地、无待机小队、无灾区电话的情况下，仅带4个干粉灭火器下井灭火，进入灾区后与指挥部失去联络，在干粉用完后发生瓦斯爆炸事故，造成9人遇难、2人重伤，其中，救援队员5人遇难、2人重伤。

（二）后勤保障。后勤保障是矿山救援工作的重要内容，是保持和增强救援队伍战斗力的关键因素。《生产安全事故应急条例》第十九条规定，应急救援队伍根据救援命令参加生产安全事故应急救援所耗费用，由事故责任单位承担，事故责任单位无力承担的，由有关人民政府协调解决；第二十三条规定，生产安全事故发生地人民政府应当为应急救援人员提供必需的后勤保障，并组织通信、交通运输、医疗卫生、气象、水文、地质、电力、供水等单位协助应急救援。《国务院安委会关于进一步加强生产安全事故应急处置工作的通知》规定，地方人民政府要对应急保障工作总负责，统筹协调，全力保证应急救援工作的需要；要采取财政措施保障应急处置工作所需经费。政府有关部门要按照国家有关规定和指挥部的需要，在各自职责范围内做好应急保障工作，确保交通、通信、供电、供水、气象服务以及应急救援队伍、装备、物资等救援条件。同时，为应对矿山事故的突发性和救援保障的及时性，本规程鼓励矿山救援队加强自我保障能力。

第五十条 地面基地应当设置在便于救援行动的安全地点，并且根据事故情况和救援力量投入情况配备下列人员、设备、设施和物资：

（一）气体化验员、医护人员、通信员、仪器修理员和汽车

第五章 矿山救援一般规定

驾驶员，必要时配备心理医生；

（二）必要的救援装备、器材、通信设备和材料；

（三）应急救援人员的后勤保障物资和临时工作、休息场所。

解读 本条是关于地面基地设置的规定。

（一）设置地点。应当根据事故的范围、类别、地点及参加救援队伍的数量等情况，以便于救援行动和安全为原则设置地面基地，事故单位应积极创造条件。地下矿山事故可以选择在井口附近且交通便利、通信方便的安全地点作为地面基地，露天矿山事故可以选择采场入口附近且交通便利、通信方便的安全地点作为地面基地。

（二）配备人员。地面基地负责人由矿山救援队指挥员担任，并配备气体化验员、医护人员、通信员、仪器修理员和汽车驾驶员等人员值班，必要时配备心理医生。地面基地负责人应做到，按矿山救援队工作图表及时派地面基地待机小队下井接班，把所需要和回收的救援器材储存于基地并进行登记，及时向矿山救援队带队指挥员报告器材消耗、补充和储存情况及应急救援人员情况等。

（三）设备、设施和物资。设置待命休息区，根据条件可集中或分散设置，当矿山救援队抵达现场后，可供应急救援人员进行临时休息、待命和临时工作。设置设备储备区，配备必要的救援装备、器材、通信设备和材料，并可进行设备调试和维护。

第五十一条 井下基地应当设置在靠近灾区的安全地点，并且配备下列人员、设备和物资：

第二部分 条文解读

（一）指挥人员、值守人员、医护人员；
（二）直通现场指挥部和灾区的通信设备；
（三）必要的救援装备、气体检测仪器、急救药品和器材；
（四）食物、饮料等后勤保障物资。

解读 本条是关于井下基地设置的规定。

（一）设置地点。井下基地是连接地面指挥部与井下的桥梁，在选择井下基地时要根据事故类别、灾区位置、灾区范围、灾情扩大后可能波及的范围，以及通风、运输等条件予以确定。井下基地应设置在靠近灾区新鲜风流处的安全地点。

（二）配备人员。为了有效地协调指挥井下救灾工作，现场指挥部应选派有救灾经验和救援专业知识的人员担任井下基地负责人，具体负责整个井下救灾的指挥工作；为保证井下基地发挥作用，基地内必须配有作为接应救援力量的值守人员；为及时抢救遇险人员和救治受伤人员，应当根据需要配备医护人员。

（三）设备和物资。为了保证救援命令和灾情信息及时准确传递，井下基地电话应设专人看守，做好记录，并经常和地面指挥部、地面基地和灾区工作的救援小队保持联系。为及时检测基地环境、保障救援备用装备、及时救护受伤人员和维持救援人员健康体力等，还需配备必要的气体检测仪器、救援装备、急救药品和器材、食物、饮料等后勤保障物资。

第五十二条 井下基地应当安排专人检测有毒有害气体浓度和风量、观测风流方向、检查巷道支护等情况，发现情况异常时，基地指挥人员应当立即采取应急措施，通知灾区救援小队，

第五章　矿山救援一般规定

并报告现场指挥部。改变井下基地位置，应当经过矿山救援队带队指挥员同意，报告现场指挥部，并通知灾区救援小队。

解读　本条是关于井下基地安全管理的规定。

灾情的变化可能波及和影响井下基地。为了保证井下基地的安全，在救援过程中，基地负责人应安排专人检测基地及其附近的有毒有害气体浓度、风量，观测风流方向、检查巷道支护等情况，出现异常时，应立即采取应急措施。在处理有爆炸危险的事故时，为了及时准确地掌握灾区气体的变化，保证进入灾区工作小队的安全，井下基地必须设置能够快速检测有毒有害气体的仪器。改变基地位置时，应当经过矿山救援队带队指挥员同意，报告现场指挥部，并通知灾区救援小队。井下基地设置不科学，可能导致灾难事故发生。例如，1977年4月14日，某煤矿处理采空区火灾时，将井下基地设在采空区回风侧，发生第一次瓦斯爆炸后，基地中的4名矿山企业领导一氧化碳中毒，失去指挥能力，由于上下信息不通，最终5次爆炸造成118人伤亡（其中遇难83人）。又如，2004年11月28日，某煤矿发生瓦斯爆炸事故，救援过程中曾有人提出将井下基地前移至紧邻爆炸工作面的区段变电所，当时有关专家及时制止了这一做法，从而避免了在二次爆炸发生时造成更多人员伤亡灾难的发生。

第五十三条　矿山救援队在组织救援小队执行矿井灾区探察和救援任务时，应当设立待机小队。待机小队的位置由带队指挥员根据现场情况确定。

解读　本条是关于设立待机小队的规定。

第二部分 条文解读

矿山生产安全事故比较复杂，灾情多变，救援小队在执行灾区探察和救援任务时不能完全预判灾区状况及其他意外情况，可能遇到超出救援小队能力的救援情况或发生危及自身安全的紧急情况，为了使救援小队能够得到及时救助，井下应设待机小队，并用灾区电话与救援小队保持不间断联系，当救援小队需要援助时应立即进入并报告现场指挥部。待机小队的位置由带队指挥员确定，一般设置在井下基地，有特殊需要的可以设置方便救援和工作的安全地点。不设立待机小队存在很大安全风险。例如，某地区矿山救援队在处理某矿火灾时，没有待机小队，在未确认灾区有无有害气体的情况下，盲目逆风流进入灾区，出现危险时得不到及时救援，导致6人遇难（其中矿山救援人员4人）。

第五十四条 矿山救援队在救援过程中必须保证下列通信联络：

（一）地面基地与井下基地；
（二）井下基地与救援小队；
（三）救援小队与待机小队；
（四）应急救援人员之间。

【解读】 本条是关于矿山救援队在救援中保证通信联络的规定。

在事故救援时，为保障指挥顺畅，信息传递快捷，行动协调，必须建立自上而下、便捷可靠的通信联络。为了实现地面指挥部的救援指令顺利传达，井下信息能及时反馈，应建立地面基地与井下基地的通信联络；为保障井下基地接收到的救援指令能够顺利传达，以及救援小队探察、救援信息及时反馈，应建立井下基地与救援小队的通信联络；为保障救援小队安全，应当保持救援小队与待机小队不间断联系，当通信中断时，应立即开展救助；应急救援人员之间应使用手势、音响信号、喊话、对讲设备等方式保持通信畅通。建立通信联络的方式可采用矿井原有的通信系统，当通信系统破坏时应恢复或安设新的通信系统，灾区通信联系可选择灾区电话、音视频通信设备等搭建临时通信网络。

第五十五条 矿山救援队在救援过程中使用音响信号和手势联络应当符合下列规定：

（一）在灾区内行动的音响信号：

1. 一声表示停止工作或者停止前进；
2. 二声表示离开危险区；
3. 三声表示前进或者工作；
4. 四声表示返回；
5. 连续不断声音表示请求援助或者集合。

（二）在竖井和倾斜巷道使用绞车的音响信号：

1. 一声表示停止；
2. 二声表示上升；
3. 三声表示下降；
4. 四声表示慢上；
5. 五声表示慢下。

（三）应急救援人员在灾区报告氧气压力的手势：

1. 伸出拳头表示 10 兆帕；
2. 伸出五指表示 5 兆帕；
3. 伸出一指表示 1 兆帕；
4. 手势要放在灯头前表示。

第二部分　条文解读

解读　本条是关于矿山救援队使用音响信号和手势联络的规定。

矿山救援队在灾区行动时，由于灾区环境嘈杂，现场能见度低，佩用氧气呼吸器面罩影响喊话，音响信号和手势在一些指令传达上更直接有效。音响信号可使用哨子、打击声响、铃声等。使用的音响信号和手势必须正确、统一，且使用者熟知含义，对保障救援安全至关重要；否则，不正确使用联络信号可能导致悲剧的发生。例如，1983年7月1日，某地区矿山救援队在处置一个小煤窑瓦斯事故时，1名小队长带领4名队员进入灾区探察，途中小队长自作主张，只带1名队员深入灾区，因氧气呼吸器故障而昏倒，这名队员由于惊慌，没有使用正确的音响信号，未能及时联络救援和保护自身安全，结果造成2人都中毒死亡。

第五十六条　矿山救援队在救援过程中应当根据需要定时、定点取样分析化验灾区气体成分，为制定应急救援方案和措施提供参考依据。

解读　本条是关于矿山救援队取样分析化验灾区气体的规定。

通过取样分析灾区气体成分可有效掌握灾区情况，分析灾害发展变化，是制定应急救援方案和安全保障措施的重要依据，尤其是矿井火灾、爆炸、突出等事故，有毒有害气体成分、浓度大小及变化，直接影响采取的技术措施是否安全，作出的救援决策是否正确。矿山救援队在救援过程中应定时、定点取样分析化验灾区气体，记录分析化验结果，绘制气体的变化曲线图，掌握灾区变化趋势，为制定应急救援方案和措施提供参考依据。必要时可携带仪器到井下基地直接进行气体分析化验。例如，2002年1月26日，某煤矿采煤工作面发生瓦斯爆炸事故，在救援过程中又发生二次爆炸，2次爆炸事故共造成27人遇难、2人下落不明、11人受伤，造成此次事故的主要原因是矿山救援队没有相应的分析化验手段，根本不清楚灾区的气体成分及浓度，盲目施救导致严重伤亡。

第五节　灾区行动基本要求

第五十七条　救援小队进入矿井灾区探察或者救援，应急救援人员不得少于6人，应当携带灾区探察基本装备（见附录6）及其他必要装备。

解读　本条是关于救援小队进入矿井灾区探察或者救援时的人员数量及携带装备的规定。

救援小队进入灾区探察或救援时，要携带灾区探察基本装备、个人防护装备和其他必要的物资、器材，这些都是自我保护和救援所必需的，如果人员太少，无法满足携带基本装备的要求，在灾区一旦发生突发事件，也无自救能力，更无法完成救援任务，极有可能造成自身伤亡事故。

因此，综合考虑救援小队携带装备和完成任务的要求，进入灾区探察或救援的小队人数以不得少于6人为最低限度。达不到这个要求会严重影响小队执行任务甚至造成不良后果。例如，某煤矿因通风不良使2名工人窒息，矿山救援队派5名队员进入灾区执行抢救任务，安排2名队员运送1名遇难工人撤出灾区后，灾区内只剩下3人。其中2人因使用氧气呼吸器不当造成窒息，身边只剩下的1名队员无法抢救2人，结果造成2人死亡。

第二部分 条文解读

> **第五十八条** 应急救援人员应当在入井前检查氧气呼吸器是否完好，其个人防护氧气呼吸器、备用氧气呼吸器及备用氧气瓶的氧气压力均不得低于18兆帕。
>
> 如果不能确认井筒、井底车场或者巷道内有无有毒有害气体，应急救援人员应当在入井前或者进入巷道前佩用氧气呼吸器。

解读 本条是关于应急救援人员个人防护装备检查和使用的规定。

（一）氧气呼吸器的检查。应急救援人员应当在入井前检查氧气呼吸器是否完好，必须确保其各项技术指标符合要求。氧气压力是保证氧气呼吸器使用时间的一项主要指标，氧气压力不得低于18兆帕是保障氧气呼吸器在额定时间内安全使用的前提，因此，个人防护氧气呼吸器、备用氧气呼吸器及备用氧气瓶的氧气压力均不得低于18兆帕。氧气呼吸器是一种自带氧源、隔绝再生式闭路循环的个人呼吸保护装置，被形象地称为应急救援人员的第二生命，主要供应急救援人员在窒息性或有毒有害气体中使用，在灾区中一旦氧气呼吸器发生故障，极难排除，很有可能导致人员自身伤亡。例如，1995年11月26日，某煤矿发生火灾事故，灭火过程中，矿山救援队1名副小队长一氧化碳中毒死亡。经检查，这名副小队长4小时氧气呼吸器气囊多处破裂，气囊和水分吸收器连接处漏气、吸气阀漏气、排气阀漏气，表明其进入灾区前未认真进行检查，以致发生伤亡事故。

（二）氧气呼吸器的佩用。如果不能确认井筒和井底车场有无有毒有害气体时，应在地面将氧气呼吸器佩用好，这是基于矿山救援队自身安全而考虑的。应急救援人员一般是乘罐笼或人车下井，

第五章 矿山救援一般规定

由于在罐笼或人车里不便检查气体且其运行速度快，有时来不及检查气体就有可能造成自身伤亡。应急救援人员进入任何巷道前，如果不能确认巷道内有无有毒有害气体，应急救援人员应当在进入巷道前佩用氧气呼吸器；否则，可能因巷道内气体情况不明而造成严重危害。例如，1984年2月28日，某矿安排矿山救援队排放1145机巷瓦斯，小队长带领2名队员在没有检查气体情况下启动局部通风机，准备一次性排放，并在风门外脱下氧气呼吸器休息。30分钟后，1名队员佩戴氧气呼吸器进入回风交叉口检查瓦斯，发现甲烷浓度为0.3%~0.5%，随即脱下氧气呼吸器放在交叉口处，返回告知在风门外休息人员。3人在未佩用氧气呼吸器的情况下进入巷道检查，当检查到上山起坡点28米处时发现风筒脱节断开，1名人员负责接风筒，另外2人继续向上前行14.6米时，断开风筒接好，风流经风筒送至1145机巷迎头，将巷道内积存的浓度95%的瓦斯排放出来，小队长和1名队员瞬间窒息倒地，接风筒队员见状上前救助，上行9.6米窒息倒地，3名应急救援人员因窒息遇难。

第五十九条 应急救援人员在井下待命或者休息时，应当选择在井下基地或者具有新鲜风流的安全地点。如需脱下氧气呼吸器，必须经现场带队指挥员同意，并就近置于安全地点，确保有突发情况时能够及时佩用。

解读 本条是关于应急救援人员在井下待命或者休息时保障安全的规定。

应急救援人员在井下待命或休息时，应当选择在井下基地或者具有新鲜风流的安全地点。由于氧气呼吸器对应急救援人员自我保护的重要作用，一般情况下都必须随身携带，如需脱下，必须经现场带队指挥员同意，才能将氧气呼吸器从肩上脱下。脱下的氧气呼吸器应放在附近安全地点并有序摆放，主要是为了确保一旦发生灾变，如通风系统发生变化、有害气体涌入或受爆炸波及等，能够及时佩用。如果放置太远或摆放混乱很有可能丧失最佳佩用时机，导致自身伤亡事故发生。例如，1995年10月23日，某矿进行火区密闭作业时，1名矿山救援队应急救援人员脱下氧气呼吸器，去采集气样过程中导致一氧化碳中毒死亡。

第六十条 应急救援人员应当注意观察氧气呼吸器的氧气压力，在返回到井下基地时应当至少保留5兆帕压力的氧气余量。在倾角小于15度的巷道行进时，应当将允许消耗氧气量的二分之一用于前进途中、二分之一用于返回途中；在倾角大于或者等于15度的巷道中行进时，应当将允许消耗氧气量的三分之二用于上行途中、三分之一用于下行途中。

解读 本条是关于应急救援人员合理分配氧气呼吸器耗氧量的规定。

氧气呼吸器中的氧气是应急救援人员在灾区维持生命所必需的。灾区的情况瞬息万变，什么意外情况都有可能发生，以致延误小队撤出的时间。氧气呼吸器也可能突发故障而增大氧气消耗，如高压跑气、低压系统不气密等，致使来不及撤出，氧气就消耗殆尽。为增加应急救援人员使用氧气呼吸器的安全系数，任何情况下，都必须保留5兆帕压力的氧气余量。应急救援人员在不同倾角的巷道中行走时氧气消耗量不同，根据巷道倾角的大小和往返路程的距离，以及在灾区停留工作的时间，合理计划使用氧气呼吸器的氧气，在氧气压力达到应返回的气压时，无论工作任务完成与否，

第五章 矿山救援一般规定

带队指挥员都必须带领工作小队撤出灾区。氧气呼吸器耗氧量分配不合理，可能导致事故。例如，1992年5月14日，某煤矿发生火灾事故，矿山救援队在抢救遇险人员时，1名队员因氧气呼吸器氧气耗尽而遇难。

第六十一条 矿山救援队在致人窒息或者有毒有害气体积存的灾区执行任务应当做到：

（一）随时检测有毒有害气体、氧气浓度和风量，观测风向和其他变化；

（二）小队长每间隔不超过20分钟组织应急救援人员检查并报告1次氧气呼吸器氧气压力，根据最低的氧气压力确定返回时间；

（三）应急救援人员必须在彼此可见或者可听到信号的范围内行动，严禁单独行动；如果该灾区地点距离新鲜风流处较近，并且救援小队全体人员在该地点无法同时开展救援，现场带队指挥员可派不少于2名队员进入该地点作业，并保持联系。

解读 本条是关于矿山救援队在致人窒息或者有毒有害气体积存的灾区执行任务的规定。

（一）矿山救援队在灾区工作时，应随时检测有毒有害气体成分、氧气浓度和风量，观测风向和其他变化，及时掌握有毒有害气体的浓度，观察灾情变化。

（二）在灾区工作时，每名应急救援人员都应随时注意察看自己氧气呼吸器的氧气压力，小队长则应每间隔不超过20分钟组织应急救援人员检查并报告1次氧气呼吸器的压力，询问队员身体状况。这是因为小队长既有丰富经验，又是小队行动的决策者，必须根据氧气呼吸器的氧气消耗和队员身体状况安排工作，按照氧气压力最低的 1 名队员确定整个小队返回时间。为确保自身安全，即使小队是乘车进入灾区的，确定返回到安全地点所需的时间也应按步行所需时间计算。如果不认真按规定注意观察氧气呼吸器压力，一旦出现故障可能酿成悲剧。例如，2006 年 10 月 15 日，某煤矿综采工作面采空区发生自燃，引起瓦斯爆炸事故，造成 4 人死亡，1 人失踪，矿山救援队在封闭采煤工作面过程中，没有注意观察氧气呼吸器的压力，当发现 1 名队员的氧气呼吸器压力很低时，队长下令立即撤出，但为时已晚，造成这名队员氧气耗尽而遇难。

（三）矿山救援队的工作是以小队为单位的集体行动，如果单独行动，在发生意外情况时就会得不到及时救助，这是非常危险的，很有可能造成自身伤亡。因此，应急救援人员在窒息或有毒有害气体积存的灾区工作时，严禁单独行动，必须在彼此可见或者可听到信号的范围内行动。如果该灾区地点距离新鲜风流处较近，并且救援小队全体人员在该地点无法同时开展救援，现场带队指挥员可派不少于 2 名队员进入该地点作业，主要考虑作业时能够相互协助，出现意外情况能够第一时间救助和报告，进入人员应该与小队保持联系。

第六十二条 矿山救援队在致人窒息或者有毒有害气体积存的灾区抢救遇险人员应当做到：

（一）引导或者运送遇险人员时，为遇险人员佩用全面罩正压氧气呼吸器或者自救器；

（二）对受伤、窒息或者中毒人员进行必要急救处理，并送至安全地点；

（三）处理和搬运伤员时，防止伤员拉扯氧气呼吸器软管或者面罩；

第五章　矿山救援一般规定

（四）抢救长时间被困遇险人员，请专业医护人员配合，运送时采取护目措施，避免灯光和井口外光线直射遇险人员眼睛；

（五）有多名遇险人员待救的，按照"先重后轻、先易后难"的顺序抢救；无法一次全部救出的，为待救遇险人员佩用全面罩正压氧气呼吸器或者自救器。

解读　本条是关于矿山救援队在致人窒息或者有毒有害气体积存的灾区抢救遇险人员的规定。

抢救遇险人员是矿山救援队的首要任务，迅速而又正确、有效的抢救措施和方法，可以使遇险人员得到及时救援，最大限度降低人员伤亡，减少事故损失。因此矿山救援队不仅要学会并掌握伤员的现场急救方法，而且要能够根据不同情况采取不同的抢救方法和措施。

（一）在致人窒息或有毒有害气体积存的灾区，如果氧气浓度过低或有毒有害气体浓度过高，可能会造成遇险人员窒息或中毒。因此，在引导及搬运遇险人员脱离或经过危险区时应给其佩用全面罩氧气呼吸器或隔绝式自救器。例如，1999年5月10日，某在建矿井发生瓦斯爆炸事故，矿山救援队利用压缩氧自救器一次从灾区引导抢救出12名遇险人员。

（二）对受伤、窒息或中毒人员应根据伤情分别采用止血、包扎、固定、人工呼吸、心肺复苏等现场急救措施，最大限度地控制遇险人员的受伤害程度，使遇险受伤人员得到初步救治后，迅速转移到安全地点交予医护人员进一步救治。

（三）搬运遇险人员时要轻抬轻放，尤其是翻越障碍或通过狭窄巷道时，要采取有效的防护措施，以免加重伤情。还要防止伤员在无意识中拉扯氧气呼吸器软管或面罩，造成应急救援人员自身中毒。

（四）长时间被困的遇险人员，由于其生理和心理忍受达到极限，加之救援队非专业医护人员，缺乏这方面的救援知识。因此，抢救这类遇险人员时，应该有专业医护人员配合或指导。为防止因光线的突然刺激造成遇险人员的视力伤害甚至失明，在抢救长期被困井下的人员时，要用眼罩或毛巾遮挡，避免灯光和井口外光线直接照射其眼睛。

（五）在灾区内多名遇险人员待救且不能一次抬运时，应给遇险人员佩用全面罩氧气呼吸器或隔绝式自救器，暂时等待援救。为使受伤者能够得到及时治疗，除采取必要的防护措施外，救援队还应按照"先重后轻，先易后难"的原则确定救人的顺序，以免使重伤者得不到及时救治而伤情加重，甚至死亡。例如，1999年5月10日，某在建矿井发生瓦斯爆炸事故，矿山救援队利用压缩氧自救器一次从灾区引导抢救出12名遇险人员。

第六十三条 在高温、浓烟、塌冒、爆炸和水淹等灾区，无需抢救人员的，矿山救援队不得进入；因抢救人员需要进入时，应当采取安全保障措施。

解读 本条是关于矿山救援队在危险区域救援保障安全的规定。

矿山救援工作应当以人为本，坚持人民至上、生命至上，贯彻科学施救原则，在遇到高温、浓烟、塌冒、爆炸和水淹等灾区时，正确处理灾害处置、抢救人员与保护应急救援人员自身安全的关系，在任何情况下都不能出现用活人换死人的现象。只有在需要抢救有生还可能的遇险人员的情况下，在采取了必要的安全措施，确保矿山救援队安全的情况下，经现场指挥部同意，才能进入救人；否则，冒险蛮干可能导致人员伤亡。例如，2020年10月27日，某矿山救援队在某矿执行$82_下$二中岩石集中巷密闭启封工作，在瓦斯排放完成后，2名应急救援人员进入130多米长的高温巷道（巷道局部温度达44摄氏度）检查，因高温环境导致中暑而遇难。

第六十四条 应急救援人员出现身体不适或者氧气呼吸器发生故障难以排除时，救援小队全体人员应当立即撤到安全地点，并报告现场指挥部。

解读 本条是关于应急救援人员出现突发情况撤出灾区的规定。

在灾区探察或救援过程中，由于队员心理、生理原因及恶劣的灾区环境，可能会出现个别队员身体不适或者氧气呼吸器突发难以排除的故障（如高压跑气）而使其不能继续工作，这时应立即护送其退出灾区。但必须考虑到在护送途中身体不适加重或出现新的情况，1~2人护送或自己撤出灾区是不安全的。同时小队人员都有明确分工和自己分管的装备，留在灾区继续工作的人员也很危险，小队人员也有可能少于6人。因此，为保证矿山救援队自身安全，在出现队员身体不适或仪器故障而难以排除时，全小队应终止探察或救援工作，立即撤到安全地点，并报告现场指挥部。例如，1981年12月26日，某矿山救援队直属中队1名副小队长在灾区工作过程中，发现自己氧气呼吸器氧气压力不足，自己单独撤出，途中不慎摔倒，未能得到及时救助而遇难。

第二部分 条文解读

第六十五条 应急救援人员在灾区工作1个氧气呼吸器班后,应当至少休息8小时;只有在后续矿山救援队未到达且急需抢救人员时,方可根据体质情况,在氧气呼吸器补充氧气、更换药品和降温冷却材料并校验合格后重新投入工作。

解读 本条是关于应急救援人员连续工作时限的规定。

氧气呼吸器班,是指应急救援人员佩用4小时氧气呼吸器在其有效防护时间内进行工作的一段时间。1个氧气呼吸器班约为3~4小时。佩用氧气呼吸器在灾区工作不同于正常的井下工作。由于灾区环境恶劣,负重工作及呼吸的不自然,使队员产生一定的心理压力,体力消耗远远大于正常情况,甚至达到应急救援人员的心理和生理极限。因此,如果应急救援人员过于疲劳,将使其注意力分散,疲劳作战,就很容易出现问题,造成自身伤亡。根据人的生理特点和以往经验,应急救援人员在灾区工作1个氧气呼吸器班后,应当至少休息8小时。但在后续矿山救援队未到而急需救人的紧急情况下,如确需连续作战,应评估应急救援人员体质情况,补充食物、饮料,以及为氧气呼吸器补充氧气、更换氢氧化钙和降温冷却材料,并校验氧气呼吸器合格后,方可重新投入救援工作。在事故救援过程中,现场指挥部应根据救灾需要调集足够的救援力量,保证矿山救援队的正常轮换作业,保证应急救援人员有充足的休息时间,使体力能够得到及时恢复。

第六十六条 矿山救援队在完成救援任务撤出灾区时,应当将携带的救援装备带出灾区。

解读 本条是关于矿山救援队撤出灾区时携带装备的规定。

无论是小队还是个人救援装备，都是小队人员能够熟练操作的专用装备，是保证应急救援人员个人自身安全及完成任务必不可少的。在事故救援的过程中，随时随地都有可能用到，无论是工作还是撤离，这些装备都必须随身携带。因此，矿山救援队在完成救援任务撤出灾区时，应将携带的救援装备带出灾区，以便救援装备能够得到及时维修和保养，迅速恢复到战备状态，保证在需要时能够迅速投入使用。但需要说明的是，本条是要求在正常执行完救援任务撤离灾区应当携带救援装备，对于因灾情突变而紧急撤离，无法带出全部装备时，应当首先确保应急救援人员人身安全迅速撤离危险区域，无法带出的救援装备可以暂时放置灾区，绝不能为携带装备而不顾自身安全。

第六节　灾　区　探　察

第六十七条　矿山救援队参加矿井生产安全事故应急救援，应当进行灾区探察。灾区探察的主要任务是探明事故类别、波及范围、破坏程度、遇险人员数量和位置、矿井通风、巷道支护等情况，检测灾区氧气和有毒有害气体浓度、矿尘、温度、风向、风速等。

解读　本条是关于矿山救援队灾区探察主要任务的规定。

矿井发生灾变事故后，尤其是发生矿井火灾、瓦斯突出、爆炸等事故后，由于事故现场的空气成分发生变化，已不适于正常呼吸，事故现场的情况只能由佩用氧气呼吸器的矿山救援队进入探察才能掌握。其探察的结果是现场指挥部全面了解灾情和正确决策的重要依据，也是矿山救援队全面了解灾情、实现安全救援的重要保证。因此，矿井发生事故后，矿山救援队应当进行灾区探察，准确查明事故的类别、波及范围、破坏程度、遇险人员数量和位置、矿井通风、巷道支护等情况，检测灾区氧气和有毒有害气体浓度、矿尘、温度、风向、风速等情况。

> **第六十八条** 矿山救援队在进行灾区探察前，应当了解矿井巷道布置等基本情况，确认灾区是否切断电源，明确探察任务、具体计划和注意事项，制定遇有撤退路线被堵等突发情况的应急措施，检查氧气呼吸器和所需装备仪器，做好充分准备。

解读 本条是关于矿山救援队灾区探察前准备工作的规定。

由于事故发生后，尤其重特大事故发生后会造成巷道损毁，设施破坏，有毒有害气体浓度高等，加之灾情随时都有可能发生突变，所以灾区探察是一项非常危险而又艰巨的工作。如果准备不充分就贸然行动，不仅不能查明灾情，而且会给矿山救援队带来更大的威胁。因此，灾区探察前应尽可能详细地了解矿井巷道布置等基本情况，确认灾区是否切断电源，充分考虑探察时可能遇到的各种危险因素，提出完成探察任务所需的救援器材，明确探察任务，制定详细的计划和注意事项，并向执行探察任务的应急救援人员进行贯彻。探察小队要有足够的准备工作时间，检查氧气呼吸器和所需装备仪器，做好充分准备。不做好准备就进行灾区探察非常危险。例如，1998年8月7日，某矿山救援队接到煤矿领导指令去探察903溜煤巷下方淤堵地点水位情况，在既不熟悉巷道布置、未详细了解灾区气体情况，又未制定安全措施的情况下，一个小队6人进入近2000米的灾区探察，结果造成1名副中队长遇难。

第五章 矿山救援一般规定

第六十九条 矿山救援队在灾区探察时应当做到：

（一）探察小队与待机小队保持通信联系，在需要待机小队抢救人员时，调派其他小队作为待机小队；

（二）首先将探察小队派往可能存在遇险人员最多的地点，灾区范围大或者巷道复杂的，可以组织多个小队分区段探察；

（三）探察小队在遭遇危险情况或者通信中断时立即回撤，待机小队在探察小队遇险、通信中断或者未按预定时间返回时立即进入救援；

（四）进入灾区时，小队长在队前，副小队长在队后，返回时相反；搜救遇险人员时，小队队形与巷道中线斜交前进；

（五）探察小队携带救生索等必要装备，行进时注意暗井、溜煤眼、淤泥和巷道支护等情况，视线不清或者水深时使用探险棍探测前进，队员之间用联络绳联结；

（六）明确探察小队人员分工，分别检查通风、气体浓度、温度和顶板等情况并记录，探察过的巷道要签字留名做好标记，并绘制探察路线示意图，在图纸上标记探察结果；

（七）探察过程中发现遇险人员立即抢救，将其护送至安全地点，无法一次救出遇险人员时，立即通知待机小队进入救援，带队指挥员根据实际情况决定是否安排队伍继续实施灾区探察；

（八）在发现遇险人员地点做出标记，检测气体浓度，并在图纸上标明遇险人员位置及状态，对遇难人员逐一编号；

（九）探察小队行进中在巷道交叉口设置明显标记，完成任务后按计划路线或者原路返回。

【解读】 本条是关于矿山救援队灾区探察行动的具体规定。

（一）探察时，由于灾区情况不明或者出现其他突发情况，探察小队可能遇到危及自身安全的紧急情况，因此，必须在井下基地或靠近灾区的安全地点设立待机小队，作为紧急救援的预备队，并用灾区电话和探察小队保持不断联系。在紧急抢救人员的情况下，要增派其他小队作为待机小队，确保始终有待机小队为救援小队做好援助准备。

（二）探察小队的首要任务就是探察、搜救遇险人员，所以要将探察小队派往可能存在遇险人员最多的地点。在灾区范围大或者复杂巷道探察时，增加了探察的难度，延长了搜救的时间，加之氧气呼吸器有效工作时间所限。因此，为了避免错过抢救人员的有利时机和出现矿山救援队过度疲劳，在大范围或复杂巷道中探察时，可组织几个小队分区段进行探察。但必须注意，多个小队探察时，应由井下基地统一指挥。

（三）探察小队如果遭遇危险情况或者与井下基地、待机小队失去通信联系，带队指挥员应当立即带领全小队撤出灾区，然后再向现场指挥部汇报；待机小队在发现探察小队出现危险、与探察小队失去联系或者探察小队未按规定时间返回时，待机小队应当立即进入救援。例如，1998年11月23日，某煤矿发生瓦斯爆炸事故，矿山救援队探察小队由进风巷道进入灾区探察，当通过巷道交叉口20米左右时，交叉口突然冒顶，探察小队10人被困灾区，井下待机小队及时与探察小队取得联系。由于冒顶还在继续，由原路退回已不可能，待机小队由回风巷进入，与探察小队同时破开联络巷密闭，使探察小队从回风巷撤出，避免了伤亡。

（四）在灾区工作时，是以小队为单位的集体行为，有严格的工作纪律要求。而小队长和副小队长作为小队的指挥员有责任承担起全小队的组织和指挥工作。因此，进入灾区时，小队长在队列之前，副小队长在队列之后；返回时与此相反。在搜救遇险人员时，小队队形应与巷道中线斜交前进。这样做有利于搜寻遇险人员,保证矿井巷道全断面不出现遗漏;保证全小队前后呼应,统一行动。

(五)当灾区视线不清或者水深时需要用探险棍探查前进。行进时要注意巷道内暗井、溜煤眼、淤泥和巷道支护是否牢靠等情况,为防止队员不慎坠落及保证队员之间的及时联系,要使用救生索,队员之间要用联络绳联结。

(六)灾区探察是一项危险性极大的工作,应尽量控制探察小队在灾区停留的时间,要求探察工作必须在有限的时间内安全迅速地完成。如果探察工作不能有序进行,势必会拖延工作时间,影响工作进度和质量。因此小队长要根据小队每个队员的特点和探察任务进行明确分工,各司其职,分别检查通风、气体浓度、温度、顶板等情况,安排人员签字留名做好标记。为了确保探察结果准确无误,应安排专人做好探察记录,并绘制探察路线示意图,在图纸上标记探察结果。

(七)探察过程中发现遇险人员要立即采取一切办法抢救,采取安全防护措施后将其护送至安全地点,无法一次救出遇险人员时,应立即通知待机小队进入救援,当遇险人员全部找到或者救援小队连续长时间工作需要休整,带队指挥员有权根据实际情况决定是安排队伍继续实施灾区探察还是退出灾区休整,并及时报告现场指挥部。

(八)探察过程中发现遇险人员要在现场做好标记,同时在图纸相应位置做好标注,详细记录遇险人员的位置、身体和精神状态等信息。在遇险人员位置要检测气体浓度,并做好记录,同时为遇险人员做好安全防护。对于遇难人员要现场做好编号,同时在图纸相应位置标注出来。

(九)在探察行进中应拉设引路线,在巷道交叉口设明显标记,防止返回时走错路线,可用粉笔画在支架或巷帮做标记,也可将比较明显的煤块、矸石、木板、灾区指路器等放置在醒目位置。设置标记时小队要固定一人，且标记要统一，以防出现混乱。并且要考虑到由于灾区温度、湿度可能很高，滴水、冒顶、片帮等原因使路标失效。完成任务后，应按计划路线或原路返回，防止误入危险区域或者迷失方向。

第七十条 探察结束后，现场带队指挥员应当立即向布置任务的指挥员汇报探察结果。

【解读】 本条是关于矿山救援队探察结束后报告的规定。

探察的目的是全面掌握灾区情况，为更精准制订应急救援方案做基础工作，因此探察情况汇报准确、全面、翔实十分重要。不管工作多长时间，多么辛苦，在探明情况后，都应第一时间向布置探察任务的现场带队指挥员立即汇报，以便现场指挥部能够及时根据探察结果制定事故救援方案，为事故处置赢得时间。

第七节 救援记录和总结报告

第七十一条 矿山救援队应当记录参加救援的过程及重要事项；发生应急救援人员伤亡的，应当按照有关规定及时上报。

【解读】 本条是关于矿山救援队记录救援过程和报告伤亡情况的规定。

第五章 矿山救援一般规定

为了全面准确地记录救援全过程，保存重要救援信息，矿山救援队应派专人负责这一项工作，及时收集、记录、整理资料和数据是非常必要的。如果没有专职人员负责这一工作，或者由于时间关系，当事者忘记，势必会出现事故救援的各种数据资料记录不准确、不全的现象。造成事故进展情况掌握不清，事故总结资料不全和描述不到位。收集事故救援主要资料应包括：制定的救援方案、行动计划和安全措施，灾害事故前后的原始及现状图纸、资料，调动的矿山救援队伍，使用的救援装备及器材，灾区探察情况，救援工作进展，完成任务的时间及结果等。发生应急救援人员伤亡的，应当按照有关规定及时上报。

第七十二条 救援结束后，矿山救援队应当对救援工作进行全面总结，编写应急救援报告（附事故现场示意图），填写《应急救援登记卡》（见附录7），并于7日内上报所在地应急管理部门和矿山安全监察机构。

【解读】本条是关于矿山救援队进行救援总结报告的规定。

救援结束后，及时全面总结复盘救援工作，是各有关部门、矿山企业和矿山救援队吸取经验教训、提升救援能力的重要途径。由于灾区现场的特殊性，其他人员无法第一时间进入现场，只有矿山救援队能够探察事故现场的最原始现状，掌握第一手资料。因此，事故救援结束后，矿山救援队应当对救援工作进行全面总结，形成全面、准确、翔实的应急救援报告，并附事故现场示意图，按照规程附录7格式填写《应急救援登记卡》，将上述材料于7日内上报所在地应急管理部门和矿山安全监察机构。《国家矿山安全监察局关于加强矿山应急救援工作的通知》（矿安〔2024〕8号）也明确规定，事故应急救援结束后，矿山救援队伍应当对参加救援情况进行总结，并将总结情况及时报告事故所在地矿山安全监管监察部门。

第六章　救援方法和行动原则

第一节　矿井火灾事故救援

第七十三条　矿山救援队参加矿井火灾事故救援应当了解下列情况：

（一）火灾类型、发火时间、火源位置、火势及烟雾大小、波及范围、遇险人员分布和矿井安全避险系统情况；

（二）灾区有毒有害气体、温度、通风系统状态、风流方向、风量大小和矿尘爆炸性；

（三）顶板、巷道围岩和支护状况；

（四）灾区供电状况；

（五）灾区供水管路和消防器材的实际状况及数量；

（六）矿井火灾事故专项应急预案及其实施状况。

解读　本条是关于矿山救援队参加矿井火灾事故救援应了解基本情况的规定。

矿井火灾救援行动伴随高温烟流、窒息、爆炸等风险威胁，火源处于巷道、硐室、井筒、采空区等受限空间，人员难以接近，同时火灾产生的有毒有害气体和煤矿瓦斯涌出积聚又会对救援工作造成极大的威胁。处置这种事故的危险性大，技术要求高，应当了解下列情况。

（一）矿井火灾及被困人员的状况。包括矿井火灾的类型及主要可燃物的种类，井下火灾发生的时间、火源位置及当前火势大小的情况，火灾烟雾特征及井下蔓延的范围，遇险人员可能分布的情况及井下安全避险系统情况等。

（二）灾区风流、烟流和发生爆炸风险的有关情况。包括灾区瓦斯等有毒有害气体浓度和变化情况及瓦斯积聚爆炸的风险，矿井通风系统运行状况，灾区内风流方向、风量和温度及其变化情况，灾区内矿尘爆炸的风险等。

（三）井下救援的基本条件。包括灾区内巷道顶板、围岩和支护状况；灾区内供电、供水和井下消防器材储备状况。

（四）有关预案、方案。矿井火灾事故专项应急预案、现场处置方案及其实施状况。

矿山救援队下井实施火灾救援具有较大风险，因此，行动前矿山救援队指挥员必须向现场指挥部的负责人和相关技术人员准确了解上述四类情况，掌握具体资料和图纸。必要时，还应直接询问从灾区逃生出来的矿工，了解掌握灾区的详细信息，为制定、实施安全可靠的灾区救援行动方案奠定基础。

第七十四条 首先到达事故矿井的矿山救援队，救援力量的分派原则如下：

（一）进风井井口建筑物发生火灾，派一个小队处置火灾，另一个小队到井下抢救人员和扑灭井底车场可能发生的火灾；

（二）井筒或者井底车场发生火灾，派一个小队灭火，另一个小队到受火灾威胁区域抢救人员；

（三）矿井进风侧的硐室、石门、平巷、下山或者上山发生

火灾,火烟可能威胁到其他地点时,派一个小队灭火,另一个小队进入灾区抢救人员;

(四) 采区巷道、硐室或者工作面发生火灾,派一个小队从最短的路线进入回风侧抢救人员,另一个小队从进风侧抢救人员和灭火;

(五) 回风井井口建筑物、回风井筒或者回风井底车场及其毗连的巷道发生火灾,派一个小队灭火,另一个小队抢救人员。

解读 本条是关于矿山救援队处置矿井火灾时救援力量分派原则的规定。

矿井火灾事故救援的首要目标是抢救灾区遇险人员,所有救援行动都应该围绕该目标制定和实施。本条对进风井口建筑物,井筒或者井底车场,矿井进风侧的硐室、石门、平巷、下山或者上山,采区巷道、硐室或者工作面,回风井井口建筑物、回风井筒或者回风井底车场及其毗连的巷道5类地点发生火灾时,矿山救援力量的分派提出了基本要求。井下救援多任务同时进行必须建立信息沟通、协调行动、统一指挥的机制,各救援小队在执行任务时除了应当设置现场气体和风烟流监测点外,还应该保持与现场指挥部的通信联络,及时接受现场指挥部的指令,统一行动,协调配合,安全高效地完成任务。

第七十五条 矿山救援队在矿井火灾事故救援过程中,应当指定专人检测瓦斯等易燃易爆气体和矿尘,观测灾区气体和风流变化,当甲烷浓度超过2%并且继续上升,风量突然发生较大变化,或者风流出现逆转征兆时,应当立即撤到安全地点,采取措施排除危险,采用保障安全的灭火方法。

第二部分 条 文 解 读

解读 本条是关于矿山救援队在矿井火灾救援中保障安全的规定。

（一）基本要求。矿井火灾事故救援时，随着火势发展，风流、易燃易爆气体等都有可能随时发生变化。因此，必须指定专人检查或检测风流风向、风量，以及火灾风烟流温度、易燃易爆气体和矿尘浓度的变化，及时向现场带队指挥员汇报，以便采取应对措施或改变救援行动。若发现甲烷浓度超过2%并且继续上升，风量突然发生较大变化，或者风流出现逆转征兆时，应当立即停止救援行动，应急救援人员全部撤离到安全地点。在采取措施排除危险后，采用可保障安全的灭火方法。

（二）灾区气体检测。检查灾区气体时，应注意全断面检测瓦斯、氧气浓度。现场检测人员应当了解检测仪器的性能，当氧气浓度低于大气中正常范围时，一些便携式检测仪、光学瓦斯检定器获得的甲烷、一氧化碳等气体的浓度可能出现偏差。负责检测的救援队员应当关注氧浓度的变化，报告检测数据时应当予以提示或修正。瓦斯浓度爆炸的最低浓度为5%，当混合有其他可燃性气体煤尘及气温升高时，爆炸下限就会降低。本条规定甲烷浓度达到2.0%以上，并继续上升时，矿山救援队应立即撤到安全地点，这样既保证事故的处理，又保证人员安全有一定系数，是比较客观的。火灾救援中，在一些关键地点进行气体检测时，还应根据需要同时采集灾区气体，为升井后进行更精确的灾情分析提供基础。

第七十六条 处置矿井火灾时，矿井通风调控应当遵守下列原则：

（一）控制火势和烟雾蔓延，防止火灾扩大；

（二）防止引起瓦斯或者矿尘爆炸，防止火风压引起风流逆转；

（三）保障应急救援人员安全，并有利于抢救遇险人员；

（四）创造有利的灭火条件。

解读 本条是关于处置矿井火灾时矿井通风调控原则的规定。

矿井发生火灾时，风烟流沿巷道蔓延，高温风烟流对矿井通风造成影响，矿井火灾处置时，必须考虑这一影响，风流控制非常重要。一方面，控风甚至停风是控制火势发展的有效手段，而控制烟流流动路线是保护人员撤退路线或避免高温有毒有害烟流进入作业人员聚集区域的重要措施；另一方面，改变流向火源的风量会引起火灾燃烧状态的变化以及煤矿瓦斯积聚速度的增加，从而使火灾对系统通风的影响更为复杂并增大井下瓦斯爆炸的风险。因此，矿井火灾处置时，禁止盲目、随意地进行风流控制，必须在充分考虑实际矿井火灾状况的基础上，经过详细论证、分析后，才能实施。

（一）火灾对火源巷道通风的影响。火灾对火源巷道通风的影响表现为两个方面，一是高温烟流会对通过巷道的风流形成热阻滞，从而减小巷道通过的风量。风量减少的程度受到原巷道的通风阻力和风温变化的影响，对于主通风巷道风量减少的量较小，对于角联巷道或原风量较小的巷道，风量的减少比率会比较大。在采用水直接灭火时，生成的大量水蒸气会加大热阻滞的影响。二是高温烟流会沿巷道顶板逆风流方向产生逆退甚至滚退，只有巷道风速大于一个临界风速时，才会阻止烟流逆退现象的发生，烟流逆退就会停止。在实际灭火作业中，可以用风帘遮挡巷道下半部以提高巷道上部风速，以阻止或减弱火源烟流逆退对进风侧灭火人员的威胁。

（二）火灾对矿井通风系统的影响。高温风烟流沿巷道流动，会对整个系统的通风产生影响，这种影响主要表现为火风压影响下部分巷道风流流量变化甚至流向逆转、火源巷道（下行通风巷道）风流逆转，两条并联上行通风巷道中，与着火巷道并联的另一条上行通风巷道风流逆转以及主要通风特性曲线变化等。这种变化的根本原因是高温风烟流在水平巷道产生的热阻滞——节流作用，在有高差巷道流动时产生的浮升作用——火风压。矿井发火最初阶段，井下风烟流沿原风流方向流动。但随着火势加大，风量逐渐减少，当火势增大致使火风压增至足以抵抗机械风压影响时，巷道风流处于停滞状态；火势继续增大，火风压大于机械风压影响，则巷道风流出现反向，且反向风量逐渐增加。因此火势的增大，致使风烟流的温度、密度发生较大变化，对通风系统的影响逐渐增大，可能引起井下风流紊乱。例如，1990年5月8日，某煤矿主斜井皮带巷道发生火灾，由于火灾初期火势还未达到产生过值火风压的条件，风流仍处于正常流动状态，矿总工程师带领9名救援队员沿入风斜井进入灾区处置，但随后高温使得烟流体积膨胀，火势发展使得火风压完全克服了斜井入风所形成的供风风压的作用，致使进风斜井风流发生了逆转。事故造成80人死亡（其中救援队员9名）、23人受伤。

（三）矿井火风压的计算。火风压的值与其流经巷道的高差和风烟流的密度变化有关，计算如下：

$$h_{火} = Z(\rho_0 - \rho)g$$

式中　$h_{火}$——火风压值，帕；

　　　Z——风烟流流经井巷始末两点标高差，米；

　　　ρ_0——发火前巷道内的平均空气密度，千克/立方米；

　　　ρ——发火后巷道内的平均空气密度，千克/立方米；

　　　g——重力加速度，9.8米/平方秒。

假设：风烟流流经巷道的高差为50米，风烟流的密度由原来的1.2千克/立方米减小到1.0千克/立方米，则产生的火风压约为

100帕。若原通风巷道两端阻力小于100帕,则与其相连角联巷道会形成风流逆转,从而烟流侵害到原进风区域,导致烟流影响区域迅速扩大。

火风压值也可用风烟流的温度大致估算如下:

$$h_火 = 1.2Z(\Delta T/T)g$$

式中　ΔT——发火后巷道内温度的增值,开;

T——发火后巷道内空气平均绝对温度,开。

火风压的值随风烟流流经井巷始末两端标高差的增大而增大,随风烟流温度的增高而增大,火风压的方向是始终向上的。

(四)风流逆转及危害。风流逆转是指火风压的作用抵消了矿井机械风压的作用,致使矿井某些巷道风流方向发生变化,称为风流逆转。井下巷道无论是主干风路或旁侧支路,只要是下山发生火灾都可能出现风量减少、风向逆转的可能。下行巷道发生火灾,随火势发展,当火风压大于该巷道分配的机械风压,会发生风流逆转;上行巷道发生火灾,火风压与机械风压方向相同,风量增加,不会发生逆转,但是在两条并联上山情况下,其中一条上山着火,风流不会逆转,但与其并联的上山可能发生风流逆转。主干风路如主斜井带式输送机发生火灾可能导致风流逆转。风流逆转引起井下风流流动紊乱,它会使井下本来安全的地区也突然出现烟流,烟流中一氧化碳等有害气体可以使远离火源处于烟流侵害区域的工作人员中毒或窒息,从而扩大灾区,给人员撤退和救灾工作带来更大的危险。

(五)防止风流逆转造成严重危害。下行通风巷道发生火灾时,应采取防止风流紊乱和风流逆转造成危害的措施。即使是主要进、回风的下行通风也会因火风压的作用而发生风流逆转,现场执行灭火任务的人员必须留设可靠的撤退路线,并有专人随时观测巷道内的风烟流变化,一旦发现征兆,立即撤离到安全地点。在实际救灾过程中,火风压引发风流逆转一般是一个逐渐变化的过程

（不能排除井下通风设施的突然破坏），因此，救援现场风烟流变化的监测十分重要，如下行通风巷道灭火时对巷道内风速或风量的连续监测，若发现其持续减小达到危险值，就应当立即撤离到安全地点。风流逆转造成严重危害的教训十分深刻。例如，1991年12月17日，山西某煤矿404盘区第一暗斜井绞车房回风斜巷发生火灾事故，由于回风斜巷为下行通风，救援队和矿方人员组织在上风侧直接用水灭火，由于火风压导致烟流逆转，造成7名人员烧伤（其中4名救援队员）。

> **第七十七条** 灭火过程中，根据灾情可以采取局部反风、全矿井反风、风流短路、停止通风或者减少风量等措施。采取上述措施时，应当防止瓦斯等易燃易爆气体积聚到爆炸浓度引起爆炸，防止发生风流紊乱，保障应急救援人员安全。采取反风或者风流短路措施前，必须将原进风侧人员或者受影响区域内人员撤到安全地点。

【解读】 本条是关于灭火过程可采取的控风措施及保障安全的规定。

矿山救援队在灭火过程中原则上应保持通风系统稳定，根据灾情可以采取改变通风措施时，应防止瓦斯等易燃易爆气体积聚到爆炸浓度引起爆炸，防止发生风流紊乱，保障应急救援人员安全。

（一）灭火过程中，停止通风或者减少风量是有效控制火势发展的手段，然而停止通风或者减少风量有助于灾区内的有害气体积聚，可能导致发生爆炸。因此，在停止通风或者减少风量前必须对矿井风烟流蔓延情况、灾区内瓦斯的聚集情况、风机工况变化情况等进行分析、评估，只有在不使瓦斯快速积聚到爆炸危险浓度，且能使人员迅速撤出危险区时，才能采用停止通风或减少风量的方法。

（二）采取将风烟流直接短路到回风巷道，或者采取局部反风、全矿井反风的方法是避免烟流入侵作业人员积聚区域，解救遇险人员的有力措施。矿井反风可分为全矿井反风和局部反风两大类。全矿井反风是指改变矿井进、回风井的风流方向，使矿井各主要通风巷道的风流方向全部反向的反风。在矿井进风井、井底车场、主要进风大巷或中央石门发生火灾时常采用全矿井反风，避免火灾烟流进入人员密集的采掘工作面。局部反风是指维持主要通风机正常运转，通过调整采区内的通风设施，使区域内部分巷道的风流方向发生反转的控风措施。通常在采区主进风巷道或工作面进风巷道发生火灾时采用。局部反风措施往往需要事先设置合适的控风设施，并保障这些设施在受火灾烟流的影响下仍能调控。

第七十八条 矿山救援队应当根据矿井火灾的实际情况选择灭火方法，条件具备的应当采用直接灭火方法。直接灭火时，应当设专人观测进风侧风向、风量和气体浓度变化，分析风流紊乱的可能性及撤退通道的安全性，必要时采取控风措施；应当监测回风侧瓦斯和一氧化碳等气体浓度变化，观察烟雾变化情况，分析灭火效果和爆炸危险性，发现危险迹象及时撤离。

解读 本条是关于矿山救援队直接灭火原则及保障安全的规定。

（一）直接灭火的方法。直接灭火是在火灾初期或可以安全接近火源点时采取的火灾救援措施，是一种积极有效的灭火方法。主要方法有用水灭火，用砂子、岩粉覆盖灭火，采用化学灭火器、高倍数泡沫、惰性气体灭火及清除可燃物灭火等。清除可燃物是将火源点处及其附近已发热或正燃烧的可燃物挖除，并运至安全地点进行处理的灭火方法。其适应条件是，火源位于人员可直接到达的地区，火灾尚处于初始阶段，火源区域无瓦斯聚集，无瓦斯和煤尘爆炸危险，燃烧物不多，有保障可燃物安全运输的工具和控制燃烧的措施。用水、泡沫、液氮、液体二氧化碳等灭火材料灭火是常用的直接灭火方法，主要起到降低燃烧物温度、隔绝空气的作用。用砂子、岩粉和干粉灭火器灭火，主要用于扑灭油料和带电电气设备火灾，只适用于火势较小、人员可接近的火源。

（二）保障灭火安全。采用直接灭火方法灭火时，现场灭火人员应位于进风侧。为了保证灭火人员的安全，应安排专人负责随时注意风量、风流方向及气体浓度的变化，并及时采取控风措施，避免风流逆转、逆退，保证灭火人员的安全。采取直接灭火方法时应当根据火势发展状况，事先评估灭火材料的调配情况和灭火工作的复杂程度，制定灭火方案。直接灭火方案至少应当包括火势发展的监测和评估、风烟流蔓延的监测评估、直接灭火点及安全撤离点的设置、灭火装备和材料调配、现场风流有害气体监控，以及与现场指挥部的通信方式等。

第七十九条 用水灭火时，应当具备下列条件：
（一）火源明确；
（二）水源、人力和物力充足；
（三）回风道畅通；
（四）甲烷浓度不超过2%。

解读 本条是关于用水灭火应具备条件的规定。

矿井火灾用水灭火时需要具备一定条件，否则可能难以达到扑灭火灾的效果。煤矿火灾一旦形成，由于可燃物充足（煤巷、胶带输送机巷等）、巷道空间限制，水喷射难以控制整个火源的发展，因此，采用水直接扑灭火灾的难度非常大。一般情况下，水灭火作为控制火势发展，为灾区救援或安全封闭火区提供有利条件的辅助措施实施。如果具备下列条件，也可以考虑采用水直接扑灭火灾：一是火灾初期，火势不大，可燃物明确，能够安全接近火源，且水量充足；二是火灾已经发展，但是火源明确，有条件可以安全控风以控制火势发展，可燃物有限或可以断绝，具有充足的人力物力，能够保障持续高强度地实施灭火。若达不到预期的灭火效果，应当果断改变灭火方案。

第八十条 用水或者注浆灭火应当遵守下列规定：

（一）从进风侧进行灭火，并采取防止溃水措施，同时将回风侧人员撤出；

（二）为控制火势，可以采取设置水幕、清除可燃物等措施；

（三）从火焰外围喷洒并逐步移向火源中心，不得将水流直接对准火焰中心；

（四）灭火过程中保持足够的风量和回风道畅通，使水蒸气直接排入回风道；

（五）向火源大量灌水或者从上部灌浆时，不得靠近火源地点作业；用水快速淹没火区时，火区密闭附近及其下方区域不得有人。

解读 本条是关于用水或注浆灭火应遵守的规定。

（一）用水或者注浆直接灭火时，必须从火源进风侧进行。应设置水幕和防止火势蔓延的防火措施。用水或注浆的方法灭火时，应将回风侧人员撤出，密闭附近不得有人。这样做既可以保证灭火人员的相对安全，又可以保证灭火工作的效率。

（二）用水灭火时，如果将水直接喷射到火源中心，特别是正在燃烧的炽热火焰中心，水会和煤生成可燃气体氢气和一氧化碳。当混合的可燃气体达到爆炸界限后就会发生爆炸。因此，直接用水灭火时，水流应从火源外围喷射，逐步逼向火源中心，防止水煤气爆炸。例如，1966年12月15日，某煤矿东六坑发生自燃火灾，矿山救援队在处置火灾事故时，把2根水管直接插入火点，产生大量水煤气，导致水煤气爆炸，造成4人死亡。

（三）用水灭火时，会产生大量的高温水蒸气，如果不能及时排入回风系统，就会向进风侧蔓延，造成人员烫伤和窒息。因此，必须有充足的风量和畅通的回风道。

（四）向火源大量灌水或者从上部灌浆，有可能导致下部区域溃水或溃浆，因此，采取上述措施时，应首先将受影响区域人员全部撤出；否则，可能造成次生事故。例如，2007年12月24日，某煤矿在实施井下灌浆灭火时，未撤出下部区域的人员，未采取防止溃水、溃浆的措施，发生溃浆事故后，造成井下7名正在实施灭火密闭运料工作中的4人遇难。

第八十一条 扑灭电气火灾，应当首先切断电源。在切断电源前，必须使用不导电的灭火器材进行灭火。

【解读】 本条是关于扑灭电气火灾保障安全的规定。

虽然矿井的电气设备设有短路、漏电保护装置，但是在发生火灾事故时，其保护装置可能失灵。如果火灾导致电缆绝缘层破坏，电气设备及周围设施可能带电。为了保证人员和作业环境安全，电气设备着火时，应当首先切断电源，防止电气火灾事故扩大和救火时触电伤人。在切断电源前，必须使用不导电的灭火器材进行灭火。

第八十二条 扑灭瓦斯燃烧引起的火灾时，可采用干粉、惰性气体、泡沫灭火，不得随意改变风量，防止事故扩大。

解读 本条是关于扑灭瓦斯燃烧引起的火灾的规定。

（一）瓦斯燃烧引起的火灾往往存在高浓度瓦斯的扩散燃烧，火焰通常会呈现淡蓝色。瓦斯扩散燃烧具有较大的风险，一方面，存在高浓度瓦斯涌出源，如顶板或煤壁上的裂缝等；另一方面，存在燃烧的火源和引燃的其他燃烧物。这种状况下，如果贸然扑灭火源，而缺乏必要的喷水降温、防止瓦斯积聚措施，就会导致瓦斯与空气混合，形成爆炸性气体的风险。因此，扑救瓦斯燃烧引起的火灾，不可随意改变风量，直接扑灭火灾必须要有充分的安全措施，防止引发瓦斯爆炸等次生事故。

（二）在处理瓦斯燃烧事故时，可采用干粉、惰性气体、泡沫灭火，灭火时必须严密监视瓦斯浓度的变化，防止高浓度的瓦斯降到爆炸浓度范围内，引起爆炸。瓦斯燃烧火势较大无法直接扑灭，进行封闭容易引起瓦斯爆炸时，可以先向燃烧区域注入惰性气体，降低氧含量，而后再实施局部封闭。对瓦斯涌出量大的采掘工作面发生瓦斯燃烧事故，采用直接灭火或局部封闭措施不安全时，可以在工作面的邻近区域实施风流短路，减少向燃烧区域的供氧，并将人员及时撤到安全地点。待工作面瓦斯浓度超过爆炸上限后，再进

第二部分 条 文 解 读

入进行处理。

（三）随着机械化采煤工艺的发展，工作面的开采强度大幅度增加，采煤机割煤时解析出的瞬时瓦斯量大幅增加，这些解析出的瓦斯不能及时被工作面风流带走而积聚，加上截割顶板等岩体产生的火花，容易引起工作面瓦斯爆燃事故。这类事故往往并不形成瓦斯的持续燃烧，但是瓦斯爆燃产生的高温火焰会引起工作面顶煤或采空区遗煤的起火燃烧。这类火灾的处置一般会面临火源点难以确定与瓦斯积聚不易控制的风险，应当针对矿井实际情况制定火区惰化、封闭的安全措施，保障救援工作的安全。例如，2024年3月11日，某煤矿采煤工作面过断层期间，采煤机截齿与断层带岩石摩擦产生火花，引起断层带裂隙中涌出的瓦斯燃烧，对工作面实施封闭灭火，封闭区域内发生瓦斯爆炸，造成9人死亡，15人受伤。

第八十三条 下列情况下，应当采用隔绝灭火或者综合灭火方法：

（一）缺乏灭火器材；

（二）火源点不明确、火区范围大、难以接近火源；

（三）直接灭火无效或者对灭火人员危险性较大。

解读 本条规定了应当采用隔绝灭火或综合灭火方法的情形。

（一）在矿井火灾处置中，通常会面临火源点不明确、火源点难以接近的困难，直接灭火材料不足、运输困难、难以直接接近火源等问题。而井下灭火现场又存在风烟流逆转、有害气体爆炸等风险，因此，在实施直接灭火风险较大，效果难以保障的情况下，应采取隔绝灭火或综合灭火方法。

第六章 救援方法和行动原则

（二）隔绝灭火方法是封闭所有与火区连通的巷道和裂隙，堵塞新鲜空气进入火区的通道，从而使火源缺氧而熄灭。为了增强隔绝窒息灭火的效果，通常会采用均压技术减少向火区的漏风，或者向火区注入惰性气体，灌注泥浆、河沙、粉煤灰等综合灭火方法，加速火源的熄灭。隔绝灭火可以在较远的距离构筑密闭墙，甚至通过地面钻孔向指定位置充填封堵材料构筑火区密闭墙，具有较好的安全性，因而，该方法具有普遍的适用性。

第八十四条 采用隔绝灭火方法应当遵守下列规定：
（一）在保证安全的情况下，合理确定封闭火区范围；
（二）封闭火区时，首先建造临时密闭，经观测风向、风量、烟雾和气体分析，确认无爆炸危险后，再建造永久密闭或者防爆密闭（防爆密闭墙最小厚度见附录8）。

解读 本条是关于采用隔绝法灭火方法时应遵守的规定。

（一）隔绝灭火首先需要确定火区的范围和构筑密闭的位置，封闭火区的范围越小越有利于火源或灾区气体的控制，更有利于封闭后火区的治理。但是，封闭的范围小，意味着密闭墙构筑距离火源点较近，应急救援人员作业环境复杂，一旦发生爆炸，冲击波摧毁密闭的风险增大。同时，远距离密闭通常密闭材料的准备和施工也比较简单。因此，现场指挥部应当充分考虑实际火情，以保障安全为首要目标，合理确定封闭火区的范围。

（二）封闭火区时，首先建造临时密闭，经观测风向、风量、烟雾和气体分析，确认无爆炸危险后，再建造永久密闭或者防爆密闭。如无法确认火区临时封闭后有无爆炸危险，则临时密闭完成后要及时撤出人员，观察24小时以上再构筑防爆密闭或永久密闭。

永久密闭或者防爆密闭墙施工需要的人员多、材料多，施工时间长，必须制定封闭施工的安全保障措施以及同时封闭后撤离、火区气体观测措施。

（三）在采用隔绝灭火方法时，必须考虑火区封闭对矿井通风系统的影响，主要通风巷道或工作面发生火灾，封闭火区会对主要通风机运行及其他相邻区域的通风产生较大影响，应当在实施封闭措施时，同时制定通风系统调整措施，以保障封闭后矿井通风系统稳定运行。

（四）停止主要通风机运转，封闭进、回风井的隔绝灭火方法是在无法有效控制火灾，而井下又没有安全作业条件时采取的最终措施。封闭整个矿井也必须制定堵漏风、注惰性气体、地面钻孔阻隔火区、灾区气体取样观测等措施，不能任由井下火灾发展，为矿井火区启封恢复奠定基础。

第八十五条 封闭火区应当遵守下列规定：

（一）多条巷道需要封闭的，先封闭支巷，后封闭主巷；

（二）火区主要进风巷和回风巷中的密闭留有通风孔，其他密闭可以不留通风孔；

（三）选择进风巷和回风巷同时封闭的，在两处密闭上预留通风孔，封堵通风孔时统一指挥、密切配合，以最快速度同时封堵，完成密闭工作后迅速撤至安全地点；

（四）封闭有爆炸危险火区时，先采取注入惰性气体等抑爆措施，后在安全位置构筑进、回风密闭；

（五）封闭火区过程中，设专人检测风流和气体变化，发现瓦斯等易燃易爆气体浓度迅速增加时，所有人员立即撤到安全地点，并向现场指挥部报告。

解读 本条是关于封闭火区时应当遵守的规定。

（一）火区封闭顺序。不同的封闭顺序导致火区内巷道绝对气压的不同变化情况，图1为封闭期间相关压力坡线示意图（图中纵坐标为压力，横坐标为火区由进风至回风的位置变化；D线表示未封闭时压力坡线）。

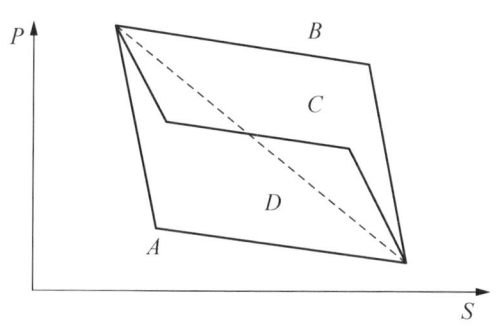

A—先进后回；B—先回后进；C—同时封闭；D—未封闭时

图1 不同封闭顺序的压力坡线

（二）各种封闭顺序的特点。一是先进后回（首先封闭进风巷中的风墙）。优点是可以迅速减少火区流向回风侧的烟流量，使火势减弱，为建造回风侧防火墙创造安全条件。缺点是进风侧构筑防火墙将导致火区内风流压力急剧降低，可能导致火区内瓦斯涌出量增大，特别是可能从通往采空区及高瓦斯积存区的旧巷或裂隙中"抽吸"大量瓦斯，并因进风侧封闭隔断机械风压的影响，使自然风压起主要作用，引起风流紊乱流动，有助于涌入火区瓦斯与风流充分混合并流入着火带，引起瓦斯爆炸或"二次"爆炸事故。二是先回后进（首先封闭回风侧风墙）。优点是燃烧生成物二氧化碳等惰性气体可反转流回火区，可能使火区惰化，且有助于灭火。火区内大气气压升高，减小火区内瓦斯涌出量，同时对相连采空区或高瓦斯积存区内瓦斯涌入火区有一定阻隔作用。缺点是回风侧构筑风墙艰苦、危险;在上述阻隔作用下,火区巷道瓦斯涌出量仍较大,致使截断风流前,瓦斯浓度上升速度快,氧浓度下降慢,火区中易形成爆炸性气体,可能早于燃烧产生的惰性气体流入火源而引起爆炸。在我国,很少采用先回后进的火区封闭方式。三是同时封闭(进风巷和回风巷中的风墙)。我国火区封闭较多采用进回风侧同时封闭的方式。其优点是火区封闭期间短,能迅速切断供氧条件,使火区不易达到爆炸危险程度。其缺点是同时封闭法的安全性与火区进回风端确实保证同时封闭有密切联系。但由于井下移动通信的困难和井下条件的复杂性,较难按预定时间完成同时封闭的工作。

(三)封闭方法。一是封闭多条巷道时,应根据密闭墙封闭对通风和火灾的影响,确定封闭的顺序。一般情况下,应首先封闭支巷的密闭,留下主要进、回风通道的密闭墙最后同时封闭。为防止进、回风巷密闭墙封闭过程中瓦斯积聚爆炸的风险,通常可在墙上留设通风孔,通风孔的孔径可根据火区内瓦斯涌出积聚的速度进行大致估算,一般直径应大于 500 毫米。在密闭墙封闭时始终保持通风孔的畅通。通风孔可用有一定强度的钢管、铁管等加工制作,并设置可快速封闭的堵头等装置,以保证在短时间内完成封闭施工。二是进回风巷道同时封闭作业必须统一指挥,施工现场只保留最后封闭施工的人员和矿山救援队监护人员,在接到封闭命令后密切配合,以最快的速度、在最短的时间内完成封闭。封闭完成后所有人员要尽快撤出危险区,防止可能发生的爆炸伤害。三是构筑回风侧密闭墙时,作业人员可能处于火灾烟流环境下作业,必须制定保障人员作业安全的措施。风烟流中含有较高浓度的一氧化碳,人员在不同浓度一氧化碳环境中作业的身体耐受情况见图 2。

(四)封闭火区施工中爆炸风险监控。煤矿火灾救援封闭火区

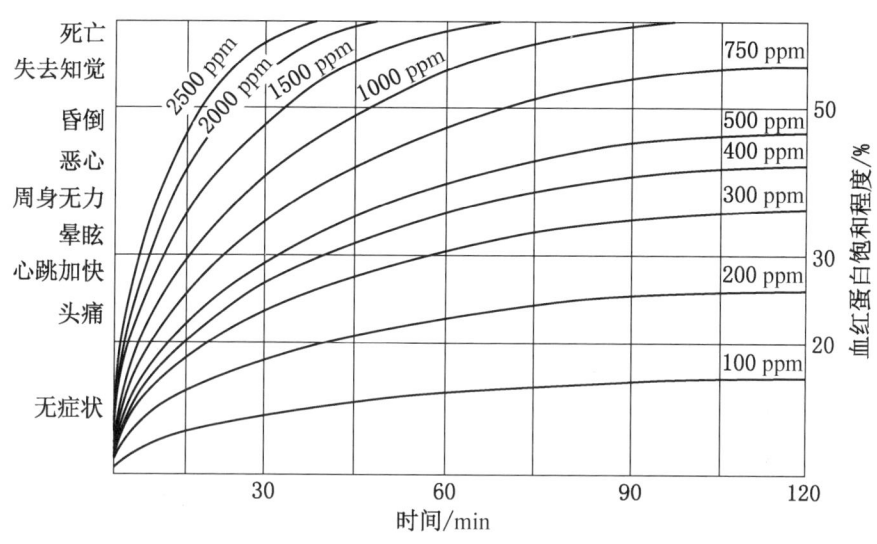

图 2　一氧化碳对灭火人员身体状况的影响

往往伴随有瓦斯爆炸的风险，封闭火区的措施中必须包含爆炸风险监测和必要的控制措施。监测措施包含两部分内容，即施工现场气体的监测和专门的灾区气体变化监测。施工现场应设专人检测风流和气体变化，发现瓦斯等易燃易爆气体浓度迅速增加时，所有人员应立即撤到安全地点，并向现场指挥部报告。同时要采取定点取样分析化验的方式或利用矿井监测监控系统，对灾区气体变化进行连续监测，绘制气体变化曲线图，掌握火区发展趋势。

（五）采取抑爆措施。封闭有瓦斯爆炸风险的火区，为了防止封闭过程中爆炸伤人以及封闭后爆炸摧毁密闭墙，采取注入惰性气体抑爆的措施十分必要。向火区注入惰性气体的方式主要有地面注惰和井下管路注惰两种，注入的惰性气体主要有氮气、二氧化碳等，按形态又分为液态和气态两类。对井下火区实施惰化，不仅是防止瓦斯爆炸，保障封闭施工安全和成果封闭的基础，也是控制火势发展，灭火的重要手段。在制定矿井隔绝灭火方案时就应当对灾区注惰性气体措施进行规划，并伴随火区封闭措施的实施推进实施，保障矿井火灾救援工作的安全和效果。这项规定中特别强调，封闭有爆炸危险火区时，先采取注入惰性气体等抑爆措施后在安全位置构筑进、回风密闭。这条规定一定要严格执行，历史上封闭火区多次发生伤亡事故。例如，2002年4月8日，某矿山救援队在封闭火区过程中发生瓦斯爆炸，造成24人死亡（救援队员2人）。2014年7月5日，在处置某矿井火灾事故时，发生瓦斯爆炸事故，造成17人死亡、3人受伤（救援队员10人死亡、2人重伤）。2019年9月28日，某煤矿在封闭采区回风下山时，封闭区域内瓦斯积聚并进入存在自然发火的采空区，造成瓦斯燃烧并扩展到采区下山内，发生瓦斯爆炸，造成4人死亡、1人受伤。

> **第八十六条** 建造火区密闭应当遵守下列规定：
> （一）密闭墙的位置选择在围岩稳定、无破碎带、无裂隙和巷道断面较小的地点，距巷道交叉口不小于10米；
> （二）拆除或者断开管路、金属网、电缆和轨道等金属导体；
> （三）密闭墙留设观测孔、措施孔和放水孔。

解读 本条是关于建造火区密闭应遵守的规定。

火区密闭墙构筑的位置应选择在围岩稳定、无破碎带、无裂隙和巷道断面较小的地点，距巷道交叉口不小于10米；建造时为防止导电应拆除或者断开管路、金属网、电缆和轨道等金属导体；为封闭后灾区观测和治理，密闭墙应留设观测孔、措施孔和放水孔，留设的孔洞应安装满足要求的金属管，并安设控制阀门等装置。

第六章 救援方法和行动原则

第八十七条 火区封闭后应当遵守下列规定：

（一）所有人员立即撤出危险区；进入检查或者加固密闭墙在 24 小时后进行，火区条件复杂的，酌情延长时间；

（二）火区密闭被爆炸破坏的，严禁派矿山救援队探察或者恢复密闭；只有在采取惰化火区等措施、经检测无爆炸危险后方可作业，否则，在距火区较远的安全地点建造密闭；

（三）条件允许的，可以采取均压灭火措施；

（四）定期检测和分析密闭内的气体成分及浓度、温度、内外空气压差和密闭漏风情况，发现火区有异常变化时，采取措施及时处置。

解读 本条是关于火区封闭后应遵守的规定。

（一）火区封闭后，风流隔断，封闭区内瓦斯积聚速度加快，火源的燃烧状态也会发生变化，火区封闭一旦完成，现场人员应立即撤出危险区。封闭的火区通常包含多条巷道、采空区等，隔绝供风后，一方面，瓦斯的积聚速度加快；另一方面，火源的燃烧状态很可能由富氧燃烧转变为富燃料燃烧，生成大量的挥发性气体，这也是一些低瓦斯矿井火灾灾区爆炸的原因。封闭区域内的气体在火源热动力的作用下运移，这时很难准确判断灾区内爆炸性气体积聚、流动的状况，估算火区内爆炸的风险和时间都难以做到，因此，封闭后井下人员必须立即全部撤离，至少保留 24 小时的观察时间，严禁任何人员进入危险区。对于火区条件复杂的，应根据实际情况保留更长的观察时间，待火区内气体处于稳定状态后再进行下一步的救援或灾区治理工作。

（二）封闭火区是一项风险较大的工作。封闭就是一个减风、断风的过程，对高瓦斯矿井或瓦斯涌出量较大的区域很短时间内瓦斯浓度就会达到爆炸界限，随时都有爆炸的可能，极易造成人员伤亡。所以施工中火区主要进风巷和回风巷中的密闭要留有通风孔，封堵通风孔时统一指挥、密切配合，以最快速度同时封堵，完成密闭工作后迅速撤至安全地点。

（三）火区封闭完成后，如果火区中发生爆炸，密闭墙被破坏时，严禁派矿山救援队探察或者恢复密闭。密闭破坏后，灾区内瓦斯积聚的情况和风烟流流动的状况十分复杂，发生二次爆炸的间隔时间难以估算，所谓"瓦斯爆炸后由于氧气消耗殆尽，短时间内不会发生二次爆炸"的观念是缺乏科学依据的。此时，现场指挥部应当在扩大灾区范围和对灾区爆炸风险进行分析的基础上，研究制定远距离区域封闭、地面钻孔封闭、注惰抑爆甚至全矿井封闭等措施。

（四）火区成功封闭后（观察期无爆炸发生），救援工作进入火区治理阶段。此时，矿井应当定期检测和分析密闭内的气体成分及浓度、温度、内外空气压差和密闭漏风情况，发现火区有异常变化时，采取措施及时处置。并积极采取均压堵漏、注惰、注浆等加速火灾熄灭的措施。

（五）本条规定是研究总结多年来封闭火区的经验教训提出的，不遵守上述规定的教训十分惨痛。例如，2013年3月29日，某煤矿工作面发生自然发火，在封闭火区过程中，发生5次瓦斯爆炸，造成36人死亡、12人受伤。4月1日，该矿不执行省政府禁止人员下井作业的指令，擅自违规安排人员入井施工密闭，再次发生瓦斯爆炸事故，造成17人死亡、8人受伤。两次事故共造成53人死亡（其中矿山救援队应急救援人员26人）。该事故反映出指挥人员对封闭区域内瓦斯爆炸的风险认识不足，不熟悉矿山救援规程，没有采用抑制瓦斯爆炸的灌注惰性气体等防灭火技术措施，对现场封闭作业安全保障措施不足，第三次采空区爆炸密闭摧毁后违

第六章 救援方法和行动原则

章冒险再次在原密闭位置施工密闭,以及在缺乏对灾区状况有效监测的情况下冒险施工密闭等问题。

> **第八十八条** 矿山救援队在高温、浓烟下开展救援工作应当遵守下列规定:
>
> (一)井下巷道内温度超过30摄氏度的,控制佩用氧气呼吸器持续作业时间;温度超过40摄氏度的,不得佩用氧气呼吸器作业,抢救人员时严格限制持续作业时间(见附录9);
>
> (二)采取降温措施,改善工作环境,井下基地配备含0.75%食盐的温开水;
>
> (三)高温巷道内空气升温梯度达到每分钟0.5至1摄氏度,小队返回井下基地,并及时报告基地指挥员;
>
> (四)严禁进入烟雾弥漫至能见度小于1米的巷道;
>
> (五)发现应急救援人员身体异常的,小队返回井下基地并通知待机小队。

解读 本条是关于矿山救援队在高温浓烟环境开展救援工作的规定。

(一)高温环境的危害。人体正常体温为37摄氏度,个体差异不大。人体在过高环境温度作用下,体温调节机制发生障碍,体温调节功能失调,发生体内热蓄积,当高温超过人体的耐受极限,从而导致中暑,轻者发生热虚脱,进一步发展可能导致昏迷,严重的可能导致死亡。例如,2011年7月6日,某煤矿井下运输下山底部车场空气压缩机着火,导致28人被困井下。7月10日,矿山救援小队6人下井进入灾区探察,在返回途中,1名队员因为高温中暑、体力不支倒在高温区,另外2名队员在抢救过程中,也由于体力不支倒地。3人因高温中暑引起热痉挛，导致热衰竭遇难。而且，由于矿井环境湿度较大，人体排汗功能发生障碍，高温更容易导致中暑。资料显示，当环境相对湿度达到85%、温度达到31摄氏度时，即达到了人体体温调节极限，超过这个极限，将出现中暑症状，甚至发生更严重的后果。例如，1998年波兰10名矿山救援队应急救援人员在一次可呼吸环境下矿井侦察和随后的几次救援作业中，被热浪侵害，造成6人死亡、1人重伤。当时环境温度仅为31.5摄氏度，但相对湿度高达95%以上。因此，矿山救援队在高温环境下作业时，不仅要关注现场的温度，还要关注现场的湿度。

（二）高温环境作业限制。高温区是指井下空气温度超过30摄氏度（测点高1.6~1.8米）的区域。井下巷道内温度超过30摄氏度的，控制佩用氧气呼吸器持续作业时间；温度超过40摄氏度的，不得佩用氧气呼吸器作业，抢救人员时严格限制持续作业时间（见附录9）。高温巷道内空气升温梯度达到每分钟0.5至1摄氏度，小队返回井下基地，并及时报告基地指挥员。

（三）在高温区作业的行为规范。进入高温区的小队应设专人随时进行温度测定，并做好记录；与井下基地保持不断的联系，报告温度变化、工作完成情况及队员的身体状况。如应急救援人员身体有异常现象，全小队必须返回基地，并通知基地指挥员，此时基地指挥员应立即派待机小队进入支援。在返回基地的途中，应缓步行走，并采取一些改善其感觉的安全措施。井下基地应备有含0.75%食盐的温开水和其他饮料，供应急救援人员饮用，补充盐分。在高温条件下，应急救援人员佩用氧气呼吸器工作后，休息的时间应比正常温度条件下工作后的休息时间增加1倍。

（四）浓烟环境救援。当巷道内烟雾弥漫能见度小于1米时，矿山救援队佩用氧气呼吸器面罩视线受阻，很难清晰看到周围环境

第六章 救援方法和行动原则

和巷道状况，面临的风险成倍增加，严禁矿山救援队进入探察或作业。必须采取措施，提高能见度后方可进入。

> 第八十九条 处置进风井口建筑物火灾，应当采取防止火灾气体及火焰侵入井下的措施，可以立即反风或者关闭井口防火门；不能反风的，根据矿井实际情况决定是否停止主要通风机。同时，采取措施进行灭火。

【解读】本条是关于进风井口建筑物火灾处置的规定。

进风井附近建筑物发生火灾时，首要的任务是阻止火灾烟流从进风井口进入井下，可以采取矿井反风、关闭井口防火门的措施。不能反风的，在满足井下通风基本需要的条件下可采取暂时停止主要通风机运转等措施。同时，应召请当地消防队、矿山救援队参加灭火，组织职工积极灭火。例如，2011年6月25日，某煤矿井口发生火灾，火势迅速蔓延至井口食堂、灯房、洗衣房等井口联合建筑，该矿没有在第一时间采取反风或关闭防火门的措施，导致火灾烟气通过矿井口直接进入井下，严重威胁作业人员的生命安全，所幸未造成人员伤亡。

> 第九十条 处置正在开凿井筒的井口建筑物火灾，通往遇险人员作业地点的通道被火切断时，可以利用原有的铁风筒及各类适合供风的管路设施向遇险人员送风，同时采取措施进行灭火。

【解读】本条是关于正在开凿井筒的井口建筑物火灾处置的规定。

第二部分 条 文 解 读

正在开凿施工中的井口建筑物发生火灾时，因矿井尚未形成通风系统，作业面的进风由井口局部通风供给，此时，保障井下作业面新鲜风流的供给是火灾救援的首要任务。在此情况下，若烟流侵害到原局部通风进风区域，应立即停止风机，利用压风系统管路供风，或利用原有供风管路在新鲜风流区域布设风机供风，供风时使用铁质风筒，防止风筒被火烧断。同时，应召请当地消防队、矿山救援队参加灭火，组织职工积极灭火。一旦条件许可，首先解救井下遇险人员。

第九十一条 处置进风井筒火灾，为防止火灾气体侵入井下巷道，可以采取反风或者停止主要通风机运转的措施。

解读 本条是关于进风井筒火灾处置的规定。

矿井进风井筒内发生火灾时，首要任务是将烟流排出地面，防止侵害井下作业人员。为此，可以采用反风、停止主要通风机运行等措施，停止主要通风机运转就是人为利用火风压实现风流反转。例如，2017年3月9日，某煤矿在进风井口运输平台违章电焊作业，产生的高温焊渣引燃平台负一层内的可燃物，使提升机电力电缆、信号电缆和井口操车系统液压油管及油管内的液压油燃烧，导致发生坠罐运输事故，造成17人遇难。烟气顺着进风井筒向井下蔓延，该矿立即采取了反风措施，将烟流排出地面，井下作业人员安全撤离。

第九十二条 处置回风井筒火灾，应当保持原有风流方向，为防止火势增大，可以适当减少风量。

解读 本条是关于回风井筒火灾处置的规定。

回风井筒发生火灾时，应保持风流方向不变，产生的烟雾随风流沿回风井筒排出。回风井通常风量较大，为控制火势的发展，可根据矿井实际调整主要通风机装置，适当减少风量。

第九十三条 处置井底车场火灾应当采取下列措施：

（一）进风井井底车场和毗连硐室发生火灾，进行反风或者风流短路，防止火灾气体侵入工作区；

（二）回风井井底车场发生火灾，保持正常风流方向，可以适当减少风量；

（三）直接灭火和阻止火灾蔓延；

（四）为防止混凝土支架和砌碹巷道上面木垛燃烧，可在碹上打眼或者破碹，安设水幕或者灌注防灭火材料；

（五）保护可能受到火灾危及的井筒、爆炸物品库、变电所和水泵房等关键地点。

解读 本条是关于井底车场火灾处置的规定。

（一）进风井井底车场和毗连硐室发生火灾时，为保证井下作业地点人员安全，应进行全矿井反风，在采取全矿井反风措施时，应将反风可能侵害区域的作业人员安全撤离后才可实施。此外，应该对反风后救援井下被困人员的路径和方法进行分析，如果不能达到有利于遇险人员的救援，应当谨慎实施。或者利用矿井总进回风巷道之间的控风设施短路风流，使火灾烟流直接进入总回风。对于采用中央式通风方式的矿井，可采用烟流直接短路的方式控制火灾烟流直接排入矿井回风巷道。此时由于风流短路，风阻改变，会较大幅度地影响井下其他区域的供风量，在采取该方法前必须对这一影响进行评估,在可保障井下遇险人员安全撤离的条件下才可实施。

(二)在矿井回风井底车场发生火灾时,应保持风流方向不变。为了防止火势增大,可适当减少风量。

(三)矿山救援队扑灭上述地点的火灾时,应根据现场情况和火灾特点,考虑到如果反风后,火灾有向原进风侧蔓延的可能,必须采取设置水幕、消除可燃物、拆除木支架(但要保证巷道不致塌冒)等措施,阻止火灾蔓延。

(四)井底车场关键设施设备的保护。井底车场附近往往建造一些矿井主要设施设备硐室和重要物品存放硐室,主要包括矿井变电所、水泵房、充电硐室、爆炸物品库、材料库等。井底火灾救援时,应当安排救援力量对这些硐室进行防护,若火势较大,应当封闭其进回风通道,以防止灾害扩大,减小火灾造成的损失。

第九十四条 处置井下硐室火灾应当采取下列措施:

(一)着火硐室位于矿井总进风道的,进行反风或者风流短路;

(二)着火硐室位于矿井一翼或者采区总进风流所经两巷道连接处的,在安全的前提下进行风流短路,条件具备时也可以局部反风;

(三)爆炸物品库着火的,在安全的前提下先将雷管和导爆索运出,后将其他爆炸材料运出;因危险不能运出时,关闭防火门,人员撤至安全地点;

(四)绞车房着火的,将连接的矿车固定,防止烧断钢丝绳,造成跑车伤人;

(五)蓄电池机车充电硐室着火的,切断电源,停止充电,加强通风并及时运出蓄电池;

(六)硐室无防火门的,挂风障控制入风,积极灭火。

第六章 救援方法和行动原则

解读 本条是关于处置井下硐室火灾措施的规定。

硐室是井下大型设备、重要设备或物资的安设地、存放地。通常有专门的与主通风巷道相连接的进回风道。硐室发生火灾一般面临两方面的威胁，一是火灾烟流侵害下风侧作业人员的风险；二是火灾烧毁矿井关键设备或物资，造成二次事故。井下硐室一般设置有隔绝灾害的防火门、防水门等装置，并配备有基本的消防器材，安设有有害气体监测装置等。发生火灾后值守人员应当在保障安全的情况下立即采取直接灭火措施，并报告地面安全生产调度人员。矿井在组织力量进行硐室火灾灭火行动时，应当遵守下列基本原则。

（一）着火硐室位于矿井一翼进风道或采区总进风流所经两巷道的连接处时，在安全的前提下进行风流短路，条件具备时也可以局部反风。若火灾烟流无法排入回风巷道，应采取措施，减小硐室回风侧阻力或短路风流，使火灾烟流全部进入回风巷道。

（二）爆炸物品库着火的，由于雷管、导爆索中所用的起爆炸药比直接用于爆破的矿用炸药的热感度高。因此，在安全的前提下先将雷管和导爆索运出，后将其他爆炸材料运出；因危险不能运出时，关闭防火门，人员撤至安全地点。例如，2004年10月20日，某煤矿发生煤与瓦斯突出事故，21日19时30分，矿山救援队探察爆炸物品库时，发现库门口有烟雾涌出，硐室以里木地板着火，立即向现场指挥部汇报，指挥部命令撤出其他人员，救援队员携带干粉灭火器进入库内直接灭火，灭火后将残留的雷管和炸药安全搬运至地面，消除了爆炸隐患。

（三）绞车房着火的，将连接的矿车固定，防止烧断钢丝绳，造成跑车伤人。

（四）因为蓄电池在充电过程中能释放出氢气，而氢气又是爆炸性气体，所以蓄电池机车充电硐室着火的，切断电源，停止充电,并尽可能运出蓄电池;同时,应保持或加强通风,防止氢气等爆炸性气体积聚爆炸。

(五)硐室无防火门的,在安全许可条件下,可挂风障控制入风,积极灭火。

第九十五条 处置井下巷道火灾应当采取下列措施:

(一)倾斜上行风流巷道发生火灾,保持正常风流方向,可以适当减少风量,防止与着火巷道并联的巷道发生风流逆转;

(二)倾斜下行风流巷道发生火灾,防止发生风流逆转不得在着火巷道由上向下接近火源灭火,可以利用平行下山和联络巷接近火源灭火;

(三)在倾斜巷道从下向上灭火时,防止冒落岩石和燃烧物掉落伤人;

(四)矿井或者一翼总进风道中的平巷、石门或者其他水平巷道发生火灾,根据具体情况采取反风、风流短路或者正常通风,采取风流短路时防止风流紊乱;

(五)架线式电机车巷道发生火灾,先切断电源,并将线路接地,接地点在可见范围内;

(六)带式输送机运输巷道发生火灾,先停止输送机,关闭电源,后进行灭火。

解读 本条是关于处置井下各种巷道火灾的规定。

(一)风烟流控制的要求。井下巷道火灾风烟流控制的目标有两个:一是保持矿井通风系统的稳定;二是尽力采取可行的措施,将风烟流导引至回风巷道中,减小烟流侵害的范围。要求:上行风流巷道发生火灾时,保持正常风流方向,可以适当减少风量,防止与着火巷道并联的巷道发生风流逆转；下行风流巷道发生火灾时，要防止火风压发生导致本巷道风流逆转；矿井或者一翼总进风道中的平巷、石门或者其他水平巷道发生火灾，根据具体情况采取反风、风流短路或者正常通风，采取风流短路时要采取防止风流紊乱措施。

（二）直接灭火的基本规则。一是下行风流巷道灭火时不得在着火巷道由上向下接近火源灭火，可以利用平行下山和联络巷接近火源灭火；二是倾斜巷道从下向上灭火时，防止冒落岩石和燃烧物掉落伤人；三是架线式电机车巷道发生火灾，先切断电源，并将线路接地，接地点在可见范围内；四是带式输送机运输巷道发生火灾，先停止输送机，关闭电源，后进行灭火。违反上述规定可能造成严重不良后果。例如，2023年5月9日，某煤矿13采区中部水仓泵房回风联络巷调节风窗周边破碎煤体自燃，火势发展至13采区回风下山，引燃巷道内的木背板和破碎煤体。该矿组织人员在13采区回风下山由上向下用水管直接灭火，灭火过程中，高温烟流迅速蔓延，产生较大火风压，风流突然发生逆转和紊乱，造成5名人员死亡（其中3名矿山救援队应急救援人员）。

第九十六条 处置独头巷道火灾应当采取下列措施：

（一）矿山救援队到达现场后，保持局部通风机通风原状，即风机停止运转的不要开启，风机开启的不要停止，进行探察后再采取处置措施；

（二）水平独头巷道迎头发生火灾，且甲烷浓度不超过2%的，在通风的前提下直接灭火，灭火后检查和处置阴燃火点，防止复燃；

（三）水平独头巷道中段发生火灾，灭火时注意火源以里巷道内瓦斯情况，防止积聚的瓦斯经过火点，情况不明的，在安全地点进行封闭；

（四）倾斜独头巷道迎头发生火灾，且甲烷浓度不超过2%时，在加强通风的情况下可以直接灭火；甲烷浓度超过2%时，应急救援人员立即撤离，并在安全地点进行封闭；

（五）倾斜独头巷道中段发生火灾，不得直接灭火，在安全地点进行封闭；

（六）局部通风机已经停止运转，且无需抢救人员的，无论火源位于何处，均在安全地点进行封闭，不得进入直接灭火。

【解读】 本条是关于独头巷道火灾处置的规定。

（一）独头巷道发生火灾后，通风机可能出现两种情况：一种情况是由于着火电源被切断，风机停止了运转；另一种情况是发生火灾后，风机还在正常运转供风。如果改变原有通风状态，可能使事故现场具备瓦斯爆炸的三个条件，造成瓦斯爆炸的严重后果。应保持局部通风机通风原状，局部通风的调控应在进行探察分析后再采取处置措施，禁止盲目启动或停止局部通风机。

（二）发生火灾后，在风机停止运转的情况下，如果盲目启动风机，就是向火区提供了风（氧气），此时，就可能发生瓦斯爆炸。如果着火的掘进工作面积聚的瓦斯达到或超过了爆炸下限，但是因为空气中氧气浓度过低（低于12%），没有发生爆炸。此时盲目启动风机，就会给灾区补足了氧气，而造成瓦斯爆炸。虽然掘进工作面火源处的瓦斯浓度没有达到爆炸下限，但是火源以里有积聚的瓦斯，此时盲目启动风机，就会将排出的瓦斯经过火点，造成瓦斯爆炸。

（三）发生火灾后，风机还在正常运转供风的情况下，如果盲目将风机停止，就可能因为掘进工作面停风而形成瓦斯积聚，达到爆炸浓度而发生爆炸。例如，1984年6月，某煤矿处置掘进工作面放炮引燃风筒的火灾事故，局部通风机停风，造成瓦斯积聚，发生瓦斯爆炸，造成9人遇难（其中矿山救援队7人）。

（四）火灾发生在水平、倾斜独头巷道迎头时，在甲烷浓度不超过2%，加强通风的情况下，可直接进行灭火。灭火后检查和处置阴燃火点，防止复燃。如甲烷浓度超过2%时，应立即把人员撤离，在安全地点进行封闭。

（五）火灾发生在平巷独头巷道的中段时，灭火中必须注意火源以里的瓦斯，严禁用局部通风机把已积聚的瓦斯经过火点排出。火灾发生在倾斜独头巷道中段时，不得直接灭火，应在安全地点进行封闭。因为火源以里的瓦斯是难以准确监测的，在中段实施直接灭火时，很难控制住瓦斯爆炸。

（六）独头巷道火灾不管发生在什么地点，如果局部通风机已经停止运转，在无需救人时，严禁进入灭火或探察，应立即撤出附近人员，在安全地点进行封闭。

第九十七条 处置回采工作面火灾应当采取下列措施：

（一）工作面着火，在进风侧进行灭火；在进风侧灭火难以奏效的，可以进行局部反风，从反风后的进风侧灭火，并在回风侧设置水幕；

（二）工作面进风巷着火，为抢救人员和控制火势，可以进行局部反风或者减少风量，减少风量时防止灾区缺氧和瓦斯等有毒有害气体积聚；

（三）工作面回风巷着火，防止采空区瓦斯涌出和积聚造成瓦斯爆炸；

（四）急倾斜工作面着火，不得在火源上方或者火源下方直接灭火，防止水蒸气或者火区塌落物伤人；有条件的可以从侧面利用保护台板或者保护盖接近火源灭火；

（五）工作面有爆炸危险时，应急救援人员立即撤到安全地点，禁止直接灭火。

解读 本条是关于回采工作面火灾处置的规定。

（一）工作面着火，从进风侧利用各种手段进行灭火。在进风侧灭火难以取得效果时，先将人员撤出后，采取局部反风，从反风后的进风侧灭火，并于反风前预先在回风侧设置水幕，控制火势蔓延。

（二）工作面进风巷着火，为抢救人员和控制火势，可以进行局部反风或者减少风量，减少风量时防止灾区缺氧和瓦斯等有毒有害气体积聚，并应采取防止烟流逆转的措施。

（三）工作面回风巷着火，为控制火势，可采取减少风量的措施，但要采取防止采空区瓦斯涌出和积聚造成瓦斯爆炸的措施。

（四）在处理急倾斜工作面着火时，不得在火源上方直接灭火，防止水蒸气伤人，不得在火源下方直接灭火，防止火区塌落物伤人；有条件的可以从侧面利用保护台板或者保护盖接近火源灭火，或者采取隔绝或综合灭火方法灭火。

（五）工作面有爆炸危险或火势发展超过灭火进度时，应急救援人员立即撤到安全地点，禁止直接灭火，应选择隔绝或综合灭火方法灭火。

第九十八条 采空区或者巷道冒落带发生火灾，应当保持通风系统稳定，检查与火区相连的通道，防止瓦斯涌入火区。

第六章 救援方法和行动原则

解读 本条是关于采空区或者巷道冒落带火灾处置原则的规定。

采空区或巷道冒落带火灾往往以煤自燃出现烟雾甚至明火的形式出现。巷道冒落带火灾因范围较小，若火源附近无瓦斯积聚爆炸的风险，实施直接灭火，灭火过程中应保持通风系统稳定。煤矿采空区火灾处置一般会面临火源点位置难以准确确定，直接灭火材料难以输送到火源点等困难。因此，一般采用隔绝或综合灭火方法灭火。

第二节 瓦斯、矿尘爆炸事故救援

第九十九条 矿山救援队参加瓦斯、矿尘爆炸事故救援，应当全面探察灾区遇险人员数量及分布地点、有毒有害气体、巷道破坏程度、是否存在火源等情况。

解读 本条是关于矿山救援队进行瓦斯、矿尘爆炸事故灾区探察的规定。

（一）瓦斯、矿尘爆炸是矿井极为严重的事故灾害之一，它不但会造成大量的人员伤亡，还因破坏通风系统而引起火灾和连续爆炸，增加救灾难度，造成事故扩大化。爆炸对遇险人员的主要危害是高温灼烧、高压冲击和有毒有害气体中毒窒息。爆炸会破坏巷道和通风构筑物，引起矿井、采区风流紊乱，导致高温有毒有害气体进入进风区域而扩大爆炸影响范围，爆炸还可能引发火灾和二次或多次爆炸，严重威胁救援人员安全。例如，1995年6月23日，某煤矿44采区采煤六队工作面发生瓦斯爆炸事故，连续多次爆炸造成76人死亡（其中救援队员13人）、49人受伤（其中救援队员18人），灾区共发生瓦斯爆炸千余次。

第二部分 条 文 解 读

（二）矿山救援队在处理瓦斯、矿尘爆炸时，探察清楚灾区情况是首要任务之一。探察掌握本条规定的内容信息，是现场指挥部制定应急救援方案不可缺少的重要依据，能否及时准确了解掌握上述灾区信息，如何采取正确措施，积极抢救人员，防止连续爆炸伤人，保护救援人员的安全，对事故抢险救援和指挥决策至关重要，甚至是决定抢险救援成败的关键因素。所以，矿山救援队应当及时准确探察清楚以上信息，提供给现场指挥部，为抢险救援做出科学决策和制定方案打下坚实基础。

（三）爆炸事故救援的最大威胁是二次爆炸，而二次爆炸的必要条件之一是存在火源，必须高度警惕和重视爆炸后是否留存火源问题，探察时应携带红外测温仪或红外热成像仪帮助探察火源或高温点；探察时遇到火源应立即扑灭或按照火灾事故处置规定执行；以最快的速度、最短的路线，先将受伤人员运到新鲜风流中进行急救；探察搜救时必须保证后路畅通；有再次爆炸危险时，探察小队必须立即撤离至安全地点；进行灾区气体检查时，必须检查甲烷、一氧化碳、氧气、温度等；使用便携式光学或电子仪器测量气体浓度时，必须考虑环境温度较高时以及低氧环境下产生的测量数据误差。例如，2013年7月23日，某煤矿N3022掘进工作面煤层自然发火，该区域停电停风，导致瓦斯积聚，达到爆炸浓度，在未发现浮煤的表层以下燃烧的情况下，启动局部通风机恢复通风时，发生第一次瓦斯爆炸。爆炸后停风瓦斯再次积聚，探察未发现火源，再次排放瓦斯时，导致第二次瓦斯爆炸，造成7名矿山救援队应急救援人员遇难。

第一百条 首先到达事故矿井的矿山救援队，救援力量的分派原则如下：

第六章　救援方法和行动原则

（一）井筒、井底车场或者石门发生爆炸，在确定没有火源、无爆炸危险后，派一个小队抢救人员，另一个小队恢复通风，通风设施损坏暂时无法恢复的，全部进行抢救人员；

（二）采掘工作面发生爆炸，派一个小队沿回风侧、另一个小队沿进风侧进入抢救人员，在此期间通风系统维持原状。

解读 本条是关于矿山救援队处置爆炸事故救援力量分派原则的规定。

处置瓦斯（矿尘）爆炸事故时，矿山救援队必须出动2个以上的小队，首先到达的矿山救援队应迅速了解情况，接受任务，入井探察搜救。

（一）发生在井筒、井底车场或者石门的瓦斯、矿尘爆炸，一般情况下都是主要进风通道，风量较大，环境不复杂。如果通风系统不遭受严重破坏，爆炸产生的有毒有害气体很快会被吹散，遇险受伤人员获救概率较大；另外，发生爆炸事故时，矿井通风设施被破坏后会造成风流紊乱，灾区现场紊乱的风流也是隐患之一，如能尽快修复被爆炸破坏的通风设施，恢复正常通风，将从根本上改善灾区环境，为后续抢险救援创造良好条件。因此，在确定没有火源、无爆炸危险后，矿山救援队伍应该立即派一个小队抢救人员，另一个小队恢复通风，通风设施损坏暂时无法恢复的，全部进行抢救人员。

（二）爆炸事故地点位于采掘工作面时，派2个小队同时行动，能以最快速度和争取初期宝贵时间探察灾区和搜救遇险人员，效率高，时间快，遇险人员获救概率相对就大，而救人又是核心任务。另外，采掘工作面工作一般人数较多而集中，如果只安排一个小队进入灾区进行探察搜救人员，不仅力量弱、工作时间长，而且一个小队力量往往不足。派一个小队从回风侧、另一小队从进风侧进入，可以快速做到进回风侧巷道全覆盖。例如，1998年2月8日，某煤矿5012采煤工作面发生瓦斯爆炸，矿山救援队出动2个小队，分别进入5012采煤工作面进风巷和回风巷搜救，从采煤工作面抢救出24名遇险人员和1名遇难人员。

（三）在采掘工作面救援期间，通风系统维持原状，保持通风系统稳定，不改变原有通风状态（如局部通风机已经停止运行就不要重新开启，正在运行的局部通风机也不得停止运行，矿井主要通风机应该保持正常运转等），就会减少很多致灾因素发生，减少再次发生次生事故概率。否则，可能酿成事故。例如，1993年，某矿运输巷掘进工作面放炮后着火，矿山救援队入井后沿21轨道下山进风流来到该掘进工作面的联巷风门处，见该掘进工作面局部通风机正常运转，便打开风门进入工作面探察，而随后赶到的矿方人员把正在运行的局部通风机停掉，导致工作面发生瓦斯爆炸，造成5名人员受伤（救援队员3人）。

第一百零一条 为排除爆炸产生的有毒有害气体和抢救人员，应当在探察确认无火源的前提下，尽快恢复通风。如果有毒有害气体严重威胁爆源下风侧人员，在上风侧人员已经撤离的情况下，可以采取反风措施，反风后矿山救援队进入原下风侧引导人员撤离灾区。

解读 本条是关于处置爆炸事故风流调控的规定。

（一）在探察确认无火源时，尽快恢复通风是最好的选择。发生爆炸事故进行救援，灾变通风的管理正确与否，起着决定性的作用。爆炸后尽快恢复通风系统，既为遇险人员生存创造了条件，也便于应急救援人员开展搜救工作，是处置爆炸事故的首选措施。但尽快恢复通风和抢救人员的前提条件是确认灾区无火源的存在，火源的存在是灾变处理中最大的不确定因素，也是对应急救援人员威胁最大的隐患，如若随便开展救援，扰动或改变灾区通风状态，极有可能发生新的灾变，出现二次爆炸等严重后果。所以，确认灾区无火源是安全救援的大前提，必须高度重视。在确认无火源的前提下，尽快恢复通风，排除爆炸产生的有毒有害气体，排除烟雾，抢救人员，是最佳选择。

（二）必要时可以选择反风救人。在采取其他手段难以奏效的特殊情况下，爆源上风侧人员已全部撤离并停电，通过对反风的安全性和可行性进行科学评估，可采取局部反风措施救人。反风后待观察稳定，救援人员应从原下风侧进入搜救人员，并从原下风侧撤离灾区。

（三）执行该条应当注意，一是必须高度重视灾区火源的排除工作，不得有任何侥幸心理，更不能利用所谓的爆炸间隙，冒险进入灾区组织搜救。二是当爆炸发生后，有毒有害气体变化较大，通风系统不稳定，灾变处于不稳定状态下，隐蔽火源不能确定时，安全无保证情况下，不可贸然入井探察搜救。三是不到万不得已，不应采取反风措施，实战中反风成功案例并不是很多，必须慎之又慎。四是救援人员在灾区强体力活动时 4 小时（氧气）呼吸器会不断补气，会造成氧气消耗过大，可能额定工作时间会大大缩短，甚至不足 3 小时，指挥员安排任务时必须考虑这一因素。

第一百零二条 爆炸产生火灾时，矿山救援队应当同时进行抢救人员和灭火，并采取措施防止再次发生爆炸。

第二部分 条文解读

> **解读** 本条是关于爆炸产生火灾时矿山救援队行动的规定。

（一）正确处理救人与灭火的关系。爆炸发生后存在火源时，救援难度和危险性增加，一方面，抢救生还人员是第一位的；另一方面，火源的存在时刻威胁救援人员安全。因此，本条规定抢救人员与灭火同时进行，是为了尽快扑灭火源防止二次爆炸，在更安全的条件下抢救人员。但要注意，灭火作业过程往往会导致灾区通风及灾变状态发生变化，可能加大发生事故风险，也可能与抢救人员互相干扰，而保障应急救援人员及遇险人员安全的重要原则是维持灾区原状。因此，还应当根据具体情况采取措施，如果火源易于扑灭，或者不扑灭火源对救援安全构成很大威胁，应当救人灭火同时进行或者先灭火后抢救。否则，尽快抢救人员，然后灭火。

（二）防止再次爆炸。爆炸产生火灾，对后续救援威胁较大，且隐患一直存在，灾变发展难以控制。所以，必须采取必要措施，防止瓦斯浓度上升或积聚，使其在安全浓度范围内。要千方百计积极灭火，消除火源，防止再次发生爆炸。切忌盲目施救，否则会造成事故扩大。例如，1995年12月31日，某煤矿北三采区131211采煤工作面发生瓦斯爆炸事故，73人失联，矿山救援队2个小队、16名队员先期入井探察搜救，共营救出20名受伤人员。此后，2个小队再次继续搜救遇险人员时，发生二次爆炸，4名救援队员受伤后自救升井，其余12名救援队员及剩余53名被困人员遇难。

第一百零三条 矿山救援队参加瓦斯、矿尘爆炸事故救援应当遵守下列规定：

（一）切断灾区电源，并派专人值守；

（二）检查灾区内有毒有害气体浓度、温度和通风设施情况，发现有再次爆炸危险时，立即撤至安全地点；

（三）进入灾区行动防止碰撞、摩擦等产生火花；

（四）灾区巷道较长、有毒有害气体浓度较大、支架损坏严重的，在确认没有火源的情况下，先恢复通风、维护支架，确保应急救援人员安全；

（五）已封闭采空区发生爆炸，严禁派人进入灾区进行恢复密闭工作，采取注入惰性气体和远距离封闭等措施。

解读 本条是关于矿山救援队参加瓦斯、矿尘爆炸事故应遵守的规定。

（一）切断电源并派人值守。发生瓦斯、矿尘爆炸事故后，往往通风系统遭受破坏，风流紊乱，容易造成瓦斯聚积，矿尘飞扬，产生高温火源或火灾，电器设备遭到破坏而失爆、保护失效或漏电，不仅可能造成人员触电，还有可能产生电火花引发瓦斯再次爆炸，所以，应当立即切断灾区电源。安排派专人值守，确保万无一失，防止误送电。

（二）掌握灾区动态情况。处理瓦斯（矿尘）爆炸事故全过程，都要时刻掌握灾区动态情况，特别是灾区内各种有害气体的浓度、温度及通风设施情况。除必须检查甲烷、氧气、一氧化碳外，还应取样分析化验氢气、乙烷、乙烯和乙炔等爆炸性气体和温度。另外，发生爆炸事故时，矿井通风设施被破坏后会造成风流紊乱，灾区现场紊乱的风流也是隐患之一。抢险救援过程中，保持通风系统稳定非常重要，因此，通风设施也必须检查清楚。通过以上检查，发现有再次爆炸危险时，必须立即撤到安全地点。

（三）防止产生火花。灾区情况复杂，杜绝火源是防止发生再次爆炸的重要手段。在执行灾区救援过程中，应急救援人员对于自己携带的装备（特别是铁质的）要拿稳，搬移铁质支柱、支架等设备时要小心，轻拿轻放，防止碰撞、摩擦等产生火花而引起爆炸。

（四）确保救援人员安全。矿井发生爆炸事故后，会产生大量的有毒有害气体（主要是一氧化碳），氧气浓度也会显著减少，对应急救援人员的生命安全构成严重威胁。尤其是在灾区巷道较长，预示着路途远，撤离时间长，体力消耗大；有害气体浓度大，对灾区的任何人都是威胁，隐患大，不确定因素多；支架损坏严重的情况下，救援人员的安全退路受到威胁。而消除这些隐患和威胁的最有效办法就是在确认无火源的前提下先恢复通风，维护支架，改善工作环境，提高救援人员安全系数，从而确保应急救援人员安全。否则，稍有不慎就会导致伤亡。例如，2004 年 6 月，某煤矿发生瓦斯爆炸事故，21 名矿工遇难、5 人受伤。救援过程中，安排矿山救援队到一氧化碳浓度 10000 ppm 以上的灾区环境中去抢运遇难人员，造成 2 名救援队员中毒遇难、6 名救援队员中毒受伤的恶性后果，教训深刻。

（五）严禁派人进入灾区进行恢复密闭工作。本条要求，已封闭采空区发生爆炸，严禁派人进入灾区进行恢复密闭工作，采取注入惰性气体和远距离封闭等措施，这是多年来血的事故教训的总结，强调其重要性，凸显其必要性。封闭区域发生爆炸不得盲目处理。已封闭采空区发生爆炸，一般都有火源存在，爆炸后的无风区瓦斯聚积很快，极易达到爆炸浓度，爆炸后负压反冲，会进入许多新鲜空气，氧气足够达到爆炸条件。很容易发生二次或多次瓦斯爆炸，所以，严禁派人进入灾区进行恢复密闭工作，而采取注入惰性气体和远距离封闭等措施，相对更加安全可行。例如，1995 年 9 月 25 日，某矿 2323 运顺停掘工作面自然发火，采用构筑临时板闭封闭火区的措施，封闭完成后仅 1 小时封闭区发生爆炸，导致板闭破坏。在未采取安全措施、未消除爆炸危险的情况下，安排矿山救援队进入建防爆墙,在防爆墙即将完工时,又发生了爆炸,造成8人遇难(其中7名矿山救援队应急救援人员)。

第三节 煤与瓦斯突出事故救援

第一百零四条 发生煤与瓦斯突出事故后,矿山企业应当立即对灾区采取停电和撤人措施,在按规定排出瓦斯后,方可恢复送电。

解读 本条是关于矿山企业先期处置煤与瓦斯突出事故的规定。

(一)立即停电撤人。停电撤人措施主要由煤与瓦斯突出事故的特点和危害所决定。一是瞬间突出的大量煤(岩)会掩埋采掘工作面和附近巷道的作业人员,同时,突出的大量瓦斯使采掘工作面及回风巷道内的氧气浓度急剧降低,造成人员窒息(瓦斯浓度40%以上)。并且,突出的瓦斯因压力较高,可能破坏通风系统,改变风流方向,使进风侧充满高浓度的瓦斯,造成更大范围的人员窒息。高浓度瓦斯顺风流或逆风流蔓延,当达到爆炸界限并遇火源可能引起瓦斯爆炸。二是有明显的动力效应,可造成供水、供电、压风、通风、支护、运输等系统和设施、设备的损坏,巷道坍塌、片帮、底鼓,以及堵埋人员、积水涌出等。虽然煤矿井下的电器设备都设有三大保护装置,但是,发生突出事故后,这些设备可能遭受破坏,失去防爆性能和原有保护功能,甚至漏电,万一电气设备产生火花极易引发瓦斯爆炸或者人员触电危险。因此,为了保证井下人员,必须立即采取停电和撤人措施,争取最短时间让人员迅速撤离到安全地点及升井。同时也为应急救援人员进入灾区开展抢险救援工作创造安全条件。

（二）及时及早停电非常重要。如果突出瓦斯流已进入设置隔爆式机电设备区域，断电瞬间仍存在部分机电设备可能引爆瓦斯的风险。因此，在关联区域进风区设置瓦斯传感器，实时发现瓦斯突出迹象，在瓦斯流到达机电设备区域前，就提前报警、停电，将提高突出事故应急处置的安全性和有效性。否则，可能造成灾难性后果。例如，2004年10月20日22时9分，某煤矿21轨道下山掘进工作面发生瓦斯突出。22时40分，突出的瓦斯逆流进入西大巷，遇架线电机车取电弓与架线产生电火花发生瓦斯爆炸。矿方在突出发生后31分钟内未能准确判断事故性质，没有立即通知井下停电和撤人，事故造成148人死亡、32人受伤。又如，2009年11月21日1时37分，某煤矿三水平南二石门15号煤层探煤巷发生煤与瓦斯突出，突出的瓦斯逆流进入二水平，2时19分遇卸载巷架线电机车火花发生瓦斯爆炸。突出后42分钟内未正确预判突出波及范围，未提前对二水平采取停电措施撤出人员。事故造成108人死亡、133人受伤，教训极为深刻。

（三）排放瓦斯及恢复送电要求。《煤矿安全规程》规定，局部通风机因故停止运转，在恢复通风前，必须首先检查瓦斯，只有停风区中最高甲烷浓度不超过1.0%和最高二氧化碳浓度不超过1.5%，且局部通风机及其开关附近10米以内风流中的甲烷浓度都不超过0.5%时，方可人工开启局部通风机，恢复正常通风。另外，在排放瓦斯过程中，排出的瓦斯与全风压风流混合处的甲烷和二氧化碳浓度均不得超过1.5%，且混合风流经过的所有巷道内必须停电撤人，其他地点的停电撤人范围应当在措施中明确规定。只有恢复通风的巷道风流中甲烷浓度不超过1.0%和二氧化碳浓度不超过1.5%时，方可人工恢复局部通风机供风巷道内电气设备的供电和采区回风系统内的供电。突出事故发生后，突出地点孔洞内的高浓度瓦斯有一个较长的涌出释放过程,排放瓦斯时其实际涌出量要远远大于理论静态计算的瓦斯聚积量。排放巷道内积聚有高浓度瓦斯时应注意防备操作人员窒息的风险。

第一百零五条 矿山救援队应当探察遇险人员数量及分布地点、通风系统及设施破坏程度、突出的位置、突出物堆积状态、巷道堵塞程度、瓦斯浓度和波及范围等情况,发现火源立即扑灭。

解读 本条是关于矿山救援队处置煤与瓦斯突出事故进行探察的规定。

(一)探察清楚灾区情况非常重要。因为这些信息是现场指挥部制定应急救援方案不可缺少的主要依据,能否及时准确了解掌握灾区遇险人员数量及分布地点、通风系统及设施破坏程度、突出的位置、突出物堆积状态、巷道堵塞程度、瓦斯浓度和波及范围等信息,对事故抢险救援和指挥决策至关重要,是决定抢险救援成败的关键因素。

(二)探察中发现火源应立即扑灭。煤与瓦斯突出事故中存在火源是最大的隐患,不仅直接威胁现场人员的安全,也威胁矿井的安全,一旦发生爆炸,后果不堪设想。所以,一旦发现火源必须立即扑灭,在灭火时,必须严格掌握通风与瓦斯浓度的变化,防止瓦斯爆炸。不具备灭火条件时,应立即停止探察,撤离并汇报。

第一百零六条 采掘工作面发生煤与瓦斯突出事故,矿山救援队应当派一个小队从回风侧、另一个小队从进风侧进入事故地点抢救人员。

解读 本条是关于矿山救援队处置采掘工作面煤与瓦斯突出事故救援力量分派原则的规定。

采掘工作面发生煤与瓦斯突出事故后,一般人数较多而集中,如果只安排一个小队进入灾区进行探察搜救人员,不仅力量弱、工作时间长,另外有可能突出物导致巷道堵塞,导致路线受阻,延误抢救时间。综合考虑抢救人员的紧迫性、应急救援人员的工作强度、氧气消耗等因素,矿山救援队应当派一个小队从回风侧、另一个小队从进风侧进入事故地点抢救人员,可以快速做到进回风侧巷道全覆盖。灾区巷道环境复杂或有大量遇险人员需要立即抢救时,还应增派救援力量。例如,2009年5月30日,某煤矿发生一起特别重大煤与瓦斯突出事故,现场指挥部调动7支救援小队同时投入搜救,历时19小时全力抢救,77名遇险人员成功获救。

第一百零七条 矿山救援队发现遇险人员应当立即抢救,为其佩用全面罩正压氧气呼吸器或者自救器,引导、护送遇险人员撤离灾区。遇险人员被困灾区时,应当利用压风、供水管路或者施工钻孔等为其输送新鲜空气,并组织力量清理堵塞物或者开掘绕道抢救人员。在有突出危险的煤层中掘进绕道抢救人员时,应当采取防突措施。

解读 本条是关于煤与瓦斯突出事故抢救遇险人员的规定。

(一)发现遇险人员立即抢救。抢救遇险人员是矿山救援队的首要任务,迅速而又正确、有效的抢救措施和方法,可以使遇险人员得到及时救护,最大限度地控制和降低人员伤亡,减少事故损失。因此,矿山救援队不仅要掌握伤员的急救方法,而且要能够根据不同情况采取不同的抢救方法和措施。在引导及搬运遇险人员脱离或经过危险区时，应为其佩用全面罩正压氧气呼吸器或者自救器，引导、护送遇险人员撤离灾区，避免出现进一步伤害或二次中毒。

（二）为被困遇险人员提供空气和给养。遇险人员被困灾区时，在积极营救的同时，应当利用压风、供水管路或者施工钻孔等为其输送新鲜空气和必要给养，维持被困人员生命体征，鼓励引导被困人员增强信心和积极自救，为外部救援人员营救争取时间和有利条件。《煤矿安全规程》和有关文件标准要求矿井建立紧急避险系统及设施，满足避险人员的避险需要，遇险人员撤离受阻时可以利用紧急避险系统和避灾设施开展自救、等待救援。

（三）打通通道全力救人。根据现场情况，组织力量清理突出堵塞物，或者开掘绕道抢救被困人员。例如，2021年6月5日，某煤矿立井五采区三段28号煤层右7路大巷发生煤与瓦斯突出事故，造成8名人员被困。被困人员积极自救互救，等待救援。矿山救援队科学排放瓦斯，迅速清理突出物，开掘小巷打通救援通道，历时32小时全力抢救，8名被困人员全部获救生还。

（四）采取防突措施。采用开掘小巷、绕巷办法实施救援时，应按照《煤矿安全规程》有关规定提前制定防突措施，并严格执行落实。现场必须严密监视瓦斯变化情况，注意观察围岩、顶板和周围支护情况，注意突出预兆，发现异常，立即撤出人员，防止二次突出造成事故扩大。

第一百零八条 处置煤与瓦斯突出事故，不得停风或者反风，防止风流紊乱扩大灾情。通风系统和通风设施被破坏的，应当设置临时风障、风门和安装局部通风机恢复通风。

解读 本条是关于处置煤与瓦斯突出事故风流调控的规定。

第二部分 条文解读

（一）不得停风或反风。一是突出的瓦斯压力较高，可能破坏通风系统，改变风流方向，使进风侧充满高浓度的瓦斯，停风或反风可能造成风流紊乱，使灾区进一步扩大。二是高浓度瓦斯顺风流或逆风流蔓延，停风或反风更容易加速高浓度瓦斯积聚或蔓延，可能造成瓦斯爆炸事故。三是停风或反风可能减弱应急救援人员安全保障，甚至无法进入灾区进行抢险救援。

（二）及时恢复通风。突出有明显的动力破坏效应，可造成通风系统和设施、设备被破坏，导致风流紊乱，应当及时修复被破坏的通风设施，如设置临时风障、临时风门和安装局部通风机等恢复通风系统。采取安全措施，尽快将突出的高浓度瓦斯排放，改善灾区环境，为后续救援创造安全条件。例如，2010年3月31日，某煤矿掘进工作面发生煤与瓦斯突出，高浓度瓦斯逆流至副斜井井口，遇明火发生爆炸和大火。由于矿井通风系统遭到严重破坏，副斜井冒顶坍塌且有火，井下巷道多处堵塞，矿井唯一的安全出口只有主斜井，灾区情况复杂，救援难度大。矿山救援队采取恢复副斜井井口附近的原废弃通风井，构建小的独立通风系统，辅助调节通风；在副斜井井口持续灭火；在副斜井下部构筑临时密闭，隔断火区与井下灾情联系通道。通过采取这些措施保障抢险救援工作的安全开展，成功救援遇险人员31名。该事故造成44人遇难、4人下落不明。

第一百零九条 突出造成风流逆转时，应当在进风侧设置风障，清理回风侧的堵塞物，使风流尽快恢复正常。

解读 本条是关于突出造成风流逆转时处置措施的规定。

（一）进风侧设置风障。突出造成风流逆转时，在进风侧设置风障是一项控制风流措施,目的是防止突出的瓦斯进入新鲜风流,进而随新鲜风流扩散到其他采区和工作地点,造成事故扩大。而且在进风侧设置可靠风障,阻断突出的高浓度瓦斯进入新鲜风流的通道,维持通风系统可靠与稳定,才能为后续抢险救援提供条件。风障构筑的位置选择,应选择在能有效阻断灾区与进风侧的关键通道上,且巷道支护相对完好、断面相对规整及构筑难度不大的地方。

(二)清理回风侧的堵塞物。这是使风流尽快恢复正常的一项疏通风流措施。突出事故发生后,只有尽快把回风侧的堵塞物快速清理掉,才能保证回风路线的畅通,把高浓度瓦斯顺利排到地面,使通风系统恢复到正常状态,为后续排放瓦斯及抢险救援创造条件。回风侧堵塞物的清理工作越快越好,越早完成就能为抢险救援工作争取更多宝贵时间,赢得主动。清理堵塞物作业地点附近应当安装监测监控装置和电话,实现气体连续监测,保证通信畅通和安全作业。

第一百一十条 突出引起火灾时,应当采用综合灭火或者惰性气体灭火。突出引起回风井口瓦斯燃烧的,应当采取控制风量的措施。

【解读】本条是关于突出引起火灾时处置措施的规定。

(一)采取灭火措施。突出引发火灾,是处置煤与瓦斯突出事故遇到的最为复杂的情形之一,救援处置难度大,一旦指挥决策失误,往往造成事故扩大,甚至发生瓦斯爆炸,后果不堪设想。所以,处置突出引发的火灾事故必须特别谨慎,考虑周全,但又不能犹豫不决,错失良机,应当采用综合灭火或者惰性气体灭火。

(二)采取控风措施。突出引起回风井口瓦斯燃烧,改变了矿井自然风压,影响主要通风机运转,造成通风系统改变或不稳定,对矿井通风系统影响较大。所以,应当结合实际情况采取控制风量的措施,保持通风系统稳定,防止事故灾情扩大。

第一百一十一条 排放灾区瓦斯时,应当撤出排放混合风流经过巷道的所有人员,以最短路线将瓦斯引入回风道。回风井口50米范围内不得有火源,并设专人监视。

解读 本条是关于处置煤与瓦斯突出事故排放瓦斯的规定。

处置煤与瓦斯突出事故排放灾区瓦斯,排放前对灾区探察工作必须认真细致,特别是有无高温点或隐蔽火源情况的探察。排放时,应严格按照本规程的本条和第一百五十九条至第一百六十二条,以及《煤矿安全规程》相关条款执行。考虑突出事故排放瓦斯的特殊性,选择最短的路线将瓦斯引入回风道。回风井口附近50米范围内要杜绝火源,设置警戒,并安排专人监视看守。

第一百一十二条 清理突出的煤矸时,应当采取防止煤尘飞扬、冒顶片帮、瓦斯超限及再次发生突出的安全保障措施。

解读 本条是关于清理突出煤矸采取安全措施的规定。

(一)防止煤尘飞扬。煤与瓦斯突出发生后,会抛出大量煤矸及非常细的煤粉煤尘,煤矸堵塞巷道,细煤粉堆浮巷道及煤矸上,一般距离较长,人员走动就能造成煤尘飞扬,这些煤尘不溶于水,能漂浮在水面,特别是通风后会造成大量煤尘飞扬,作业环境差,威胁安全与健康,也有可能发生煤尘爆炸。可采取磊堰注水、洒水降尘、铺稻草垫子层层压尘捕尘相结合等多项措施防止煤尘飞扬。

（二）防止冒顶片帮危险。突出时强大的冲击波往往会破坏巷道支护，造成冒顶片帮，特别是倾斜巷道、顶板较破碎的上山巷道、突出洞口附近等，清理时存在冒顶片帮危险、矸石滚落危险。要采取防止冒顶片帮安全措施，倾斜巷道作业现场应控制人数，人员不要太集中，监护人员与作业人员合理配置，现场设立好掩体立柱或防护挡板，确保退路安全畅通。

（三）防止瓦斯超限。处置煤与瓦斯突出应当按规定排放瓦斯，也可以利用抽放管路抽排瓦斯，确保清理作业时瓦斯不超限。例如，2019年11月25日，某煤矿41601运输巷掘进工作面发生煤与瓦斯突出事故，突出煤量约为735吨，突出瓦斯量约为10万立方米，造成7人死亡、1人受伤。矿山救援队在排放41601运输巷瓦斯后，在突出煤尘上铺麻袋、洒水降尘，间隔5米做一沟墙灌水，湿润煤尘，并在清理前每间隔0.3米插管注水，边清理边洒水降尘；利用高负压瓦斯抽放管抽放巷道内高浓度的瓦斯等措施，安全有效完成了突出物的清理工作。

（四）防止二次突出危害。清理突出的煤矸时，存在再次发生突出的危险，应当采取防止再次发生突出的安全保障措施。尤其是下山巷道有时突出的气道不畅或被堵塞，高能瓦斯未完全释放涌出，清理过程中极有可能发生二次突出，大量瓦斯涌出，造成次生灾害事故。

第一百一十三条 处置煤（岩）与二氧化碳突出事故，可以参照处置煤与瓦斯突出事故的相关规定执行，并且应当加大灾区风量。

解读 本条是关于处理煤（岩）与二氧化碳突出事故的规定。

（一）我国煤矿绝大多数突出事故都是煤与瓦斯突出，只在吉林、甘肃等地矿区曾发生过煤（岩）与二氧化碳突出。两种突出的形式基本相似，都是一种动力现象，在极短时间内从采掘工作面喷出大量煤与瓦斯或煤（岩）与二氧化碳，造成设备、设施破坏、通风系统紊乱和人员埋压窒息伤亡。国外发生岩石与二氧化碳突出最严重的煤矿是波兰的诺瓦鲁达煤矿，该矿从1907年到1986年发生了1368次突出，共造成477人死亡，捷克、苏联、法国、澳大利亚等国的一些煤矿也发生过二氧化碳突出事故。

（二）根据二氧化碳不燃烧、不爆炸、致人窒息的特点，煤（岩）与二氧化碳突出处置时应加大灾区供风量，能快速排出、稀释突出的二氧化碳气体，大大降低其浓度，为遇险人员创造生存条件，也为后续抢救人员打下良好基础、提供相对好的灾区环境。

（三）处置煤（岩）与二氧化碳突出事故，基本可以参照处置煤与瓦斯突出事故的绝大多数条款规定执行，可根据具体情况适当调整。如果突出无瓦斯参与，可以不停电，保持正常通风排水，但应立即通知撤人，采取措施加大灾区供风量，稀释二氧化碳气体浓度，加快排出到地面速度。因二氧化碳能刺激眼睛，在处置过程中，要注意做好眼部防护。

第四节 矿井透水事故救援

第一百一十四条 矿山救援队参加矿井透水事故救援，应当了解灾区情况和水源、透水点、事故前人员分布、矿井有生存条件的地点及进入该地点的通道等情况，分析计算被困人员所在空间体积及空间内氧气、二氧化碳、瓦斯等气体浓度，估算被困人员维持生存时间。

解读 本条是矿山救援队参加矿井透水事故了解信息和分析评估的规定。

（一）了解透水事故基本情况。矿山救援队在处理透水事故时，应当了解灾区情况和水源、透水点、涌水通道、事故前人员分布、矿井有生存条件的地点及进入该地点的通道等情况，分析水害范围、透水量和涌水速度等情况，分析判断遇险人员的可能位置，提出及时增大排水设备能力、抢救被困人员的有关建议，为制定排水、堵水措施和重点救援方向提供参考依据。

（二）分析被困人员生存条件。一是生存空间分析。可根据矿井巷道布置情况，人员作业情况、透水地点及流动通道、透水后人员可能避险地点、透水水位标高等情况对比分析是否具有人员避险生存空间。二是空间气体成分分析。可根据可能的避险空间体积、被困人员数量、单人平均耗氧量、瓦斯涌出等有毒有害气体情况，以及维持生存最低空气条件，分析估算被困人员维持生存时间。三是水是维持生存的重要条件。尽管透水事故中的水源、水质不同，但一般情况下可以具备饮水条件，从而增加被困人员生存时间。以往透水事故中曾有被困人员在井下的生存时间分别达到16天、23天、32天和34天的案例。

（三）坚定信心全力救援。以往救援经验表明，矿井透水是矿井事故灾难中救出生还人员最多的事故类型之一，往往也是救援处置耗时长、调用救援设备多的事故类型，全体救援人员应当坚定信心，坚持不抛弃、不放弃，多措并举加快排水、多种方式打通生命通道，全力以赴营救被困人员。例如，王家岭煤矿"3·28"透水事故救援、支建煤矿"7·29"淹井事故救援、万达矿业公司"10·18"水害事故救援、杉木树煤矿"12·14"水害事故救援等，都是透水事故成功救援的典型案例。

第二部分 条文解读

第一百一十五条 矿山救援队应当探察遇险人员位置，涌水通道、水量及水流动线路，巷道及水泵设施受水淹程度，巷道破坏及堵塞情况，瓦斯、二氧化碳、硫化氢等有毒有害气体情况和通风状况等。

解读 本条是关于矿山救援队处置矿井透水事故探察的规定。

（一）探察内容。探察灾区范围、灾害程度、遇险人员位置，涌水通道、水量及水流动线路，巷道及水泵设施受水淹程度，巷道破坏及堵塞等情况。探察过程中要对灾区内的瓦斯、二氧化碳、硫化氢等有毒有害气体情况和通风状况进行检查。

（二）注意事项。根据灾区情况和救援需要，合理分配救援资源，确保探察工作高效进行。同时要防止二次伤害。禁止由下往上进入突水点或被水、砂、泥堵塞的小眼、上山，防止二次突水或泥砂（溃决）。在搜寻遇险人员时，应细心观察，注意有规律的敲击声，这是避难人员发出的求援信号。

第一百一十六条 采掘工作面发生透水，矿山救援队应当首先进入下部水平抢救人员，再进入上部水平抢救人员。

解读 本条是关于矿山救援队参加矿井透水抢救人员原则的规定。

当采掘工作面发生透水事故时，矿山救援队应当首先进入下部水平抢救人员，这是基于对事故现场情况的准确判断和对被困人员生存条件的优先考虑。一是水流方向。在透水事故中，水流通常是从高处流向低处。因此，下部水平区域会首先被水淹没，人员被困的可能性更大，进入下部水平，能够更早地发现和抢救被困人员。二是被困人员生存条件。由于水流的冲击和淹没，下部水平的人员可能面临更大的生命威胁。尽早进入下部水平进行搜救，可以提高被困人员的生存率。三是通风系统状况。采掘工作面的通风系统可能会因透水而受损。下部水平可能更早受到通风系统失效的影响，导致空气质量下降，增加被困人员的窒息风险。矿山救援队优先进入下部水平，可以更早地发现和处理这些潜在的安全隐患，确保救援过程的安全。

第一百一十七条 被困人员所在地点高于透水后水位的，可以利用打钻等方法供给新鲜空气、饮料和食物，建立通信联系；被困人员所在地点低于透水后水位的，不得打钻，防止钻孔泄压扩大灾情。

解读 本条是关于向人员被困地点打钻建立生命通道原则的规定。

矿井发生透水事故，当被困人员被涌水、泥砂、垮落物堵在巷道内时，应根据情况利用一切可能条件向灾区供风、输送饮料和食物，建立生命通道。采取打钻措施时，应正确判断被困人员可能躲避位置标高。

（一）被困人员地点标高高于透水水位。可采用打钻的措施建立生命通道。例如，2015年7月20日，某煤矿发生水害事故，井下人员被困，经标高对比分析后采用打钻措施，24日16时31分钻孔打通，经敲击钻杆与被困人员取得联系，通过钻孔为被困人员输送营养液、进行压风供氧、采气样化验分析，27日4时30分井下掘进救援通道与被困人员所在巷道顺利贯通，5时20分，历时155小时6名被困人员成功获救。

（二）被困人员地点标高低于透水水位。一种情况是透水涌入并淹没被困人员地点，人员生存的可能性较小，但也有躲在高冒处获救的案例。例如，1991年6月11日，某矿在平巷掘进时发生突水，1名瓦斯检查员躲入水位下平巷中的高冒处，11小时后被救出生还。另一种情况是人员被困在独头上山等地点，虽然标高低于外部最高水位，但由于该地点为封闭空间及空气柱作用，也不会被全部淹没，仍有生存空间和空气存在，具备人员生存条件。但不能采取打钻措施，以防空气外泄，空间气体压力下降，水位上升危及被困人员。应迅速堵截补给水源，加快排水进度，尽早营救他们。例如，1981年12月19日，某煤矿2名人员在井下被困16天后被救出，其避难地点比外部最高水位低8.32米。

第一百一十八条 矿井涌水量超过排水能力，全矿或者水平有被淹危险时，在下部水平人员救出后，可以向下部水平或者采空区放水；下部水平人员尚未撤出，主要排水设备受到被淹威胁时，可以构筑临时防水墙，封堵泵房口和通往下部水平的巷道。

解读 本条是关于矿井涌水量较大时采取处置措施的规定。

当矿井发生透水事故时，可采用截、堵、排（直排、倒排、引排）、钻（垂孔、斜孔、平孔）等方法。可根据突水量、突水水位、突水点与巷道的关系、井下巷道地势及布置、中央水仓位置及受毁坏情况、邻近采空区情况等，采取注浆堵截导水通道、打堰等方式拦截动水来源、向地面直排水、向邻近地势低洼的采空区、废弃巷道和中央水仓引水、多级倒水追排水、构筑临时水仓倒水排水、实施打钻排水等方法。排水时可采取快速排水方案，使用自动追排水装备、配合高压软体水管、快速接头等设备，采取直排或接力移动水仓等方法进行强排，以最短的路线、最快的速度将积水排出，为救援争取宝贵的时间。当矿井涌水量超过排水能力，全矿或者水平有被淹危险时，在下部水平人员救出后，可以向下部水平或者采空区放水。下部水平人员尚未撤出，主要排水设备受到被淹威胁时，可以构筑临时防水墙，封堵泵房口和通往下部水平的巷道。例如，2024年7月6日，山西某煤矿1207瓦斯治理掘进巷发生透水事故，造成3人被困，在排水救援过程中，由于主排水系统额定能力仅450立方米/小时，严重制约救援进度。采取向临近的1206采空区排放部分积水，同时在主水泵房设挡水墙防止泵房被淹的措施，确保了抢险的顺利进行。

第一百一十九条 矿山救援队参加矿井透水事故救援应当遵守下列规定：

（一）透水威胁水泵安全时，在人员撤至安全地点后，保护泵房不被水淹；

（二）应急救援人员经过巷道有被淹危险时，立即返回井下基地；

（三）排水过程中保持通风，加强有毒有害气体检测，防止有毒有害气体涌出造成危害；

（四）排水后进行探察或者抢救人员时，注意观察巷道情况，防止冒顶和底板塌陷；

（五）通过局部积水巷道时，采用探险棍探测前进；水深过膝，无需抢救人员的，不得涉水进入灾区。

第二部分 条文解读

解读 本条是关于矿山救援队参加矿井透水事故救援应遵守的规定。

矿山救援队参加矿井透水事故救援的主要任务，一是抢救遇险被困人员，搜寻并救助因水灾受淹或被困的矿工和其他人员。二是防止井巷进一步被淹，通过采取必要的措施，如设置防水屏障、排水等，防止水灾进一步扩大，减少灾害损失。三是恢复井巷通风。水灾可能导致通风系统受损，矿山救援队需要迅速恢复通风系统，确保灾区内的空气流通，为救援工作创造有利条件。

（一）根据灾区水位和涌水量制定排水方案。利用现有排水设备或增援的排水设备进行排水作业。在排水过程中，要密切观察水位变化，确保排水作业安全和有效。透水威胁水泵房安全时，在人员撤至安全地点后，可构筑临时防水墙，堵住泵房口，保护泵房不被水淹。

（二）巷道有被淹危险时立即返回井下基地。一是巷道部位发潮、滴水并逐渐增大，仔细观察可发现水中有不少细砂。二是发生局部冒顶，水量突增并有间歇性流砂出现，水色时清时浑，水量、砂量逐渐增加，直至流砂大量涌出。三是底板发生涌水、涌砂，地表出现塌陷坑等预兆。出现上述情况时，必须停止作业，撤出所有受水威胁地点的人员，立即返回井下基地。

（三）确保灾区内空气流通和安全。定期检查通风设备的运行情况，确保其正常运行和安全性。加强有毒有害气体检测，指定专人检测甲烷、一氧化碳、硫化氢等有毒有害气体浓度和通风状况等，防止有毒有害气体涌出造成危害。

（四）防止二次灾害事故发生。排水后进行探察或者抢救人员时，要时刻注意观察巷道情况，防止冒顶和底板塌陷、水砂突然涌出等，加强对灾区周围环境的监测和预警，及时发现并处理潜在的安全隐患，有透水危险时，探察人员要立即撤到安全地点。例如，

第六章 救援方法和行动原则

2021年4月10日，某煤矿回风顺槽迎头突发透水事故，造成21人被困。4月11日凌晨开始排水，4月16日3时起，回风井井下持续发出"砰砰"的声响，水面出现异常波动、浪花翻滚，水体变浑浊，现场指挥部决定回风井全部停泵、人员全部撤出，经专家分析论证为随水位下降，部分空间的压缩气体逸出，造成水面波动和气泡破裂的声音。排除危险后继续排水，4月24日排水能力达到3225立方米/小时，总计排水101.9万立方米，创造了近年来全国煤矿透水事故救援中的最大排水量。

（五）通过局部积水巷道注意事项。通过局部积水巷道时，采用探险棍探测前进。水深过膝，无需抢救人员的，不得涉水进入灾区探察，应采取安全措施，排除积水后继续探察。

第一百二十条 矿山救援队处置上山巷道透水应当注意下列事项：

（一）检查并加固巷道支护，防止二次透水、积水和淤泥冲击；

（二）透水点下方不具备存储水和沉积物有效空间的，将人员撤至安全地点；

（三）保证人员通信联系和撤离路线安全畅通。

解读 本条是关于矿山救援队处置上山巷道透水事故的规定。

矿山救援队在处理上山透水事故时，要确保救援工作的有效性和安全性。一是矿山救援队进入灾区探察时，应检查并加固巷道支护，采取防止二次透水、积水和淤泥冲击的安全措施，当无法保障安全的情况下，严禁应急救援人员冒险进入。二是进行清淤作业

第二部分 条文解读

时，透水点下方应具备存储水和沉积物有效空间，应设专人观察巷道、积水、淤泥情况，有突发情况应立即将人员撤至安全地点。三是救援人员应携带必要的通信设备，如对讲机、灾区电话等，建立有效的通信联络系统，以便及时报告灾情和接收指令，确保人员通信联系和撤离路线安全畅通。

第五节 冒顶片帮、冲击地压事故救援

第一百二十一条 矿山救援队参加冒顶片帮事故救援，应当了解事故发生原因、巷道顶板特性、事故前人员分布位置和压风管路设置等情况，指定专人检查氧气和瓦斯等有毒有害气体浓度、监测巷道涌水量、观察周围巷道顶板和支护情况，保障应急救援人员作业安全和撤离路线安全畅通。

【解读】 本条是关于矿山救援队处置冒顶片帮事故了解情况和保障安全的规定。

（一）冒顶和片帮事故统称为顶板事故，这类事故被困人员往往具有较大生存空间，且无高温高压环境，有毒有害气体浓度一般不会迅速增大，相对爆炸、火灾、突出事故，被困人员具备较大存活可能，获救生还的概率较高。全体救援人员应当采取多种措施打通生命通道，全力抢救被困人员。例如，安利来煤矿"7·25"冒顶事故救援、鑫源煤矿"12·19"冒顶事故、塔山煤矿"4·14"顶板事故救援等，都是冒顶片帮事故成功救援的典型案例。

（二）矿山救援队参加冒顶片帮、冲击地压事故救援时，主要任务是抢救遇险人员、恢复通风、清理巷道、现场安全监护。首先应当了解事故发生的原因、地点、巷道顶板特性；其次，判断被困

人员可能的生存空间,需要了解事故前人员分布位置、压风管路设置和供水施救系统的设置情况。另外,冒顶片帮和冲击地压可能破坏通风系统,造成有害气体涌出,也可能造成排水系统破坏。因此,在现场实施救援过程中,矿山救援队现场带队指挥员要分析判断有无发生继发事故和再次来压冒顶的可能性,施救现场要指定专人检查氧气和瓦斯等有毒有害气体浓度、监测巷道涌水量,观察围岩、顶板和周围支护情况,发现异常,立即采取措施,保障应急救援人员作业安全和撤离路线安全畅通。

第一百二十二条 矿井通风系统遭到破坏的,应当迅速恢复通风;周围巷道和支护遭到破坏的,应当进行加固处理。当瓦斯等有毒有害气体威胁救援作业安全或者可能再次发生冒顶片帮时,应急救援人员应当迅速撤至安全地点,采取措施消除威胁。

解读 本条是关于冒顶片帮事故处置安全保障措施的规定。

(一)迅速恢复通风。矿井通风系统因冒顶遭到破坏时,应通过构建临时设施、安设局部通风机等恢复冒顶区的通风。瓦斯等有毒有害气体浓度超限时,要按照排放瓦斯相关规定排除瓦斯。恢复独头巷道通风时,应将局部通风机安设在新鲜风流处,按照排放瓦斯的措施和要求进行操作。

(二)加固处理巷道。冒顶区周围巷道和支护遭到破坏的,首先应加固附近支护,防止发生二次冒顶、片帮。支护时要按照先外后里、先支后拆、先顶后帮的原则进行,处理倾斜巷道冒顶事故时,应该由上向下进行,防止顶板冒落矿石砸伤人员,必要时用粘接材料加固顶帮。特别是倾角在15°以上时,还应在处理地点上方6~10米设置护身遮栏,以防巷道倾斜上方的煤矸滚落伤人。例如，2021年4月14日，某煤矿一掘进工作面距端头约20米处发生冒顶事故，5人被困，在从冒落区上部沿煤壁清掏形成救援通道的过程中，由于煤壁片帮严重，不断堵塞通道。为此，救援现场采取了喷洒粘接材料（玛丽散）固化煤壁的措施，保证了救援通道的快速施工，5名被困人员被成功救出。

（三）防止二次灾害事故。处置冒顶片帮事故过程中，应检测冒落区瓦斯等有毒有害气体浓度，观察附近区域顶板，当瓦斯等有毒有害气体突然涌出或者有可能再次发生冒顶片帮，威胁救援作业人员安全时，应当迅速将人员撤至安全地点。否则，容易出现次生灾害事故。例如，2020年6月26日，某矿发生冒顶事故造成19人被困，在处置冒顶时作业区域巷道顶板发生二次冒落，造成2名参与救援的矿工被埋，后经抢救被困的19人成功获救，2名被埋人员遇难。又如，2021年8月19日，某煤矿掘进工作面发生冒顶事故，4人被困。在处置冒顶时作业区域巷道顶板发生二次冒落，参与处置人员及时撤离，未造成伤害。后经对冒落区30米范围内采取加强支护措施，开掘小巷，被困的4人成功获救。

第一百二十三条 矿山救援队搜救遇险人员时，可以采用呼喊、敲击或者采用探测仪器判断被困人员位置、与被困人员联系。应急救援人员和被困人员通过敲击发出救援联络信号内容如下：

（一）敲击五声表示寻求联络；

（二）敲击四声表示询问被困人员数量（被困人员按实际人数敲击回复）；

（三）敲击三声表示收到；

（四）敲击二声表示停止。

第六章　救援方法和行动原则

解读　本条是关于矿山救援队判断被困人员位置、与被困人员联络的规定。

（一）搜寻联络方式。矿山救援队搜寻抢救被埋、被堵人员时，可以大声呼喊，敲击管路、铁轨、钻杆等物体发出声音，注意倾听和观察灾区反应。可以利用各种生命探测仪、人体搜寻仪器、钻孔探测仪等仪器设备进行探测搜寻，搜寻遇险人员，判断遇险人员位置，与遇险人员建立联系。

（二）敲击联络信号。为克服救援现场环境嘈杂、敲击回声等影响，规范敲击联络，使救援和被困双方发出和获取准确信息，提高救援效率和精准性，应急管理部办公厅印发了《矿山（隧道）事故救援联络信号（试行）》（应急厅〔2021〕66号），敲击信号内容如本条所示。注意每次敲击间隔1秒，分组发出信号，每组信号间隔30秒。明白意图后敲击3声回复"收到"，未"收到"回复可重复敲击发出信号。矿山企业要做好联络信号的宣贯，并在矿工安全帽内标注联络信号内容，应急救援人员和矿山从业人员应熟练准确使用联络信号。

第一百二十四条　应急救援人员可以采用掘小巷、掘绕道、使用临时支护通过冒落区或者施工大口径救生钻孔等方式，快速构建救援通道营救遇险人员，同时利用压风管、水管或者钻孔等向被困人员提供新鲜空气、饮料和食物。

解读　本条是关于快速构建救援通道营救遇险人员方法的规定。

（一）掘小巷构建快速救援通道。根据现场情况，可以在被困人员所在巷道的邻近巷道，选择最短距离新掘小断面巷道，形成通往被困人员地点的救援通道。例如，2024年6月1日，某煤矿11106切眼掘进工作面发生透水事故，造成8人被困。救援人员利用邻近的11108充填巷向11106工作面切眼掘进9米长救援通道，贯通发现切眼下部被杂物堵塞后，继续在人行道侧紧贴煤壁施工21.6米小断面巷道打通被困人员位置，成功救出5名被困人员，事故造成3人遇难。

（二）掘绕道构建快速救援通道。根据现场情况，可以在被困人员所在巷道附近新掘小断面绕道，形成通往被困人员地点的救援通道。例如，2009年6月12日，某煤矿掘进工作面发生局部冒顶，8人被困，通过掘小断面绕道的方式，经过60小时全力抢救，被困8人成功获救。

（三）快速清理和使用临时支护通过冒落区。可以根据现场情况，快速清理恢复冒顶、坍塌破坏的巷道，或在冒顶巷道、坍塌破坏的巷道中使用临时支护、开挖小断面救援通道，形成直通被困人员地点的救援通道。清理冒顶、坍塌破坏巷道，要制定安全技术措施，在维护好应力平衡的条件下清理堵塞物，加强巷道支护，注意救援通道的支护和维护，保证安全作业空间，防止发生二次冒顶、片帮，保证应急救援人员安全和退路安全畅通。例如，2021年5月26日，某煤矿掘进工作面发生冒顶事故，6人被困，通过使用单体支护、掘小巷的方式，成功救出3名被困人员，事故造成3名人员遇难。

（四）向被困人员位置施工大孔径救生钻孔。包括地面或井下巷道向被困地点施工大孔径钻孔，形成快速救援通道，直接通过大口径钻孔营救被困人员。在地面打钻时，分析上覆岩层或采空区的积水、积气情况，防止上部水下泄或采空区有毒有害气体下泄威胁遇险人员。例如，2015年12月25日，某石膏矿发生坍塌造成29名作业人员被困在井下。救援中利用大口径救生钻机通过地面钻孔方式打通救生通道，通过钻孔成功救出被困 36 天的 4 名矿工，这是我国首例、世界第三例大口径钻孔救援成功案例，创造了中国矿山救援史上的奇迹。另外两例为 2002 年美国奎溪煤矿透水事故中经过 78 小时救出 9 名被困矿工，2010 年智利圣何塞铜矿塌方事故中经过 69 天救出 33 名被困人员。

（五）快速建立生命通道。在上述方法实施过程中，要根据具体情况和施工进度，研究选择最快的方法加强力量，重点突破，快速救人。同时，应设法利用钻孔、压风管路、水管等设施和技术手段，快速建立生命维持通道，向被困人员提供新鲜空气、饮料和食物，为营救人员争取时间。例如，2021 年 1 月 10 日，某金矿在基建施工过程中发生爆炸，造成井筒被堵 22 人被困，在清理井筒救援的同时，向人员被困中段巷道施工垂直钻孔。17 日 3 号孔贯通形成生命通道，建立通信联系并开始投放给养、药品及所需物资；20 日 4 号孔贯通承担生命通道功能，人员生存环境得以改善。24 日井筒清障完成，成功救出 11 名被困矿工。事故造成 11 人遇难。

第一百二十五条 应急救援人员清理大块矸石、支柱、支架、金属网、钢梁等冒落物和巷道堵塞物营救被困人员时，在现场安全的情况下，可以使用千斤顶、液压起重器具、液压剪、起重气垫、多功能钳、金属切割机等工具进行处置，使用工具应当注意避免误伤被困人员。

解读 本条是关于处置冒顶片帮事故时使用工具的规定。

矿山冒顶片帮事故处置中，矸石、支柱、支架、金属网、钢梁等冒落物和巷道堵塞物使用手工工具很难清理，效率极低，为快速营救被困人员，应鼓励使用先进的装备、工具进行清理。在检查现场环境条件安全情况下，可以使用千斤顶、液压起重器具、液压剪、起重气垫、多功能钳、金属切割机等工具进行处置。使用工具应当注意避免误伤被困人员，如采用千斤顶等顶起大块矸石时，要确保大块矸石稳定后，方可在矸石下掘凿通道，将人员救出；清理带电设备时，应首先检查设备是否带电；接近被困人员时要小心工具碰伤人员，可以结合徒手救援。

第一百二十六条 矿山救援队参加冲击地压事故救援应当遵守下列规定：

（一）分析再次发生冲击地压灾害的可能性，确定合理的救援方案和路线；

（二）迅速恢复灾区通风，恢复独头巷道通风时，按照排放瓦斯的要求进行；

（三）加强巷道支护，保障作业空间安全，防止再次冒顶；

（四）设专人观察顶板及周围支护情况，检查通风、瓦斯和矿尘，防止发生次生事故。

解读 本条是关于矿山救援队处置冲击地压事故应当遵守的规定。

（一）矿井发生冲击地压事故后，矿山救援队的主要任务是抢救人员和恢复通风系统。冲击地压事故造成巷道破坏、冒顶片帮和人员被困的，可以采取处置冒顶片帮事故的救援方法，快速构建救援通道营救遇险人员，同时利用压风管、水管或者钻孔等向被困人员提供新鲜空气、饮料和食物。例如，2011年11月3日，某煤矿发生冲击地压事故，造成75人被困，救援人员采取恢复通风、临时支护、掘小断面巷道等措施，历时41小时，成功解救出65名被困生还人员，事故造成10人遇难。

（二）处置冲击地压事故时，应当防止再次发生冲击地压造成危害。应急救援人员应当了解冲击地压征兆，在探察灾区情况时注意观察，尤其要掌握具有威胁人身安全破坏性的冲击地压征兆，确定合理的救援方案和路线。发现有破坏性的冲击地压征兆时立即采取措施从危险区撤出人员，以保证应急救援人员的安全。

（三）冲击地压发生时，冲击力造成巷道受损、通风设施破坏、机械设备位移，导致通风系统破坏，发生瓦斯积聚，冲击突出物可能携带大量瓦斯涌出。矿山救援队进入处置时，要注意检测突出区域的瓦斯情况，当通风设施破坏、瓦斯超限时，应立即断电，采取措施恢复通风排出瓦斯。恢复独头巷道通风时，应按照排放瓦斯的要求进行。

（四）发生冲击地压时，巷道底板鼓起、顶板下沉和两帮移近，支架严重破坏，为了抢救遇险人员往往要清理堵塞物，扩大缩小了的断面，应当对受破坏的巷道和工作面进行支护，保证安全作业空间，防止二次冒顶。抢救遇险人员应首先恢复事故地点支护，清理后路的障碍物，保证后路畅通。如顶板完好，只是帮部煤体冲出，可采用沿已冲击帮打贴帮点柱或架设抬棚等支护措施；如顶板破碎，可采用掏梁窝架设单腿棚等进行处理。

（五）处理冲击地压事故时，应设专人观察顶板及周围支护情况，检查通风、瓦斯、矿尘，避免发生冒顶，瓦斯、矿尘爆炸，缺氧窒息等次生事故。

第二部分 条文解读

第六节 矿井提升运输事故救援

第一百二十七条 矿井发生提升运输事故,矿山企业应当根据情况立即停止事故设备运行,必要时切断其供电电源,停止事故影响区域作业,组织抢救遇险人员,采取恢复通风、通信和排水等措施。

【解读】本条是关于提升运输事故矿山企业先期处置的规定。

(一)矿井提升运输设备主要包括罐笼、架空乘人装置、吊桶、轨道机车、无轨胶轮车、带式输送机、刮板输送机等,提升运输运行中可能发生卡罐、坠罐、跑车、吊桶翻转,带式和刮板输送机卡挤、撞击、卷压,轨道机车、无轨胶轮车碰撞,架空乘人装置运行失控、飞车等事故。提升运输事故往往由于是提升运输设备故障、人为操作不当或突发意外情况造成的。值得注意的是坠罐、跑车、带式输送机断带等提升运输事故,可能扬起井底车场或巷道积聚煤尘,并由同时产生的撞击火花点燃而引发煤尘爆炸。

(二)矿井发生提升运输事故后,为防止故障设备继续运行使事故扩大,应当立即停止设备运行,避免造成更严重的后果。

(三)提升运输事故可能造成提升、供电、通信、排水等系统的破坏,尤其是电缆破损及故障设备继续带电,对遇险和救援人员安全都会构成一定威胁。所以,应当立即停止事故影响区域作业,撤出人员,必要时应切断电源,避免设备失控、人员触电或其他严重后果。

(四)提升运输事故可能会破坏巷道和通风设施,造成通风紊乱,需要尽快恢复通风,创造有利的救援条件。例如,2011 年 4

第六章 救援方法和行动原则

月5日,某煤矿措施立井吊罐在提升过程中碰到盘壁受阻,强行提升导致钢丝绳断裂发生坠罐,造成井筒提升中断,通风、排水、通信等破坏,井筒作业的7名工人被困。救援中采取先通风、再排水、快施救的措施,成功解救出1名被困矿工,搜救到6名遇难人员。

> **第一百二十八条** 矿山救援队应当了解事故发生原因、矿井提升运输系统及设备、遇险人员数量和可能位置以及矿井通风、通信、排水等情况,探察井筒(巷道)破坏程度、提升容器坠落或者运输车辆滑落位置、遇险人员状况以及井筒(巷道)内通风、杂物堆积、氧气和有毒有害气体浓度、积水水位等情况。

解读 本条是关于矿山救援队处置提升运输事故应了解和探察事故情况的规定。

(一)矿山救援队接警到达事故矿井后,应立即到现场指挥部报到,了解事故基本情况和领取任务。如事故时间、地点位置、矿井提升运输系统及设备、初步原因,人员伤亡及遇险被困情况,现场破坏情况,包括提升、运输、供电、通信、排水、通风及安全通道等各个系统造成的影响。

(二)入井探察进一步掌握事故现场信息。探察井筒(巷道)破坏程度、提升容器坠落或者运输车辆滑落位置、遇险人员状况以及井筒(巷道)内通风、杂物堆积、氧气和有毒有害气体浓度、积水水位等情况。只有把这些信息尽可能多地探察清楚,提供较全面准确的事故现场信息,才能为现场指挥部进一步掌握事故基本情况,分析事故发展趋势及面临的问题,研究制定针对性救援方案及安全措施提供有力支撑和保证。

第二部分 条文解读

第一百二十九条 矿山救援队在探察搜救过程中，发现遇险人员立即救出至安全地点，对伤员进行止血、包扎和骨折固定等紧急处理后，迅速移交专业医护人员送医院救治；不能立即救出的，在采取技术措施后施救。

【解读】 本条是关于矿山救援队处置提升运输事故抢救遇险人员的规定。

（一）提升运输事故人员受伤害大多是碰撞、打击、夹挤、坠落等机械伤害，出现流血、骨折、外伤及内伤，遇险人员以头部、身体躯干、四肢等部位受到伤害居多。受伤后往往失去逃生和自救能力，若不能得到外部及时救援，极易出现失血过多而休克和死亡。因此，发现遇险人员应立即救出，转运至安全地点，对伤员进行止血、包扎和骨折固定等紧急处理，然后迅速护送出井，移交专业医护人员救治。例如，2012年9月25日，某煤矿人员乘坐人车升井时，人车发生掉道并与井筒内法兰盘发生碰撞，拉断钢丝绳发生跑车，造成34人遇险。矿山救援队在抢救过程中，对14名受伤人员进行了止血、包扎、骨折固定等紧急处理后，运送升井，移交专业医护人员救治，避免了伤员因救治不及时造成的进一步伤害。

（二）如遇埋压、挤压不能立即救出的，尽可能为遇险人员创造维持生命的条件；为后续采取措施施救打下基础。

第一百三十条 应急救援人员在使用起重、破拆、扩张、牵引、切割等工具处置罐笼、人车（矿车）及堆积杂物进行施救时，应当指定专人检查瓦斯等有毒有害气体和氧气浓度、观察井筒和巷道情况，采取防范措施确保作业安全；同时，应当采取措施避免被困人员受到二次伤害。

解读 本条是关于应急救援人员使用工具处置提升运输事故保障安全的规定。

（一）提升运输事故往往造成井筒、巷道、设备、设施及管线等遭到较严重破坏，施救难度大，紧急时刻可能使用起重、破拆、扩张、牵引、切割等工具处置罐笼、人车（矿车）及堆积杂物等装备工具。由于这些工具操作过程中容易产生火花，必须检查现场气体情况，防止发生爆炸。例如，2008年7月10日，某煤矿发生一起坠罐事故，11名升井人员坠落井底，罐笼变形，8名遇难人员因被罐笼压住无法运出，矿山救援队在检查瓦斯等有毒有害气体无危险的情况下，用气割办法割开罐笼，运出8名遇难人员。

（二）抢险救援的主要任务是救人，所有对遇险人员生命安全构成威胁的行为都应制止，避免危险情况发生，时刻注意对遇险被困人员加强保护，防止受到二次伤害。

（三）使用工具施救作业时，震动大，噪声高，操作人员不容易察觉环境安全情况变化，如井筒巷道掉落矸石杂物、片帮等，所以作业过程中，应当指定专人观察井筒和巷道情况，采取防范措施确保救援作业安全。

第一百三十一条 矿山救援队参加矿井坠罐事故救援应当遵守下列规定：

（一）提升人员井筒发生事故，可以选择其他安全出口入井探察搜救；

第二部分 条文解读

（二）需要使用事故井筒的，清理井口并设专人把守警戒，对井筒、救援提升系统及设备进行安全评估、检查和提升测试，确保提升安全可靠；

（三）当罐笼坠入井底时，可以通过排水通道抢救遇险人员，积水较多的采取排水措施，井底较深的采取局部通风措施，防止人员窒息；

（四）搜救时注意观察井筒上部是否有物品坠落危险，必要时在井筒上部断面安设防护盖板，保障救援安全。

解读 本条是关于矿山救援队参加坠罐事故救援应当遵守的规定。

（一）提升人员井筒发生坠罐事故，往往提升设备及井筒设施破坏比较严重。特别是罐笼坠入井底，肯定遭到破坏，不能继续使用，原来的提升系统已经不安全，该井筒已经不能承担起抢险救援的使命，这时就需要选择其他井筒或安全通道入井探察搜救，如管子巷、清仓巷、联络巷等。

（二）有时事故井筒是独立系统，尚未与其他井筒或安全出口连通，如基本建设期间的井筒，往往都是独立系统，这样的井筒发生坠罐事故，只能使用事故井筒实施救援。事故井口就是事故现场，人员比较杂乱，同时井口附近会有一些设备物料及杂物，为了确保施救安全，对井口附近20米内应进行清理，在事故井口拉上警戒线，并设专人把守。

（三）利用事故井筒施救，必须对井筒、救援提升系统及设备进行安全评估、检查和提升测试，确保能够满足抢险救援安全要求，确保提升安全可靠，否则不能使用，避免造成次生事故。例如，2023年5月13日，某铜矿竖井主提升绞车电动机变频器接触装置烧坏，导致绞车出现故障无法运行，施工单位5名作业人员被困井下。救援中考虑修复故障持续时间较长，临时采用凿岩绞车提升的办法准备把人员提升上来。14日当班队长乘坐吊笼下井，和被困井下的5名人员共6人乘坐吊笼升井，当吊笼提至井筒往下200米左右位置时，吊笼飞速下坠，造成吊笼内6人遇难。

（四）立井提升装置都有过卷和过放设计。《煤矿安全规程》规定，过卷过放距离内应当安装性能可靠的缓冲装置，缓冲装置应当能将全速过卷（过放）的容器或平衡锤平稳地停住，并保证不再反向下滑或反弹，过放距离内不得积水和堆积杂物。所以，为避免积水，有的矿井在过放距离下方水窝位置安装排水设备或设置流水巷，当罐笼坠入井底时，可以通过排水通道抢救遇险人员，积水较多的采取排水措施。未贯通的建设井筒及坠罐造成通风阻断等无风、微风情况时，应当先恢复通风。

（五）井筒施救作业中，最危险的是高空坠物伤人，尤其是发生井筒遭受破坏后，隐患更多，搜救时注意观察井筒上部是否有物品坠落危险。所以，采取井口警戒，清理井口杂物，井筒上部安设防护盖板等措施。

第一百三十二条 矿山救援队参加矿井卡罐事故救援应当遵守下列规定：

（一）清理井架、井口附着物，井口设专人值守警戒，防止救援过程中坠物伤人；

（二）有梯子间的井筒，先行探察井筒内有毒有害气体和氧气浓度以及梯子间安全状况，在保证安全的情况下可以通过梯子间向下搜救；

（三）需要通过提升系统及设备进行探察搜救的,在经评估、检查和测试，确保提升系统及设备安全可靠后方可实施；

（四）应急救援人员佩带保险带，所带工具系绳入套防止掉落，配备使用通信工具保持联络；

（五）应急救援人员到达卡罐位置，先观察卡罐状况，必要时采取稳定或者加固措施，防止施救时罐笼再次坠落；

（六）救援时间较长时，可以通过绳索和吊篮等方式为被困人员输送食物、饮料、相关药品及通信工具，维持被困人员生命体征和情绪稳定。

解读 本条是关于矿山救援队参加卡罐事故救援应当遵守的规定。

（一）卡罐事故多发生在提升立井中，虽然事故不是很多，但处理时还是存在较大难度和一定风险。尤其是井架上的附着物、井口杂物，受到卡罐冲击或震动影响，很容易掉落伤人，在井筒内作业前要进行清理，防止井架、井口坠物伤人，并在事故井口设专人值守警戒。

（二）立井的梯子间是矿井重要的安全出口之一，是可以徒步撤离井下直达地面的应急通道，应当经常清理、维护，保持畅通。事故救援时，在经过评估、检查，确认梯子间安全时，可以通过梯子间实施搜救行动。

（三）使用原提升系统进行探察搜救，可以大大节约时间，实现快速救援。但原提升系统及设备在事故中很可能遭受不同程度破坏，安全性难以保证，所以，使用前必须进行认真评估、检查和测试，确定安全可靠情况下，方可使用。

（四）井筒内属于高空作业，所有人员应当佩带保险带，另外为防止高空坠落，所带工具系绳入套。井筒救援中通信联络至关重

第六章　救援方法和行动原则

要，应当配备良好通信设备，保持上下联络畅通。

（五）故障罐笼卡住的位置不一定是稳定状态，可能会再次坠罐。所以，应急救援人员到达卡罐位置后，要先观察卡罐状况，必要时采取稳定或者加固措施，防止施救时罐笼再次坠落。

（六）遇到救援难度较大，不能快速将遇险被困人员救出时，应当采取措施，为被困人员输送食物、饮料、相关药品及通信工具，维持被困人员生命体征和情绪稳定。

第一百三十三条　矿山救援队参加倾斜井巷跑车事故救援应当遵守下列规定：

（一）采取紧急制动和固定跑车车辆措施，防止施救时车辆再次滑落；

（二）在事故巷道采取设置警戒线、警示灯等警戒措施，并设专人值守，禁止无关车辆和人员通行；

（三）起重、搬移、挪动矿车时，防止车辆侧翻伤人，保护应急救援人员和遇险人员安全；

（四）注意观察事故现场周边设施、设备、巷道的变化情况，防止巷道构件塌落伤人，必要时加固巷道、消除隐患。

解读　本条是关于矿山救援队参加倾斜井巷跑车事故救援应当遵守的规定。

（一）防止再次滑落。紧急制动能以最短时间最快速度终止车辆继续失控状态；若出现脱钩、断绳等情况无法紧急制动时，必须固定跑车车辆，防止施救时车辆再次滑落。当然紧急制动的车辆也应该采取固定措施。

（二）做好安全警戒。为了维护好现场救援秩序，避免无关车辆和人员进入，应当设置必要的警戒区域，安排人员把守，这是基本的常规措施。

（三）防止现场伤人。抢险救援中起重、搬移、挪动矿车时，会打破原有的事故现场设备、车辆的平衡状态，出现新的危险情况，应采取安全措施，防止车辆侧翻伤人，威胁救援人员和遇险人员安全。

（四）消除安全隐患。由于事故现场情况复杂，事故造成的隐患较多，水管、电缆、钢丝绳等因前期受到破坏，新的危险情况可能随时出现。所以，抢险救援过程中，时刻注意观察事故现场周边设施、设备、巷道的变化情况，防止巷道构件塌落伤人，必要时加固巷道、消除隐患。

第七节 淤泥、黏土、矿渣、流砂溃决事故救援

第一百三十四条 矿井发生淤泥、黏土、矿渣或者流砂溃决事故，矿山企业应当将下部水平作业人员撤至安全地点。

【解读】本条是关于矿井发生淤泥、黏土、矿渣或者流砂溃决事故矿山企业组织撤人的规定。

（一）矿井发生淤泥、黏土、矿渣或者流砂溃决事故往往具有突发性、流动性和较大的破坏力。发生事故后，淤泥、黏土、矿渣或者流砂溃决会迅速填满矿井下部空间，形成强大的冲击力和掩埋危险，对下部水平作业人员的生命安全构成严重威胁。因此，矿山企业应当将下部水平作业人员及时撤至安全地点。

（二）矿山企业应建立完善的应急响应机制和人员撤离方案，确保在事故发生时能够快速、有序地组织下部水平作业人员撤离。

明确各区域负责人和撤离路线，确保所有人员都知晓撤离程序和信号，避免遗漏，要对撤离路线进行定期检查和维护，确保畅通无阻。例如，2002年10月31日，某煤矿1931采煤工作面作业人员发现顶板有漏沙现象，并有异常声响，矿方立即组织撤人，人员撤出15分钟后发生了流砂溃决事故。进入运输顺槽检查撤人情况的2名区长未及时撤离，被困运输顺槽，后经施工生命保障钻孔、掘进小断面绕道等，历时9天13小时，2名被困人员成功获救脱险。

第一百三十五条 应急救援人员应当加强有毒有害气体检测，采用呼喊和敲击等方法与被困人员进行联系，采取措施向被困人员输送新鲜空气、饮料和食物，在清理溃决物的同时，采用打钻和掘小巷等方法营救被困人员。

解读 本条是关于矿井发生淤泥、黏土、矿渣或者流砂溃决事故营救被困人员的规定。

（一）矿井发生淤泥、黏土、矿渣或者流砂溃决事故，可能造成通风设施破坏、巷道堵塞，导致通风系统紊乱，井下气体环境可能发生变化，处置过程中应当加强有毒有害气体检测。

（二）当有人员被困时，采取呼喊、敲击等方式与被困人员进行联系是一种直接且有效的联络方式，能让被困人员知晓救援行动正在展开，给予他们精神上的鼓励和支持。

（三）为给被困人员创造生存条件，应利用管路、打钻等方式向被困人员输送新鲜空气、饮料和食物，满足他们基本的生存需求，维持生命体征，为成功救援争取时间。

（四）营救被困人员可采取清理溃决物疏通救生通道和掘小巷打通救生通道两种方式同时施救，条件具备的，可施工大孔径钻孔构建救生通道的方式施救。不管使用哪种方式，都以尽快打通营救被困人员的通道为目的，可根据具体情况实施。清理溃决物时，选择合适的方法，如使用机械设备挖掘、使用爆破技术等。

> **第一百三十六条** 开采急倾斜煤层或者矿体的，在黏土、淤泥、矿渣或者流砂流入下部水平巷道时，应急救援人员应当从上部水平巷道开展救援工作，严禁从下部接近充满溃决物的巷道。

解读 本条是关于急倾斜煤层或者矿体发生黏土、淤泥、矿渣或者流砂溃决事故处置原则的规定。

在开采急倾斜煤层或者矿体时，如果发生黏土、淤泥、矿渣或者流砂流入下部水平巷道的情况，应急救援人员应从上部水平巷道开展救援工作，严禁从下部接近充满溃决物的巷道。这是因为急倾斜煤层或矿体的特殊地质条件和溃决物的流动性，从下部接近充满溃决物的巷道存在很大的安全风险，可能会导致救援人员被埋压或受到其他伤害。从上部水平巷道开展救援工作，可以避免救援人员直接接触到充满溃决物的巷道，减少被掩埋和受伤的风险。

> **第一百三十七条** 因受条件限制，需从倾斜巷道下部清理淤泥、黏土、矿渣或者流砂时，应当制定专门措施，设置牢固的阻挡设施和有安全退路的躲避硐室，并设专人观察。出现险情时，应急救援人员立即撤离或者进入躲避硐室。溃决物下方没有安全阻挡设施的，严禁进行清理作业。

解读 本条是关于倾斜巷道清理淤泥、黏土、矿渣或者流砂

保障安全的规定。

（一）在倾斜巷道下部清理淤泥、黏土、矿渣或者流砂时，由于存在诸多安全风险，如溃决物的流动、滑落等，可能对应急救援人员的生命安全造成严重威胁，因此需在特定条件限制下进行。针对这种特殊情况，需要制定专门的措施，包括但不限于清理方法、安全防护措施、人员疏散计划等，以确保作业的安全性和有效性。设置牢固的阻挡设施可以防止溃决物的进一步流动，减少对应急救援人员的冲击；同时，设置有安全退路的躲避硐室可以为应急救援人员提供紧急避险的场所，保障其生命安全。

（二）应设专人观察潜在的危险情况，如溃决物的异常流动、巷道的变形等，以便及时采取措施，避免事故发生。当出现险情时，如溃决物的突然滑落、阻挡设施的损坏等，应急救援人员应立即撤离现场或进入躲避硐室，以确保自身安全。

（三）在溃决物下方没有安全阻挡设施的情况下，严禁进行清理作业，以防止溃决物的突然滑落对应急救援人员造成伤害。例如，1985年9月20日，某在建煤矿轨道上山因岩溶裂隙透水，溃出的泥浆和石块将上山的下出口堵住，导致7名工人被困。该矿组织64人在下山口清淤过程中，溃决物下方未设置安全阻挡设施，泥浆石块突然再次大量溃出，造成61人死亡、2人重伤、1人轻伤。

第八节　炮烟中毒窒息、炸药爆炸和矸石山事故救援

第一百三十八条　矿山救援队参加炮烟中毒窒息事故救援应当遵守下列规定：

（一）加强通风，监测有毒有害气体；

（二）独头巷道或者采空区发生炮烟中毒窒息事故，在没有爆炸危险的情况下，采用局部通风的方式稀释炮烟浓度；

（三）尽快给遇险人员佩用全面罩正压氧气呼吸器或者自救器，给中毒窒息人员供氧并让其静卧保暖，将遇险人员撤离炮烟事故区域，运送至安全地点交医护人员救治。

解读 本条是关于矿山救援队参加炮烟中毒窒息事故救援应当遵守的规定。

（一）矿山救援队在参加炮烟中毒窒息事故救援时，首先要加强通风，这有助于快速降低事故现场炮烟及其他有毒有害气体的浓度，为应急救援人员和被困人员创造相对安全的环境。同时，实时监测有毒有害气体的浓度和分布情况也至关重要。通过专业的监测设备，应急救援人员可以准确了解现场气体状况，从而采取相应的防护措施。

（二）独头巷道发生炮烟中毒窒息事故时，经过评估确定没有爆炸危险，可采用局部通风的方式稀释炮烟浓度。通过这种方式，可以将新鲜空气引入事故区域，加快炮烟的扩散和稀释，从而降低炮烟浓度。

（三）炮烟中存在一氧化碳、氮氧化物等有毒有害气体，可使人员中毒窒息，应尽快给遇险人员佩用全面罩正压氧气呼吸器或者自救器，给其供氧并防止继续吸入有毒有害气体，保障生命安全。抢救过程中，应使其静卧，覆盖保温毯保暖，减少体力消耗，防止体温快速散失。事故区域仍存在大量有毒有害气体和其他潜在危险，应尽快将遇险人员转移至安全地点交由医护人员救治。

第六章　救援方法和行动原则

> **第一百三十九条**　矿山救援队参加炸药爆炸事故救援应当遵守下列规定：
> （一）了解炸药和雷管数量、放置位置等情况，分析再次爆炸的危险性，制定安全防范措施；
> （二）探察爆炸现场人员、有毒有害气体和巷道与硐室坍塌等情况；
> （三）抢救遇险人员，运出爆破器材，控制并扑灭火源；
> （四）恢复矿井通风系统，排除烟雾。

【解读】 本条是关于矿山救援队参加炸药爆炸事故救援应当遵守的规定。

（一）制定安全防范措施。矿山救援队参加炸药爆炸事故救援时应首先了解炸药和雷管数量，评估潜在危害程度。炸药、雷管数量较大时，意味着一旦发生再次爆炸，其破坏力和冲击范围会更广，后果更严重。掌握准确炸药和雷管的放置位置信息，能帮助判断哪些区域会首先受到影响，可能波及的区域，以便将受影响区域人员及时撤出。救援时，可以通过专业的风险评估模型和方法，评估存在的风险，制定针对性的安全防范措施。

（二）探察爆炸现场。一是探察现场遇险人员。对整个爆炸发生区域进行仔细搜索和排查，包括可能波及的各个角落和空间。不仅要寻找明显可见的受伤或被困人员，还要留意那些可能被掩埋或处于不易察觉位置的人员。二是探察有毒有害气体情况。检测气体的种类、浓度以及分布范围。采取相应的通风措施，降低有毒有害气体浓度，改善救援环境。三是探察巷道与硐室坍塌情况。巷道与硐室在爆炸冲击下可能会出现不同程度的坍塌，需要仔细检查坍塌的具体状况，包括坍塌的范围、严重程度、是否有继续坍塌的风险等。判断哪些区域相对安全可通行，哪些需要区域支护加固等处理，为后续救援和修复工作提供信息参考。

（三）有序开展救援工作。一是抢救遇险人员。人的生命安全永远是第一位的，要迅速行动，运用各种手段和方法去寻找、营救遇险人员，探明被困人员的位置，及时对受伤人员进行紧急救治和转移。二是运出爆破器材。现场存放的未使用或受损的爆破器材可能会引发再次爆炸，要尽快将这些危险物品由专业人员转移出去，运输中要采取安全措施，避免引发新的意外。运出后，要妥善保管或按照规定进行处理。三是控制并扑灭火源。发生爆炸后，可能存在残存火点或引发火灾。能扑灭的火源，用合适的灭火工具和方法，如灭火器、消防水带等，尽快将火焰扑灭。无法扑灭的，采取措施限制火源的扩散，如设置隔离带、关闭相关通道等。

（四）恢复矿井通风系统。炸药爆炸事故发生后，可能导致矿井通风设施破坏、通风系统紊乱、烟雾蔓延，要根据具体情况，修复通风设施，选择影响范围最小、最佳排放路径将有毒有害气体及烟雾排出，恢复矿井正常通风系统。

第一百四十条 矿山救援队参加矸石山自燃或者爆炸事故救援应当遵守下列规定：

（一）查明自燃或者爆炸范围、周围温度和产生气体成分及浓度；

（二）可以采用注入泥浆、飞灰、石灰水、凝胶和泡沫等灭火措施；

（三）直接灭火时，防止水煤气爆炸，避开矸石山垮塌面和开挖暴露面；

（四）清理爆炸产生的高温抛落物时，应急救援人员佩戴手

第六章　救援方法和行动原则

套、防护面罩或者眼镜，穿隔热服，使用工具清理；

（五）设专人观测矸石山状态及变化，发现危险情况立即撤离至安全地点。

解读 本条是关于矿山救援队参加矸石山自燃或者爆炸事故救援应当遵守的规定。

（一）查明矸石山自燃或者爆炸的基本情况。一是可通过现场探察、无人机侦察、对事故痕迹分析等手段确定矸石山自燃或者爆炸大致范围，划定警戒区域。二是检测周围温度和产生气体成分及浓度。掌握周围温度和气体情况，为应急救援人员做好相应防护措施提供依据。此外，通过监测温度和气体的变化，帮助判断事故发展趋势，及时调整应对策略。

（二）可以采用注入泥浆、飞灰、石灰水、凝胶和泡沫等措施灭火。一是泥浆具有较大的比重和较好的覆盖性，将泥浆注入火灾区域，可以有效覆盖燃烧物，隔绝氧气与燃烧物的接触。二是飞灰通常具有一定的隔热和阻燃性能，通过注入飞灰，可以减少热量的传递，降低火焰温度，且飞灰的覆盖也可以减少氧气的供应。三是石灰水可以在一定条件下与某些燃烧产生的物质发生化学反应，从而帮助灭火，蒸发时也能吸收热量，起到一定的冷却效果。四是凝胶具有较好的黏性和附着性，可以迅速在燃烧物表面形成一层黏性的覆盖层阻隔氧气，还可防止燃烧物的飞溅和扩散。五是泡沫可以覆盖在燃烧物表面，形成隔离层，阻止氧气与燃烧物的持续接触，其本身还含有水分，能起到冷却作用。这些灭火措施各有特点，可以根据实际情况灵活选择和运用，以达到最佳的灭火效果。

（三）矸石山用水直接灭火时，可能会产生水煤气（一氧化碳和氢气的混合气体）。水煤气是一种易燃易爆气体，达到一定浓度并遇到火源时，就极易引发爆炸。这不仅会对灭火人员的生命安全构成巨大威胁，还会导致火势进一步扩大和难以控制，造成更严重的后果。矸石山结构本身存在不稳定性，在灭火时，由于震动和开挖暴露面会引发矸石山的垮塌、滑坡。因此，在直接灭火时，应急救援人员要避开矸石山垮塌面和开挖暴露面，选择安全、稳定的位置进行操作。例如，2005年5月15日，某煤矿矸石山突发自燃崩塌，造成附近民房受损和人员被埋。灾害发生后立即组织抢险救援。16日凌晨，再次骤降暴雨。1时6分，矸石山突然再次发生爆炸，大量热气浪夹带高温粉尘喷向救援现场，尽管已发出紧急撤退信号，仍有95名救援人员在撤退过程中不同程度被灼伤。此次事故共造成8人遇难、123人受伤。

（四）应急救援人员在清理爆炸产生的高温抛落物时，要采取必要的个人防护措施，包括佩戴手套、防护面罩或者眼镜，穿隔热服。主要防止高温抛落物碎屑、颗粒等飞溅物弹出，造成人员烫伤、灼伤，保护应急救援人员身体安全。规定使用工具清理而非徒手操作，一方面可以提高清理的效率，另一方面能够避免救援人员的身体直接接触高温危险物品，降低受伤的风险。

（五）设专人观测矸石山状态及变化，观测内容包括矸石山结构稳定性、有无裂缝、倾斜程度、表面松动情况等状况及变化。当观测人员察觉到任何可能导致危险的情况时，如矸石山出现明显的不稳定迹象、即将发生垮塌等，要立即发出警报并组织人员迅速撤离到安全地点。

第九节 露天矿坍塌、排土场滑坡和尾矿库溃坝事故救援

第一百四十一条 矿山救援队参加露天矿边坡坍塌或者排土场滑坡事故救援应当遵守下列规定：

（一）坍塌体（滑体）趋于稳定后，应急救援人员及抢险救援设备从坍塌体（滑体）两侧安全区域实施救援；

（二）采用生命探测仪等器材和观察、听声、呼喊、敲击等方法搜寻被困人员，判断被埋压人员位置；

（三）可以采用人工与机械相结合的方式挖掘搜救被困人员，接近被埋压人员时采用人工挖掘，在施救过程中防止造成二次伤害；

（四）分析事故影响范围，设置警戒区域，安排专人对搜救地点、坍塌体（滑体）和边坡情况进行监测，发现险情迅速组织应急救援人员撤离。

积极采用手机定位、车辆探测、3D建模等技术分析被困人员位置，利用无人机、边坡雷达、位移形变监测等设备加强监测预警。

解读 本条是关于矿山救援队参加露天矿边坡坍塌或者排土场滑坡事故救援应当遵守的规定。

（一）露天矿边坡坍塌或者排土场滑坡事故发生后，应急救援人员应对坍塌体（滑体）进行监测，趋于稳定后，应急救援人员及抢险救援设备从两侧安全区域进入实施救援。一是从安全角度考虑。两侧区域相对稳定安全，能降低救援人员和设备受坍塌体再次

坍塌造成危害的风险。二是从操作可行性角度考虑，两侧区域更便于救援设备部署和运作，方便快速、有效开展救援工作。

（二）应急救援人员可采用生命探测仪等器材搜寻被困人员，判断被埋压人员位置。还可通过观察坍塌现场物体位移、变形和生命活动痕迹来初步判断被困人员区域。通过呼喊、敲击等方法寻求与被困人员取得联系。还可以采用手机定位、车辆探测、3D建模等技术分析被困人员位置。综合运用多种方法相互补充、印证，准确判断被埋压人员位置。

（三）事故救援时要充分发挥人工和机械各自的优势。一是机械可以高效地处理大量的废墟堆积物，快速打开救援通道，提高救援进度。二是人工则可以在一些复杂情况和细节处理上发挥作用，比如在机械不便操作或可能造成破坏的区域进行细致的清理。接近被埋压人员时应采用人工挖掘等，避免因机械的莽撞而给被困人员带来意外伤害。

（四）为了全面了解事故可能波及的区域，应详细分析事故的影响范围，包括可能存在危险的空间范围、遭受破坏或威胁的对象等，危险区域设置警戒，防止无关人员进入造成意外伤害。安排专人对搜救地点、坍塌体（滑体）和边坡情况进行监测，发现险情迅速组织应急救援人员撤离。

（五）采用先进技术加强监测预警。在救援过程中，积极采用手机定位、车辆探测、3D建模等技术分析被困人员位置，利用无人机、边坡雷达、位移形变监测等设备加强监测预警。例如，2023年2月22日，某露天煤矿发生特别重大坍塌事故，造成53人死亡、6人受伤。救援过程中，采用边坡雷达、微芯桩、地震监测站、裂缝计和卫星导航定位设备（GNSS）、三维建模先进科技手段，对滑塌体及周围边坡等重大风险点进行持续监测预警，有效防范了次生灾害事故风险。

第六章　救援方法和行动原则

第一百四十二条　矿山救援队参加尾矿库溃坝事故救援应当遵守下列规定：

（一）疏散周边和下游可能受到威胁的人员，设置警戒区域；

（二）用抛填块石、砂袋和打木桩等方法堵塞决堤口，加固尾矿库堤坝，进行水砂分流，实时监测坝体，保障应急救援人员安全；

（三）挖掘搜救过程中避免被困人员受到二次伤害；

（四）尾矿泥沙仍处于流动状态，对下游村庄、企业、交通干线、饮用水源地及其他环境敏感保护目标等形成威胁时，采取拦截、疏导等措施，避免事故扩大。

解读　本条是关于矿山救援队参加尾矿库溃坝事故救援应当遵守的规定。

（一）疏散周边和下游可能受到威胁的人员，最大程度保护人员生命安全，避免他们在潜在危险发生时遭遇伤害。设置警戒区域，明确界定危险区域和安全区域，起到隔离和警示作用，有助于控制人员活动范围，防止无关人员进入危险地带而遭遇意外，保证救援行动的有序性和高效性，能够在一定程度上减少潜在风险的扩散和二次危害的发生。

（二）加固尾矿库堤坝意味着采取措施增强堤坝的结构强度和稳定性，以更好地抵御水流冲击和压力，防止进一步的破坏和垮塌。一是利用较大的石块抛入决堤口，利用其重量和体积来阻挡水流，减少水流的涌出量，起到初步封堵的作用。二是用装满沙子的袋子填补一些缝隙，加强封堵效果，快速有效地阻挡水流。三是决堤口附近的地面打木桩，增强堤岸的结构稳定性，帮助固定块石和砂袋等封堵材料。四是通过设置引流设施或利用地形等方式，将水流和其中携带的泥沙分开引导，减少水流对堤坝的直接冲击，降低泥沙对堤坝的淤积和破坏。五是利用专业的监测设备和技术，持续观察和检测坝体状态，包括坝体的变形、位移、压力等各项参数，以便及时发现可能出现的问题，如裂缝的产生、局部塌陷等，从而及时采取应对措施，避免坝体在救援过程中突然出现更大的危险。

（三）在挖掘救援作业时，救援人员需要格外谨慎和细致，避免被困人员受到二次伤害。因为被困人员可能处于非常脆弱的状态，身体可能被掩埋在复杂的环境中，任何不恰当的挖掘动作都可能导致原本已经受伤的被困人员受到新的创伤，比如造成骨折移位、加重内部损伤、引发伤口进一步恶化等。挖掘前要尽可能准确地判断被困人员的位置和身体姿态，以便规划合理的挖掘路径。挖掘接近被困人员时，避免使用过于强力的工具，防止引起土石的剧烈震动对被困人员造成冲击。

（四）尾矿泥沙处于流动状态时，具有很强的破坏力和流动性，可能会随着水流等不断扩散和蔓延，将会对下游的村庄、企业、交通干线等造成巨大冲击，可能导致房屋、设备、道路损毁，人员伤亡，污染饮用水源。应积极采取拦截、疏导等措施，避免事故扩大，比如设置堤坝、挡墙、合理规划渠道、引导泥沙流向特定区域等。例如，2020年3月28日，某矿尾矿库发生泄漏，造成部分河段、农田及林地污染。处置过程中，制定环境应急处置方案和保障松花江水质安全预案，采取封堵泄漏点、筑坝拦截、絮凝沉降等措施，全力实施污染控制、削峰清洁两大工程，实现了"不让超标污水进入松花江"的应急目标，事件得到了妥善处置。

第七章 现 场 急 救

第一百四十三条 矿山救援队应急救援人员应当掌握人工呼吸、心肺复苏、止血、包扎、骨折固定和伤员搬运等现场急救技能。

解读 本条是关于矿山救援队应急救援人员应掌握现场急救技能的规定。

（一）《生产安全事故应急条例》第十一条规定，应急救援队伍的应急救援人员应当具备必要的专业知识、技能、身体素质和心理素质。矿山救援队作为处置矿山生产安全事故的专业应急救援队伍，应当熟练掌握现场急救知识和技能。现场急救是指因意外、事故灾害或急症，在未获得医疗救助之前，为防止病情恶化而对遇险人员采取的一系列急救措施，主要目的是维持、抢救伤员的生命，改善伤情，减轻伤员痛苦，尽可能防止并发症和后遗症。矿山救援队应急救援人员应该能够对矿山企业建设和生产过程中发生火灾、冒顶、爆炸、透水、中毒和窒息等事故造成的人员伤害第一时间进行现场急救，最大限度挽救生命、减轻伤员伤残。

（二）现场急救主要包括以下六项技能。一是人工呼吸，通过口对口吹气或使用机械装置使空气有节律地进入伤员肺内，然后利用胸廓和肺组织的弹性回缩力使进入肺内的气体呼出，如此周而复始以代替自主呼吸，适用于窒息、中毒、呼吸肌麻痹、溺水及触电等伤员的急救。二是心肺复苏，是针对呼吸、心跳停止的人员所采取的抢救措施，即做心脏按压或用其他方法形成暂时的人工循环，来恢复心脏自主脉搏和血液循环，用人工呼吸代替自主呼吸，达到恢复苏醒和挽救生命的目的。三是止血，是在伤员流血时，快速让血停止向体外流出的处置方法。外伤出血是最需要紧急救援的危重症之一，止血也是外伤急救技术之首。正常情况下，小血管受损后引起的出血在几分钟内就会自行停止，这种现象称为生理性止血。对于中等血管、大血管损伤出血，应对出血伤员利用指压止血法、加压包扎止血法、止血带止血法等把伤口及血管压住达到止血的目的。四是包扎，是利用三角巾、绷带、敷料等无菌材料对伤员伤口覆盖，并起到防止细菌侵入人体伤口和减轻伤员疼痛的一种方法，可起到保护创面、固定敷料、防止感染和止血、止痛作用，有利于伤口愈合。五是骨折固定，是防止骨折断端的移动，减轻伤员痛苦而采取的措施，同时能有效地防止因骨折断端的移动而损伤血管、神经等组织造成的严重并发症，是对骨折采取的一种急救方法。六是伤员搬运，在现场对伤员进行急救处置后，徒手搬运或用平托方法、滚动方法放置在担架及其他简易搬运工具等将伤员送往医院。

第一百四十四条 矿山救援队现场急救的原则是使用徒手和无创技术迅速抢救伤员，并尽快将伤员移交给专业医护人员。

解读 本条是关于矿山救援队现场急救原则的规定。

矿山事故灾害现场情况复杂，现场急救条件有限，矿山救援队无法完成医院急诊科的系统性救治，应根据伤员伤情和配备的急救器材，使用徒手和无创技术进行抢救。

（一）徒手是指不借助任何器械或工具辅助进行急救，如针对心跳、呼吸骤停的伤员，使用徒手心肺复苏术进行急救。

（二）无创技术是指无须对人体造成创伤即可实现救治的一种技术。由于事故灾害现场环境恶劣，容易发生伤口感染，不具备创伤手术条件，在救治过程中应采用无创技术，如对骨折伤员进行固定并搬运，尽量减轻伤员痛苦，防止伤情加重和其他并发症的发生。外伤大出血伤员必须先立即进行止血处理，可减少失血性休克发生。

（三）矿山救援队首先要创造条件迅速正确、力所能及地紧急救治伤员，并同时做好伤员的转运准备，由于救援现场环境条件和急救能力限制，为更加及时、有效地救治伤员，应尽快将伤员移交给专业医护人员进行救治。

第一百四十五条 矿山救援队应当配备必要的现场急救和训练器材（见附录10、附录11）。

解读 本条是关于矿山救援队配备现场急救和训练器材的规定。

《生产安全事故应急条例》第十一条规定，应急救援队伍应当配备必要的应急救援装备和物资，并定期组织训练。矿山救援队应按照本规程附录10、附录11的标准配齐现场急救和训练器材，加强应急救援人员日常训练和培训，熟练掌握现场急救方法和器材的使用方法。一要注意现场急救器材和训练器材的区分。如模拟人是训练器材，其他器材既是急救器材又是训练器材，训练完毕后要及时恢复救援准备状态。二要注意重复性使用器材与一次性器材的区分。如背夹板、颈托、聚酯夹板等是可重复使用的急救器材；三角巾、绷带、医用手套等是一次性急救器材，训练后不能再用于现场急救，应及时补充。三要注意急救器材的有效期和无菌性。如三角巾、药棉、相关药剂等都标注了有效期，要定期检查，及时更新补充；夹舌器、开口器、剪子等急救器材，训练使用后要及时进行消毒处理，做好无菌防护。

第一百四十六条 矿山救援队进行现场急救时应当遵守下列规定：

（一）检查现场及周围环境，确保伤员和应急救援人员安全，非必要不轻易移动伤员；

（二）接触伤员前，采取个体防护措施；

（三）研判伤员基本生命体征，了解伤员受伤原因，按照头、颈、胸、腹、骨盆、上肢、下肢、足部和背部（脊柱）顺序检查伤情；

（四）根据伤情采取相应的急救措施，脊椎受伤的采取轴向保护，颈椎损伤的采用颈托制动；

（五）根据伤员的不同伤势，采用相应的搬运方法。

【解读】 本条是关于矿山救援队进行现场急救时应当遵守的规定。

（一）现场环境检查。矿山救援队到达事故灾害现场进行现场急救前，应"先排险、后急救"。首先检查现场及周围环境是否处于安全状态，并设专人监护现场环境变化情况，确保伤员和应急救援人员安全，在伤员伤情不明的情况下不要轻易移动伤员，防止造成二次伤害。若现场出现危及伤员和应急救援人员安全的紧急情况时，可采取安全有效措施将伤员迅速搬运至安全地点进行急救。

第七章　现场急救

（二）做好个体防护。应急救援人员在接触伤员以前，必须首先做好个人防护措施（戴防护眼镜、医用橡胶手套，准备CPR隔离膜等防护用具，必要时还需穿戴隔离防护服）。急救时，对伤员的血液、体液及污染的物品应特别注意，防止发生交叉感染，危及应急救援人员的身体健康。

（三）判定生命体征和进行伤情检查。应急救援人员应根据现场救援条件，快速研究判定伤员基本生命体征指标。生命体征就是用来判断伤员的伤情轻重和危急程度的指征，主要包括呼吸、体温、脉搏、血压，医学上称为生命四大体征。应快速对伤员的伤情危重程度作出基本辨别，并针对危及伤员生命的致命因素及时采取有效的急救措施。通过询问伤员及目击者、观察现场环境和伤员状态，了解伤员的受伤原因，为现场急救提供准确信息。快速正确的伤情检查是伤员得到有效救治的保障，应按照头、颈、胸、腹、骨盆、上肢、下肢、足部和背部（脊柱）顺序对伤员进行全面的伤情检查，检查过程中尽量不要移动伤员身体，尤其对不能确定伤势的伤员，注意听取伤员或目击者的主诉及与创伤有关的细节，重点查看与主诉相符的症状、体征及局部表现。

（四）伤情分类与处置顺序。应急救援人员在对伤员进行伤情检查时，应同时对伤情进行分类，根据各类伤情采取相应的急救措施，按照伤情的救治紧急程度，应首先处理烧烫伤，然后处理创伤，最后处理肌肉骨骼损伤。在遇到有可能脊椎、颈椎受伤的伤员时，必须第一时间进行骨折固定保护，脊椎受伤的采取轴向制动保护，颈椎损伤的采用颈托制动，防止操作不当造成损伤加剧，从而导致瘫痪和二次伤害。

（五）采用正确搬运方法。规范、科学的搬运术对伤员的抢救、治疗和预后都是至关重要的，从整个急救过程看，搬运是现场急救不可分割的重要组成部分，仅仅将搬运视作简单体力劳动的观念是一种错误的观念。搬运伤员的方法主要有徒手搬运和器械搬运两种方法。矿山救援队搬运伤员时,应当根据伤势的不同,采取适当的方法和工具。一旦搬运不当,轻者会加重伤员的痛苦,重者会导致伤员身体发生不可逆转的损伤,甚至危及生命安全。如搬运脊椎损伤的伤员,应使用平托法将伤员放置到硬板担架上固定搬运(图3),或使用背夹板固定后使用担架搬运;搬运休克伤员,应采取平卧位,不用枕头,或脚高头低位。在搬运伤员时,应采用头后脚前法(图4),便于搬运人员与伤员交流,可随时观察伤员面部表情及伤情变化,及时采取应对措施。

图3 脊柱骨折伤员的搬运

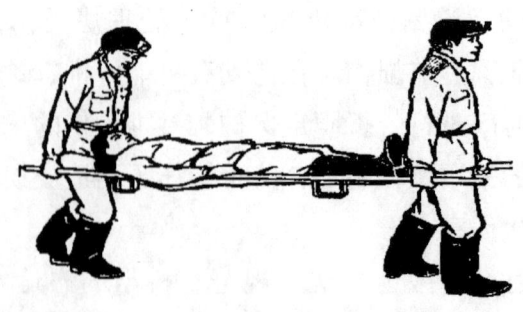

图4 伤员搬运方向

第七章 现场急救

第一百四十七条 抢救有毒有害气体中毒伤员应当采取下列措施：

（一）所有人员佩用防护装置，将中毒人员立即运送至通风良好的安全地点进行抢救；

（二）对中度、重度中毒人员，采取供氧和保暖措施，对严重窒息人员，在供氧的同时进行人工呼吸；

（三）对因喉头水肿导致呼吸道阻塞的窒息人员，采取措施保持呼吸道畅通；

（四）中毒人员呼吸或者心跳停止的，立即进行人工呼吸和心肺复苏，人工呼吸过程中，使用口式呼吸面罩。

解读 本条是关于抢救有毒有害气体中毒伤员措施的规定。

（一）矿山事故发生后，易造成现场作业人员气体中毒窒息等伤害。有毒有害气体中毒为吸入性中毒，主要包括刺激性气体中毒和窒息性气体中毒。刺激性气体中毒对机体作用的共同特点是对眼和呼吸道黏膜有刺激作用，并可致全身中毒。常见的刺激性气体有二氧化硫、氧化氮、氨气等。窒息性气体是指造成组织缺氧的有害气体，矿山行业常见的窒息性气体可分为单纯窒息性气体（甲烷、氮气、二氧化碳）和化学性窒息性气体（一氧化碳、硫化氢）两大类。化学性窒息性气体吸收后与血红蛋白或细胞色素氧化酶结合，影响氧在组织细胞内的传递、代谢，导致细胞缺氧，称为"内窒息"。

（二）矿山救援队发现中毒伤员时，首先应迅速给其佩用氧气呼吸器或自救器等防护装置，迅速检测有毒有害气体的种类和浓度，判断中毒原因，并迅速运送出灾区，放到通风良好的安全地点进行抢救。

（三）针对中、重度中毒的人员应采取供氧措施和保暖措施，对于严重窒息者应在给予吸氧的同时进行人工呼吸。一是供氧可以维持伤员呼吸和循环功能，帮助稳定生命体征。通过供氧还可以提高血氧分压和血氧浓度，促进细胞代谢，加速毒物的排泄，从而缓解症状。二是采取保暖措施，可维持中毒人员正常体温和循环功能，加快血液流速，增加氧气供给，防止体温降低影响人体各脏器系统功能，例如导致心律失常，包括房颤、室颤、心动过缓等。

（四）对由于刺激性气体中毒造成喉头水肿而导致呼吸道阻塞的窒息伤员，要立即采取开放气道、加压给氧等措施保持呼吸道畅通，必要时进行人工呼吸。

（五）对呼吸或心跳停止的中毒人员，应立即进行人工呼吸和心肺复苏抢救。人工呼吸过程中，应使用口式呼吸面罩，防止伤员与急救人员产生交叉感染。

（六）为更加及时、有效地抢救有毒有害气体中毒伤员，救援人员还应掌握矿山常见缺氧及主要有毒有害气体中毒的症状。一是缺氧症状。这是各种窒息性气体中毒的共有表现。轻度缺氧表现为注意力不集中、乏力、耳鸣、眼花、头晕、头痛等。较重的缺氧可导致急性颅内压升高，患者出现剧烈的头痛、呕吐、烦躁、嗜睡，重症患者出现呼吸不规则、昏迷、抽搐，甚至呼吸心脏骤停。二是一氧化碳中毒。第一特征是皮肤呈樱桃红色，第二特征是全身高度乏力，有时虽然伤员很清醒，却难以行走。三是硫化氢中毒。硫化氢属于细胞窒息性毒气，还会刺激呼吸道。其中毒表现有三个临床特点：呼吸心跳立即停止，即"闪电型"死亡；皮肤呈蓝色，即硫化氢在血液中形成硫化变性血红蛋白；中毒者的呼出气中带有强烈的臭鸡蛋味。四是刺激性气体中毒。其主要导致化学性呼吸道炎，表现为流涕、喷嚏、呛咳、咳痰、声音嘶哑等，严重者可发生喉头水肿而窒息。化学性呼吸道炎后可发展为化学性肺炎、化学性

第七章 现场急救

肺水肿。眼角膜受刺激会出现畏光、流泪、眼痛、视物模糊等。

> **第一百四十八条** 抢救溺水伤员应当采取下列措施：
> （一）清除溺水伤员口鼻内异物，确保呼吸道通畅；
> （二）抢救效果欠佳的，立即改为俯卧式或者口对口人工呼吸；
> （三）心跳停止的，按照通气优先策略，采用A－B－C（开通气道、人工呼吸、胸外按压）方式进行心肺复苏；
> （四）伤员呼吸恢复后，可以在四肢进行向心按摩，神志清醒后，可以服用温开水。

解读 本条是关于抢救溺水伤员措施的规定。

溺水是指人淹没或沉浸在水等液体介质中，由于液体充塞呼吸道及肺泡或反射性引起喉痉挛发生窒息和缺氧，严重者会导致死亡。在抢救溺水伤员时，应尽快将伤员从水中救出，立即进行通气和供氧，恢复呼吸循环。

（一）检查溺水人员口鼻中有无煤尘、泥砂等异物，迅速清除口鼻内异物，并打开气道，确保呼吸道畅通。将救起的伤员俯卧于救护者屈曲的膝上，救援人员一腿跪下，一腿向前屈膝，使溺水者头向下倒悬，以利于迅速排出肺内和胃内的水，同时用手按压背部做人工呼吸。对于气道深部异物阻塞的溺水人员，救援人员可以使用腹部冲击法快速排出阻塞物，具体方法：先使溺水人员成仰卧位，然后骑跨在其大腿上，一手掌根置于溺水人员肚脐上方两横指位置，双手掌重叠，用力向前、下方突然施压，反复进行3～5次，直到异物被排出。

（二）如抢救效果欠佳，溺水伤员出现呼吸停止情况时，不应为其实施各种方法的控水措施，应立即改为俯卧式或口对口人工呼

第二部分 条文解读

吸增加氧供给，帮助溺水伤员恢复自主呼吸，至少要连续做20分钟不间断，然后再解开衣服检查心音。抢救工作不要间断，直至出现自主呼吸才可停止。

（三）在抢救溺水伤员过程中，要密切关注其心跳情况，一旦出现心跳停止的状况，要立即进行心肺复苏。心肺复苏要按照通气优先策略，采用ABC（A是Airway，即气道，是指心肺复苏中开放气道的步骤；B是Breathing，即呼吸，通过人工呼吸的方式对伤员进行人工的通气支持；C是Circulation，即循环，是通过胸外按压的方式进行人工循环的支持）的顺序，即开放气道→人工呼吸→胸外按压，因为绝大多数的心脏骤停，都是心跳先停，而后呼吸停止，所以要先做胸外心脏按压，而溺水、哮喘等原因导致的心脏骤停为窒息性心脏骤停，是呼吸先停，然后心跳才停。心脏停跳是被呼吸停止连累的，所以，复苏的关键就在恢复呼吸上，应采用通气优先策略。

（四）伤员呼吸恢复后，可以向心脏方向按摩四肢，以促进血液循环，并采取保温措施，待神志清醒后，可以服用温开水帮助伤员恢复体能。

待伤员呼吸、意识恢复稳定后，检查是否存在其他伤情，采取有效救治措施后，及时将其转运移交给医务人员进行综合救治。

第一百四十九条 抢救触电伤员应当采取下列措施：
（一）首先立即切断电源；
（二）使伤员迅速脱离电源，并将伤员运送至通风和安全的地点，解开衣扣和裤带，检查有无呼吸和心跳，呼吸或者心跳停止的，立即进行心肺复苏；
（三）根据伤情对伤员进行包扎、止血、固定和保温。

第七章 现场急救

解读 本条是关于抢救触电伤员措施的规定。

触电是指人体直接接触电源，导致身体受到损伤的危险行为。人触电后，电流通过人体的内部器官，能使肌肉产生突然收缩效应，导致心脏、呼吸和中枢神经系统紊乱，使触电者无法摆脱电源，而且还会造成机械性损伤。流过人体的电流还会产生热效应和化学效应，引起一系列急骤、严重的病理改变。热效应可使肌体组织烧伤，电流对心跳、呼吸的影响更大，几十毫安的电流通过呼吸中枢即可使呼吸停止，直接流过心脏的电流只需几十微安就可使心脏形成心室纤维性颤动而死亡。

（一）抢救触电伤员应首先通过关闭电源开关、拔掉电源插头等方法立即切断电源，减少电流在伤员身体的作用时间，降低触电危害，同时，保障救援人员在施救过程中不发生触电危险。

（二）将伤员迅速脱离电源，转运至通风良好的安全地点实施急救。如果伤员神志清醒，呼吸、心跳还存在，为防止发生心衰或休克症状，不要让触电伤员站立或走动，应当让其就地平卧。如果伤员无意识，要立即进行抗休克处置，解开其衣扣和裤带，减少身体循环阻力，并检查呼吸、心跳情况，若呼吸或心跳停止的，应立即进行人工呼吸和心肺复苏急救。

（三）伤员基本生命体征得到维持和稳定后，要对伤员伤情进行全面检查，根据受伤情况依次对烧伤、创伤、骨折等伤情进行相应的现场急救处置，并及时对伤员采取保温措施。

据调查：触电后1分钟内被抢救，存活率为90%；1～4分钟内被抢救，存活率为60%；超过5分钟，存活率则在10%以下。因此，抢救触电伤员时，一定要在最短的时间内采取急救措施，从而提高触电者的存活率。对触电伤员的伤情进行有效救治后，为全面深入地对伤员进行综合救治，应迅速移交给医务人员。

第二部分 条文解读

> **第一百五十条** 抢救烧伤伤员应当采取下列措施：
>
> （一）立即用清洁冷水反复冲洗伤面，条件具备的，用冷水浸泡5至10分钟；
>
> （二）脱衣困难的，立即将衣领、袖口或者裤腿剪开，反复用冷水浇泼，冷却后再脱衣，并用医用消毒大单、无菌敷料包裹伤员，覆盖伤面。

解读 本条文是关于抢救烧伤伤员措施的规定。

烧伤是指由热力、电流、化学物品、辐射等引起的组织损伤，轻者损伤皮肤，出现肿胀、水泡、疼痛，重者皮肤烧焦，甚至血管、神经、肌腱等同时受损，呼吸道也可被烧伤。

（一）烧伤深度分级。一是Ⅰ度烧伤。伤及表皮层，创面红色斑块状，烧灼样疼痛，又称为红斑性烧伤。二是Ⅱ度烧伤。浅Ⅱ度烧伤伤及真皮及部分生发层，水泡壁薄，基底红润，痛觉敏感，又称为水泡性烧伤。深Ⅱ度烧伤伤及真皮深层，水泡壁厚，基底白或红白相间，痛觉不敏感。三是Ⅲ度烧伤。伤及皮肤全层及皮下、肌肉、骨骼，创面厚如皮革，毛发脱落，无感觉，又称焦痂性烧伤。

（二）烧伤面积估算方法。一是手掌法。伤员五指并拢，手掌面积相当于其体表面积的1%，适用小面积烧伤计算。二是九分法。将全身体表面积划分为11个9%，适用于成人大面积烧伤。头颈9%×1：发际、面、颈各3%。上肢9%×2：双上臂7%、双前臂6%、双手5%。躯干9%×3：躯干前面13%、躯干后面13%、会阴1%。下肢9%×5+1%：双臀5%、双大腿21%、双小腿13%、双足7%。

（三）烧伤程度分级。一是轻度烧伤，Ⅱ度烧伤面积＜10%。二是中度烧伤，10%≤Ⅱ度烧面积≤29%，或Ⅲ度烧伤面积≤9%。

三是重度烧伤，30%≤Ⅱ度烧伤面积≤49%，或10%≤Ⅲ度烧伤面积≤19%，或烧伤面积＜30%，但有休克、复合伤、中毒或呼吸道吸入性损伤等并发症。四是特重度烧伤，Ⅱ度烧伤面积≥50%，Ⅲ度烧伤面积≥20%，已有严重并发症。

（四）抢救烧伤伤员的五字原则为冲、脱、泡、盖、送。冲是指冲淋降温；脱是指脱去浸满热液的衣物；泡是指冷疗；盖是指覆盖创面；送是指转送医院。一是抢救烧伤伤员时，应立即使伤员远离热源，立即用清洁的冷水反复冲洗伤面。条件具备的，可用冷水浸泡伤面5~10分钟，一般适用于中小面积烧伤，特别是四肢烧伤，若烧伤面积大，则不必浸泡过久，以免体温下降过低。冲洗、浸泡要选用清洁的水源，防止对烧伤创面造成感染。二是应将伤员受伤部位的衣服脱掉，暴露伤面，便于进行包扎覆盖，当脱衣困难时，立即将衣领、袖口或者裤腿剪开，反复用冷水浇泼，冷却后再脱衣。如果伤口上有粘连的衣物，切记不要强行脱离，避免造成新的伤害。三是保护伤面，用医用消毒大单、无菌敷料等包裹伤员，覆盖伤面，尽量不要弄破水泡，防止继续感染和损伤。手足烧伤包裹时应将指（趾）分开，以防粘连，烧伤创口不应涂任何药物，只需用敷料覆盖包扎即可。四是在抢救烧伤伤员时，要特别注意烧伤引起的剧痛和皮肤渗出等因素可导致休克，晚期出现感染、脓毒症等并发症而危及生命。因此，应立即消除致伤因素，解除窒息，纠正休克，保护创面，防治并发症，迅速转送至医院进行救治。

第一百五十一条 抢救休克伤员应当采取下列措施：

（一）松解伤员衣服，使伤员平卧或者下肢抬高约30度，保持伤员体温；

（二）清除伤员呼吸道内的异物，确保呼吸道畅通；

（三）迅速判断休克原因，采取相应措施；

（四）针对休克不同的病理生理反应及主要病症积极进行抢救，出血性休克尽快止血，对于四肢大出血，首先采用止血带；

（五）经初步评估和处理后尽快转送。

解读 本条是关于抢救休克伤员措施的规定。

休克是由于各种致病因素作用引起的有效循环血容量急剧减少，造成组织器官和组织微循环灌注不足，导致组织缺氧、细胞代谢紊乱和器官功能受损的综合征，其主要临床特征为血压降低，皮肤冰冷、苍白，脉搏快而弱，严重者会丧失意识，甚至死亡。休克现场急救的原则是稳定生命体征，保持重要器官的微循环灌注，加强监测，积极查找休克原因，尽早对症救治。

（一）救援人员应将休克的伤员迅速转运至安全、通风的地方，解开衣服，使呼吸和血液循环更加顺畅，让伤员平卧或下肢抬高30度左右，以增加血流的回心量，保证大脑供血充足。如果伤员出现呼吸困难等情况，可根据实际情况先将伤员的头部和躯干稍微抬高，保障呼吸顺畅。在伤员头部、胸部有外伤出血严重时，应抬高伤员头、肩部，有心力衰竭或肺水肿伤员应采取半卧位或端坐位。一般休克伤员由于循环减弱导致体温较低，非常怕冷，因此要给伤员做好保温措施，有利于增强伤员身体循环功能。

（二）检查并清除伤员呼吸道内的异物，确保呼吸道畅通，具备条件时可对伤员进行供氧。可让伤员的头部保持后仰姿势并偏向一侧，以防止伤员呕吐时，呕吐物进入气道导致窒息。

（三）休克通常分为心源性休克、低血量性休克、感染性休克、过敏性休克、神经源性休克等5类，应急救援人员应对休克伤员进行全面检查，并根据事故灾害现场状况和目击者描述，迅速判断导致休克的原因，并采取相应措施进行救治。

（四）休克伴随症状。休克伴明显内外出血，见于低血容量休克；休克伴胸痛，见于心源性休克；休克伴皮疹、皮肤瘙痒及呼吸系统症状者，见于过敏性休克；休克伴严重感染者，见于感染性休克；休克伴严重创伤、剧痛及神经损伤者，见于神经源性休克。应急救援人员应针对休克不同的生理反应及主要症状，创造条件积极进行抢救，尽量制止原发伤病的继续恶化。针对出血性休克要尽快止血，对于四肢大出血的伤员，必要时采用止血带止血法，迅速止血。

（五）休克伤员经过初步评估，危及生命因素得到有效控制后，应将伤员尽快交由专业医护人员转送至医院进行综合救治。

第一百五十二条　抢救爆震伤员应当采取下列措施：
（一）立即清除口腔和鼻腔内的异物，保持呼吸道通畅；
（二）因开放性损伤导致出血的，立即加压包扎或者压迫止血；处理烧伤创面时，禁止涂抹一切药物，使用医用消毒大单、无菌敷料包裹，不弄破水泡，防止污染；
（三）对伤员骨折进行固定，防止伤情扩大。

解读 本条是关于抢救爆震伤员措施的规定。

爆震伤也称为冲击伤，是由冲击波击中人体时释放出的能量造成的各种损伤。爆震伤的临床表现包括胸痛、胸闷或憋气感、腹痛、恶心呕吐、压痛、反跳痛和腹肌紧张等。肺爆震伤的临床表现因伤情轻重不同而有所差异，轻者仅有短暂的胸痛、胸闷或憋气感，稍重者伤后 1~3 天内出现咳嗽、咯血或血丝痰，少数有呼吸困难。严重者可出现明显的呼吸困难、发绀、血性泡沫痰等，常伴休克。治疗爆震伤的关键在于维护呼吸和循环功能，包括保持呼吸

第二部分 条文解读

道通畅、给氧、抗休克。

（一）救援人员将爆震伤员安置于通风、安全的地点，迅速检查并清除伤员口腔和鼻腔内的异物，确保呼吸道畅通，具备条件时可对伤员进行供氧。

（二）爆震伤员因冲击造成身体开放性损伤导致出血时，应立即进行止血。当损伤出血为毛细血管或静脉出血时，可采用加压包扎法止血；当损伤出血为动脉大出血时，应采用压迫止血或止血带止血。处理烧伤创面时，要保护好伤面，禁止涂抹任何药物，用医用消毒大单、无菌敷料等包裹伤员，覆盖伤面，尽量不要弄破水泡，防止继续污染和损伤。手足烧伤包裹时应将指（趾）分开，以防粘连，只需用敷料覆盖包扎即可。

（三）对于发生骨折的伤员要根据受伤部位进行临时固定，减少伤部活动，减轻疼痛，防止再损伤导致伤情扩大。

（四）在抢救爆震伤员时要注意，爆震伤与一般创伤相似，但又有其特殊性，其特点是外轻内重（体表损伤轻而内脏损伤重），发展迅速（中度以上的冲击伤病情发展快），常发生多部位或多脏器伤，冲击波可引起腹腔实质性脏器（如肝脾）破裂，腹腔脏器出血，严重者可造成肠管（主要是小肠下段和结肠）穿孔与膀胱破裂。因此，有时表面看似伤情不重伤员，可能存在着严重的内部损伤，所以爆震伤员无论表面伤情如何，都应尽快转运至医院进行全面的检查救治。

第一百五十三条 抢救昏迷伤员应当采取下列措施：
（一）使伤员平卧或者两头均抬高约 30 度；
（二）解松衣扣，清除呼吸道内的异物；
（三）可以采用刺、按人中等穴位，促其苏醒。

> **解读** 本条是关于抢救昏迷伤员措施的规定。

（一）昏迷是意识障碍的严重阶段，表现为意识持续的中断或完全丧失，无任何思维活动，并对刺激无意识反应，不能被唤醒，随意运动消失，反射活动异常。如果遇到伤员，对其呼喊没有反应，推动也不醒，其意识已经丧失，但呼吸、心跳依然存在，就可以判定伤员进入了昏迷状态。昏迷的初期呈嗜睡状态，进而转入昏睡状态，进一步加重即进入浅昏迷，逐步过渡为深昏迷，此时血压、脉搏、呼吸等生命体征不稳定，伤员处于"濒死状态"。针对昏迷伤员应立即评估其生命体征及危及程度，并予以有效处置。

（二）应急救援人员应立即将昏迷伤员转运至安全、通风的地点，使其平卧或两头抬高30度，以增加血流的回心量，改善脑部血流量。在抢救时，解松昏迷伤员的衣扣，使呼吸和血液循环更加顺畅，清除呼吸道内的异物，保持气道畅通。可针刺或指掐昏迷伤员的人中、内关、合谷、十宣等穴位，加强体外刺激，以促其苏醒。人中穴位于鼻下嘴唇上水沟中，内关穴位于手腕内侧腕关节上约三指，合谷穴位于大拇指与食指两骨中间，十宣穴位于手指肚尖。

（三）在抢救过程中，要做好伤员保温措施，并注意观察伤员的呼吸和心跳，若出现呼吸或心跳停止的症状，应立即采取人工呼吸或心肺复苏急救，待伤员苏醒后应迅速转运至医院进行综合救治。

第一百五十四条 应急救援人员对伤员采取必要的抢救措施后，应当尽快交由专业医护人员将伤员转送至医院进行综合治疗。

第二部分 条文解读

解读 本条是关于伤员转送的规定。

（一）现场急救作为院前急救的重要组成部分，应坚持先"救"后"送"的原则，应急救援人员应针对伤员的伤情按照"先救命、后救治"的顺序，利用掌握的急救技能和器材，迅速、高效地抢救伤员，这是使其得到成功救治的开始和基础。

（二）在对伤员采取必要的抢救措施后，应迅速进行转运，转运过程中要密切关注伤员的伤情变化，避免伤情进一步恶化，尽快将伤员交由专业医护人员转送至医院进行综合治疗，实现院前急救与院内急救的高效衔接，为伤员的进一步救治和健康恢复奠定基础。

第八章 预防性安全检查和安全技术工作

第一节 预防性安全检查

第一百五十五条 矿山救援队应当按照主动预防的工作要求,结合服务矿山企业安全生产工作实际,有计划地开展预防性安全检查,了解服务矿山企业基本情况,熟悉矿山救援环境条件,进行救援业务技能训练,开展事故隐患排查技术服务。矿山企业应当配合矿山救援队开展预防性安全检查工作,提供相关技术资料和图纸,及时处理检查发现的事故隐患。

解读 本条是关于矿山救援队开展预防性安全检查的规定。

(一)预防性安全检查的目的。预防性安全检查工作,是指矿山救援队为熟悉救援环境,提高应对和处置能力,开展的熟悉矿井巷道路线及安全隐患排查工作。一是助力企业安全生产。一些安全隐患具有隐蔽性、长期性、反复性等特点,需要通过持续不断地检查去发现和处理问题,开展预防性安全检查,是矿山救援队协助依托企业(含协议服务企业)排查安全隐患的安全技术服务行为(非执法检查)。通过开展两个方式六种类型的预防性安全检查,积极协助企业排查一般性隐患问题，并反馈企业及时处理，为矿山企业安全生产又增加了一道安全屏障。二是提高队伍综合应急救援能力。矿山救援队通过开展专业性、针对性安全检查，可以熟悉井下巷道分布、采掘工作面布置等救援环境，提高突发情况下的应变能力并缩短救援时效。同时，队伍深入井下熟悉环境，开展好实景授课、案例教学、实战演练等业务自查项目，检验应急救援预案的针对性、科学性和实用性，让队员在实战环境下锤炼摔打，进一步提高广大救援队员的综合应急救援能力。

（二）预防性安全检查工作流程。一是根据服务矿山企业编制的年度矿井灾害预防与处理计划，制定救援队预防性安全检查方案，开展预防性安全检查工作。二是队伍出动前应事先通知服务的矿山企业，矿山企业应安排人员参加预防性安全检查工作。三是到达服务的矿山企业后，组织小队了解矿井主要作业区域的生产、通风、紧急避险等系统运行情况。下井前应统一着战斗服，佩戴氧气呼吸器。四是下井组织开展检查，首先熟悉井下巷道分布、采掘工作面布置等情况，发现问题应及时反馈给现场负责人，不得随意处置。其间，要将预防性检查工作与自身业务训练、演习训练结合起来，如检查过程中可佩用氧气呼吸器，也可以协助矿井开展构筑通风设施、铺设管网等工作。五是检查结束后，组织队员绘制主要巷道及采区示意图，标注行走路线；检查发现的问题要填写预防性安全检查记录表，查出的事故隐患要填写预防性安全检查反馈单，并及时反馈服务的矿山企业。

（三）矿山企业有关要求。一是应向救援队提供矿井图纸等必要的资料和便利条件。二是安排相关人员协助救援队进行预防性安全检查。三是对预防性安全检查发现的问题和隐患，应及时进行处理。

（四）矿山救援队有关要求。一是合理安排检查时间、地点，

第八章 预防性安全检查和安全技术工作

做到月有计划、年有总结。二是做好预防性安全检查准备工作，推动工作有序落实。三是严格落实预防性安全检查工作，每个救援中队每月至少进行1次预防性安全检查（国家矿山应急救援队每个救援小队每月至少进行1次预防性安全检查），积极排查服务矿山企业的安全隐患。四是预防性安全检查要发挥自身的专业特长开展，立足于矿井的薄弱环节。例如，开展采空区密闭的气体取样检查，回风路线是否畅通检查等。五是建立预防性安全检查反馈机制，积极与服务的矿山企业做好预防性安全检查后的沟通工作。

第一百五十六条 矿山救援队进行矿井预防性安全检查工作，应当主要了解、检查下列内容：

（一）矿井巷道、采掘工作面、采空区、火区的分布和管理情况；

（二）矿井采掘、通风、排水、运输、供电和压风、供水、通信、监控、人员定位、紧急避险等系统的基本情况；

（三）矿井巷道支护、风量和有害气体情况；

（四）矿井硐室分布情况和防火设施；

（五）矿井火灾、水害、瓦斯、煤尘、顶板等方面灾害情况和存在的事故隐患；

（六）矿井应急救援预案、灾害预防和处理计划的编制和执行情况；

（七）地面、井下消防器材仓库地点及材料、设备的储备情况。

解读 本条是关于预防性安全检查主要内容的规定。

矿山救援队开展预防性安全检查，是兼具安全隐患排查和熟悉

第二部分　条 文 解 读

救援环境的一项业务工作,属于非执法性检查。具体按照《矿山救护队预防性安全检查工作指南》(应救矿山〔2021〕18号)执行。开展预防性安全检查,分为熟悉路线型预防性安全检查、专项预防性安全检查两种方式。

(一)熟悉路线型安全检查。主要检查内容有:熟悉井下采掘工作面、巷道、硐室、采空区、火区的分布和路线;地面、井下消防器材仓库地点及材料是否充足,设备是否完好;井下紧急避险硐室、矿井通信设施是否完好;矿井通风设施设备是否完好,密闭墙有无裂痕,墙内外气体浓度、密闭内温度等是否符合要求;供水管道及阀门的分布情况、供水管路直径、支管长度是否符合标准,管路是否有水,采掘工作面排水泵运转是否正常;采掘工作面风量、瓦斯浓度、掘进工作面供风距离、风筒距迎头距离是否符合要求;防尘设施是否完好;巷道支护是否完好;矿井内重点部位的氧气浓度及有毒有害气体浓度是否符合要求;避灾路线、安全出口牌板是否齐全,标志是否清楚等。

(二)专项安全检查。针对矿井火灾、水害、瓦斯、煤尘、顶板等方面灾害情况,结合矿井应急救援预案、灾害预防和处理计划的编制和执行情况,矿山救援队开展火灾隐患专项安全检查、水害隐患专项安全检查、瓦斯隐患检查、煤尘隐患检查、顶板隐患检查等方面专项检查。矿山救援队根据服务矿山企业的实际情况,可增加其他类型的专项检查内容。

第一百五十七条　矿山救援队在预防性安全检查工作中,发现事故隐患应当通知矿山企业现场负责人予以处理;发现危及人身安全的紧急情况,应当立即通知现场作业人员撤离。

【解读】 本条是关于预防性安全检查中发现事故隐患处理和紧

急情况撤人的规定。

矿山救援队在预防性安全检查工作中，发现问题隐患时，应及时反馈现场负责人，通知其予以处理；当发现的安全隐患危及人身安全，且现场采取措施不能排除隐患时，应当立即通知现场作业人员停止工作，撤离至安全地点。例如，2022年4月，某矿山救援队在某矿掘进工作面开展预防性安全检查时，发现冒顶高度超过0.5米不接实的空顶作业现象，存在冒顶隐患，立即通知现场作业人员停止工作，撤出人员；通知矿方采取加强支护消除隐患后继续掘进，有效避免了冒顶事故的发生。

第一百五十八条 预防性安全检查结束后，矿山救援队应当填写预防性安全检查记录，及时向矿山企业反馈检查情况和发现的事故隐患。

解读 本条是预防性安全检查结束后反馈检查结果的规定。

检查结束后，矿山救援队应当组织队员绘制主要巷道及采区示意图、标注行走路线；检查发现的问题要填写预防性安全检查记录表，查出的事故隐患要填写预防性安全检查反馈单，并及时反馈服务的矿山企业。相关表格按《矿山救护队预防性安全检查工作指南》执行。

第二节　安全技术工作

第一百五十九条 矿山救援队参加排放瓦斯、启封火区、反风演习、井巷揭煤等存在安全风险、需要佩用氧气呼吸器进行的

第二部分 条文解读

> 非事故性技术操作和安全监护作业，属于安全技术工作。
>
> 开展安全技术工作，应当由矿山企业和矿山救援队研究制定工作方案和安全技术措施，并在统一指挥下实施。矿山救援队参加危险性较大的排放瓦斯、启封火区等安全技术工作，应当设立待机小队。

【解读】 本条关于安全技术工作内容和工作要求的规定。

（一）工作内容。矿山救援队参加排放瓦斯、启封火区、反风演习、井巷揭煤，属于安全技术工作；参加矿山企业其他存在安全风险、需要佩用氧气呼吸器进行的非事故性技术操作和安全监护作业，也属于安全技术工作。本条突出了存在安全风险和需要佩用氧气呼吸器的工作，明确了矿山救援队从事安全技术工作的范围。

（二）工作要求。一是矿山企业需要矿山救援队参加安全技术工作时，制定工作方案和安全技术措施应当请矿山救援队参与，共同研究制定方案。二是矿山企业和矿山救援队开展安全技术工作要实行统一指挥，必要时设立现场指挥机构。三是矿山救援队参加危险性较大的排放瓦斯、启封火区等安全技术工作，应当设立待机小队。近年来，矿山救护队在开展安全技术工作过程中自身伤亡事故时有发生，如：2017年10月26日，山西某矿山救援队在排放5201巷瓦斯过程中，进入巷道检查，造成3名救援队员缺氧窒息死亡；2019年10月22日，陕西某矿山救援队在启封41211-1高抽巷，进入探察时，造成4名救援队员死亡；2020年10月27日，安徽某矿山救援队在排放巷道瓦斯，进入检查过程中，造成2名救援队员死亡。发生事故的原因虽然有所不同，但一个共性问题是，发生事故后，缺乏后备救援力量，仅依靠本小队人员进行施救，心理紧张、体能消耗大，现场混乱，造成事故进一步扩大。因此，在

第八章　预防性安全检查和安全技术工作

开展有危险的安全技术工作时，要当作事故对待，设立待机小队，提供人力保障，更重要的是提供安全保障。

第一百六十条　矿山救援队参加安全技术工作，应当组织应急救援人员学习和熟悉工作方案和安全技术措施，并根据工作任务制定行动计划和安全措施。

解读　本条是关于矿山救援队熟悉安全技术工作方案和安全技术措施并制定具体计划、措施的规定。

安全技术工作的处置手段与实战救援有较多相同之处，同样具有安全风险。矿山救援队对安全技术工作要高度重视，保持科学严谨的工作方法、态度、作风。在开展安全技术工作前，矿山救援队要根据企业的工作方案，并根据矿山救援队的工作任务，制定自己的行动计划和安全措施。在执行安全技术工作前，应当由技术人员组织参加安全技术工作应急救援人员学习、熟悉工作方案、行动计划和安全技术措施，明确队伍所担负的工作任务、处置措施和需要携带的仪器装备。

第一百六十一条　矿山救援队应当逐项检查安全技术工作实施前的各项准备工作，符合工作方案和安全技术措施规定后方可实施。

解读　本条是关于矿山救援队检查安全技术工作准备工作的规定。

矿山救援队在安全技术工作实施前，应对照工作方案和安全技术措施逐项检查各项准备工作是否到位、符合要求。同时，要做好自身准备工作，检查个人防护装备、携带的装备仪器装备是否齐全、完好，参加处置人员对应完成的任务和安全措施是否理解、掌握，人员数量、状态是否满足要求等。

> **第一百六十二条** 矿山救援队参加煤矿排放瓦斯工作应当遵守下列规定：
>
> （一）排放前，撤出回风侧巷道人员，切断回风侧巷道电源并派专人看守，检查并严密封闭回风侧区域火区；
>
> （二）排放时，进入排放巷道的人员佩用氧气呼吸器，派专人检查瓦斯、二氧化碳、一氧化碳等气体浓度及温度，采取控制风流排放方法，排出的瓦斯与全风压风流混合处的甲烷和二氧化碳浓度均不得超过1.5%；
>
> （三）排放结束后，与煤矿通风、安监机构一起进行现场检查，待通风正常后，方可撤出工作地点。

【解读】 本条是关于矿山救援队参加排放瓦斯工作的规定。

排放瓦斯是一项技术性强、危险性大、经常性的安全技术工作，必须严格按照排放要求操作，保障作业安全。

（一）回风侧停电撤人。本条要求，排放瓦斯前，撤出回风侧巷道人员，切断回风侧巷道电源并派专人看守，检查并严密封闭回风侧区域火区。本条所指的回风侧巷道，是指排放瓦斯混合风流流经的所有巷道，这些巷道都必须停电撤人，都需要检查并严密封闭巷道区域火区，确保安全。

（二）根据实际选择排放瓦斯方式。一是全风压排放瓦斯。此方法主要用于回采工作面和有进回风道的地点，操作时必须先启封回风侧密闭，后启封进风侧密闭。二是局部通风机排放瓦斯。主要用于独头巷道等地点排放瓦斯，一般是利用局部通风机接风筒由外向里逐段排放。无论采用上述哪种排放方式，都必须采用控制风流排放瓦斯方法。

（三）控制风流排放瓦斯。排放时，进入排放巷道的人员佩用氧气呼吸器，派专人检查瓦斯、二氧化碳、一氧化碳等气体浓度及温度；要做好风量调配，采取控制风流排放方法，排出的瓦斯与全风压风流混合处的甲烷和二氧化碳浓度均不得超过1.5%，否则就是"一风吹"，存在很大安全风险，由此造成的事故教训惨痛。例如，2017年10月26日，某煤矿在5号煤层5201掘进巷道启封密闭，排放瓦斯过程时，未按规定和措施执行，进入灾区的6名人员分3段执行任务，采取"一风吹"排放瓦斯，并未按规定检测气体浓度，导致事故发生，3名矿山救援队应急救援人员遇难。

（四）局部通风机排放瓦斯限量排放方法。一是风筒增阻排放法，即在局部通风机排风侧的风筒上捆上绳索，通过收紧或放松绳索来控制局部通风机的排风量。二是风机外增阻排放法，即在启动局部通风机前用木板将局部通风机进风处挡住一部分，根据需要逐渐拉开木板来控制局部通风机的风量。三是错开风筒接头调风排放法，即把风筒接头断开，改变风筒接头对合空隙的大小，调节送入巷道的风量。四是"卸压三通"调风排放法，即在局部通风机排风侧的第一节风筒上设置"卸压三通"，用绳索（或滑阀）控制"三通"卸压口的大小，以调节送入巷道的风量。

（五）排放结束后，矿山救援队应与现场通风、安监机构一起进行全面现场检查，待通风正常后，方可撤出工作地点，结束排放工作。

第二部分 条文解读

第一百六十三条 矿山救援队参加金属非金属矿山排放有毒有害气体工作，恢复巷道通风，可以参照矿山救援队参加煤矿排放瓦斯工作的相关规定执行。

解读 本条是关于矿山救援队参加金属非金属矿山排放有毒有害气体工作的规定。

矿山救援队参加金属非金属矿山排放有毒有害气体工作，恢复巷道通风的相关程序可以参照矿山救援队参加煤矿排放瓦斯工作的相关规定执行，但要注意以下两点：一是设专人检查有毒有害气体浓度时，不应局限于瓦斯、二氧化碳、一氧化碳，还应包括金属非金属矿山可能存在的有毒有害气体；二是排放有毒有害气体浓度，应符合《金属非金属矿山安全规程》（GB 16423—2020）有毒有害气体浓度限制要求。

第一百六十四条 封闭火区符合启封条件后方可启封。矿山救援队参加启封火区工作应当遵守下列规定：

（一）启封前，检查火区的温度、各种气体浓度和巷道支护等情况，切断回风流电源，撤出回风侧人员，在通往回风道交叉口处设栅栏和警示标志，并做好重新封闭的准备工作；

（二）启封时，采取锁风措施，逐段恢复通风，检查各种气体浓度和温度变化情况，发现复燃征兆，立即重新封闭火区；

（三）启封后3日内，每班由矿山救援队检查通风状况，测定水温、空气温度和空气成分，并取气样进行分析，确认火区完全熄灭后，方可结束启封工作。

解读 本条是关于矿山救援队参加启封火区工作应当遵守的

规定。

（一）封闭火区应满足《煤矿安全规程》规定的启封条件方可启封。一是火区内的空气温度下降到30摄氏度以下，或与火灾发生前该区的日常空气温度相同。二是火区内空气中的氧气浓度降到5.0%以下。三是火区内空气中不含有乙烯、乙炔，一氧化碳浓度在封闭期间内逐渐下降，并稳定在0.001%以下。四是火区的出水温度低于25摄氏度，或与火灾发生前该区的日常出水温度相同。五是上述4项指标持续稳定的时间在1个月以上。不符合启封条件盲目启封，容易导致事故发生。例如，2014年7月5日，某煤矿在一号井+708采煤工作面密闭火区未熄灭情况下，盲目决定缩小封闭范围。在违规打开原密闭、施工缩封密闭过程中，发生瓦斯爆炸，造成17人遇难、3人重伤。

（二）启封前，矿山救援队应检查火区的温度、各种气体浓度及密闭前巷道支护等情况，明确停电、撤人范围，在通往回风道交叉口处设栅栏和警示标志，做好重新封闭的准备工作。

（三）启封火区时，采取锁风措施，逐段恢复通风。一是为了启封时火区不因受矿井全风压通风的影响而发生复燃。尽管逐段恢复通风时也存在火区复燃的危险，但易于做到有效控制和重新封闭；二是有的火区范围较大，难以确认火区范围内的火源是否已经完全熄灭，或火区内可能积存大量可燃性气体，因此，采用锁风启封。启封时，应急救援人员必须佩用氧气呼吸器，检查各种气体和温度，有复燃征兆时，必须立即重新封闭火区。检查火区工作要全面、认真，发现问题迅速撤离，防止发生次生事故。例如，2019年3月15日，某煤矿15203综采工作面上隅角发生瓦斯燃烧事故，死亡3人，重伤1人。该矿对工作面进行了封闭，并采取了地面打钻孔向采空区注氮气的措施治理火区。根据检测火区内气体和温度的变化（温度降至27摄氏度以下，一氧化碳浓度0 ppm）和尚有3

第二部分 条文解读

名矿工未找到的实际情况,于6月2日拆除密闭墙,利用局部通风机排放巷道瓦斯,1小时40分后测量巷道瓦斯浓度为0.7%。6月3日,在进行搜救过程中,15203回风顺槽发生瓦斯爆炸,造成2人遇难、9人受伤。原因之一就是对启封火区的复杂性认识不足,只检测巷道而未检测冒落区上部和冒落区以里的瓦斯浓度,搜救方案不细致,防止复燃措施不到位,急于探察搜救,违规启封火区,造成事故发生。

(四)火区启封3日内,每班必须由矿山救援队检查通风状况、测定水温、空气温度和空气成分,并取气样进行分析,只有确认火区的完全熄灭后,方可结束启封工作。

第一百六十五条 矿山救援队参加反风演习工作应当遵守下列规定:

(一)反风前,应急救援人员佩带氧气呼吸器、携带必要的技术装备在井下指定地点值班,同时测定矿井风量和瓦斯等有毒有害气体浓度;

(二)反风10分钟后,经测定风量达到正常风量的40%,瓦斯浓度不超过规定时,及时报告现场指挥机构;

(三)恢复正常通风后,将测定的风量和瓦斯等有毒有害气体浓度报告现场指挥机构,待通风正常后方可离开工作地点。

解读 本条是关于矿山救援队参加反风演习工作应当遵守的规定。

《煤矿安全规程》规定,生产矿井主要通风机必须装有反风设置,并能在10分钟内改变巷道中的风流方向;当风流方向改变后,主要通风机供给风量不应小于正常风量的40%。每年应当进行1

第八章 预防性安全检查和安全技术工作

次反风演习；矿井通风系统有较大变化时，应当进行1次反风演习。矿山救援队参加矿井的反风演习，反风前应佩带氧气呼吸器和携带必要的技术装备在井下指定地点值班，同时测定矿井风量和检查瓦斯等有毒有害气体浓度。反风10分钟后，矿山救援队应配合矿井测风人员测定风量，检查瓦斯等有毒有害气体浓度。经测定风量达到正常风量的40%，瓦斯浓度不超过规定时，及时报告现场指挥机构。恢复正常通风后，将测定的风量和瓦斯等有毒有害气体浓度报告现场指挥机构，待通风正常后方可离开工作地点。

> **第一百六十六条** 矿山救援队参加井巷揭煤安全监护工作应当遵守下列规定：
> （一）揭煤前，应急救援人员佩带氧气呼吸器、携带必要的技术装备在井下指定地点值班，配合现场作业人员检查揭煤作业相关安全设施、避灾路线及停电、撤人、警戒等安全措施落实情况；
> （二）在爆破结束至少30分钟后，应急救援人员佩用氧气呼吸器、携带必要仪器设备进入工作面，检查爆破、揭煤、巷道、通风系统和气体参数等情况，发现煤尘骤起、有害气体浓度增大、有响声等异常情况，立即退出，关闭反向风门；
> （三）揭煤工作完成后，与煤矿通风、安监机构一起进行现场检查，待通风正常后，方可撤出工作地点。

解读 本条是关于矿山救援队参加井巷揭煤安全监护工作应当遵守的规定。

（一）《煤矿安全规程》有关规定。井巷揭煤前，应当探明煤层厚度、地质构造、瓦斯地质、水文地质及顶底板等地质条件，编制揭煤地质说明书。井巷揭煤工作面的防突措施包括预抽煤层瓦斯、排放钻孔、金属骨架、煤体固化、水力冲孔或者其他经试验证明有效的措施。井巷揭煤采用远距离爆破时，必须明确起爆地点、避灾路线、警戒范围，制定停电撤人等措施。

（二）矿山救援队的准备工作。揭煤前，应急救援人员应按照现场指挥机构的要求，佩带氧气呼吸器，携带必要的技术装备在井下指定地点值班。配合现场作业人员检查揭煤作业相关安全设施、避灾路线及停电、撤人、警戒等安全措施落实情况。

（三）矿山救援队探察与处置。在爆破结束至少30分钟后，应急救援人员佩用氧气呼吸器、携带必要仪器设备进入工作面，检查爆破、揭煤、巷道、通风系统和气体参数等情况，重点检查瓦斯、二氧化碳气体浓度以及巷道情况。发现突出预兆或者煤尘骤起、有害气体浓度增大、有响声等异常情况，立即关闭反向风门，退出到安全地点。

（四）揭煤后的安全要求。揭煤工作完成后，矿山救援队与煤矿通风、安监机构一起进行现场检查，待通风正常后，方可撤出工作地点。

第一百六十七条 矿山救援队参加安全技术工作，应当做好自身安全防护和矿山救援准备，一旦出现危及作业人员安全的险情或者发生意外事故，立即组织作业人员撤离，抢救遇险人员，并按有关规定及时报告。

解读 本条是关于矿山救援队参加安全技术工作自我防护和抢救人员的规定。

（一）做好自身安全防护。矿山救援队开展安全技术工作均有一定安全风险,甚至有些安全风险还存在不可控性。因此,矿山救援队在参加安全技术工作时一定要做好自身安全防护,正确佩戴使用个人防护装备,携带好相关技术装备,并确保携带的装备保持完好状态,能够随时使用。

(二)保障作业人员安全。矿山救援队在实施安全技术工作过程中,要设专人随时检查气体、观察周围环境变化情况,当出现危及作业人员安全的险情或者发生意外事故时,矿山救援队应立即组织受威胁区域作业人员撤至安全地点,抢救遇险人员,并按有关规定及时报告。

第二部分 条文解读

第九章 经费和职业保障

> **第一百六十八条** 矿山救援队建立单位应当保障队伍建设及运行经费。矿山企业应当将矿山救援队建设及运行经费列入企业年度经费，可以按规定在安全生产费用等资金中列支。
>
> 专职矿山救援队按照有关规定与矿山企业签订应急救援协议收取的费用，可以作为队伍运行、开展日常服务工作和装备维护等的补充经费。

解读 本条是关于矿山救援队经费保障的规定。

（一）建立矿山救援队是矿山安全生产工作的重要内容，是矿山企业的重要职责。《安全生产法》第四条规定，生产经营单位必须遵守本法和其他有关安全生产的法律、法规，加强安全生产管理，加大对安全生产资金、物资、技术、人员的投入保障力度，改善安全生产条件，提高安全生产水平，确保安全生产。《煤矿安全生产条例》第三十八条规定，煤矿企业应当及时足额安排安全生产费用等资金，确保符合安全生产要求。煤矿企业的决策机构、主要负责人对由于安全生产所必需的资金投入不足导致的后果承担责任。《企业安全生产费用提取和使用管理办法》（财资〔2022〕136号）第五条规定，企业安全生产费用具体支出范围包括企业应急救援队伍建设。《国家矿山安全监察局关于加强矿山应急救援工作的通知》（矿安〔2024〕8号）要求，矿山企业应当按照有关规定建立矿山应急救援队伍，加强队伍标准化建设，保障资金投入，配备救援装备。根据上述法律法规和文件要求，结合安全生产工作实际，建立矿山救援队的单位应当对队伍建设运行经费予以保障，保持和增强队伍的救援能力。

（二）按照《生产安全事故应急条例》《煤矿安全生产条例》和本规程的规定，专职矿山救援队可以与矿山企业签订应急救援协议，提供应急救援服务。在实际工作中，专职矿山救援队提供应急救援服务收取服务费标准，可以按照所在地有关部门制定的指导性文件执行，没有规定的，可在所在地有关部门指导下，由矿山救援队与服务矿山企业协商确定救援服务费金额。专职矿山救援队按照有关规定与矿山企业签订应急救援协议收取的费用，可以作为队伍运行、开展日常服务工作和装备维护等的补充经费。

第一百六十九条 矿山救援队应急救援人员承担井下一线矿山救援任务和安全技术工作，从事高危险性作业，应当享受下列职业保障：

（一）矿井采掘一线作业人员的岗位工资、井下津贴、班中餐补贴和夜班津贴等，应急救援人员的救援岗位津贴；国家另有规定的，按照有关规定执行；

（二）佩用氧气呼吸器工作的特殊津贴；在高温、浓烟等恶劣环境中佩用氧气呼吸器工作的，特殊津贴增加一倍；

（三）工作着装按照有关规定统一配发，劳动保护用品按照井下一线职工标准发放；

（四）所在单位除执行社会保险制度外，还为矿山救援队应急救援人员购买人身意外伤害保险；

（五）矿山救援队每年至少组织应急救援人员进行 1 次身体

检查，对不适合继续从事矿山救援工作的人员及时调整工作岗位；

（六）应急救援人员因超龄或者因病、因伤退出矿山救援队的，所在单位给予安排适当工作或者妥善安置。

解读 本条是关于矿山救援队应急救援人员职业保障的规定。

矿山救援队应急救援人员承担井下一线矿山救援任务和安全技术工作，从事高危险性作业，而且作业环境复杂，工作条件艰苦，劳动强度较大，具有高风险、高负荷、高压力的特点，应当加强职业保障。

（一）岗位工资和津贴补贴。矿山救援队应急救援人员应当享受矿山井下一线作业人员的同等工资和津贴待遇。按照矿井采掘一线作业人员的岗位工资标准执行。应当按照劳动和社会保障部、国家发展改革委、财政部联合下发的《关于调整煤矿井下艰苦岗位津贴有关工作的通知》（劳社部发〔2006〕24号）规定的煤矿井下艰苦岗位津贴的种类及标准，按照井下采掘工的标准享受井下津贴、班中餐补贴、夜班津贴。矿山救援队所在地有关部门调整提高井下艰苦岗位津贴的，应急救援人员应当按照提高的标准和井下采掘工档次享受艰苦岗位津贴。

（二）救援岗位津贴。为加强矿山救援工作，保证矿山救护队员的正常工作和身体健康，煤炭工业部自1956年起规定向矿山救护队员发放每人每月15元的"矿山救护队员伙食补助费"；1997年煤炭工业部将其改称为"矿山救护队员营养津贴"，标准调整为每人每月60元；2007年出台的强制性行业标准将其称为"岗位津贴"；本规程统一改称为"救援岗位津贴"。但自1998年煤炭工业部撤销后,国家没有出台新的津贴标准,有的地区和矿山企业根据经济发展及队伍承担职责等情况,自行作了相应调整提高。例如,2009年某省印发《矿山救援队伍劳动保障工作暂行规定》,将本省矿山救援队救援岗位津贴调整为300元/月;还有的矿山企业将矿山救援队的救援岗位津贴标准提高至600元/月。鉴于矿山救援队特殊的职业特点,鼓励有条件的地区和矿山企业结合当前经济发展和工资物价水平,调整提高矿山救援队应急救援人员的救援岗位津贴标准。

(三)佩用氧气呼吸器工作的特殊津贴。矿山救援队应急救援人员佩用氧气呼吸器进入灾区工作或者训练,每人负重达25公斤,呼吸阻力增大,呼吸温度增高,佩戴面罩视线受阻,导致应急救援人员工作强度非常大。因此,多年来国家有关部门对于矿山救援队应急救援人员佩用氧气呼吸器工作,给予特殊津贴进行补助(有的队伍俗称佩机费)。1995年,煤炭工业部颁发《煤矿救护规程》规定,救护队指战员在温度30摄氏度以下时佩用氧气呼吸器每小时4元,30摄氏度以上时每小时6元;2007年,国家安全生产监督管理总局修订《煤矿救护规程》并更名为《矿山救护规程》,规定救护队指战员凡佩用氧气呼吸器工作,应享受特殊津贴,在高温或浓烟恶劣环境佩用氧气呼吸器工作津贴提高一倍;本规程规定,佩用氧气呼吸器工作的特殊津贴,在高温、浓烟等恶劣环境中佩用氧气呼吸器工作的,特殊津贴增加一倍。由于受到部门权责所限,未能明确具体的津贴标准。目前,多数矿山救援队仍执行1995年的标准,有的地区及矿山救援队结合实际上调至每小时40元至60元。鉴于目前矿山救援队佩用氧气呼吸器工作的特殊津贴普遍偏低,根据矿山救援队的职业特点,鼓励有条件的地区及矿山企业应当结合当前经济发展和工资物价水平给予适当调整提高。

(四)工作着装和劳保用品。为保护矿山救援队应急救援人员安全健康，应当按照本规程第二十二条及附录5的要求和《矿山救援防护服装》（AQ/T 1105—2014）标准，为矿山救援队应急救援人员配备适用矿山事故抢险救援作业时穿戴的矿山救援防护服装，包括矿用安全帽、矿山救援防护服和矿工安全靴。国家矿山应急救援队伍还应当按照《国家安全生产专业应急救援队作战训练防护服和标志标识规范（2022年版）》要求进行配备和着装，使用专用标志标识。同时，矿山企业应按照井下一线职工标准，给予应急救援人员发放劳动保护用品。

（五）执行社会保险制度和购买人身意外伤害保险。一是执行社会保险制度。《中华人民共和国劳动法》第七十二条规定，用人单位和劳动者必须依法参加社会保险，缴纳社会保险费。应急救援人员和所在单位应当依法执行社会保险制度，应急救援人员依法享受社会保险待遇。二是购买人身意外伤害保险。《突发事件应对法》第四十条规定，地方各级人民政府、县级以上人民政府有关部门、有关单位应当为其组建的应急救援队伍购买人身意外伤害保险，配备必要的防护装备和器材，防范和减少应急救援人员的人身伤害风险。建立矿山救援队的单位应当依法为应急救援人员购买人身意外伤害保险，这不仅是对应急救援人员的一种保障，增强其工作积极性、专注性和信心，减少因担心意外伤害带来的心理压力，同时也是对社会的一种责任体现，可以确保应急救援人员在遭受意外伤害时得到及时救治和补偿，从而保障社会的正常运转和稳定。

（六）身体检查和调整岗位。应急救援人员身体体检，对于保护应急救援人员的身体健康、适应矿山救援工作的特殊需求至关重要。矿山企业、有关单位及矿山救援队，应当安排应急救援人员每年应到医院进行身体检查1次，对不适合继续从事矿山救援工作的人员及时调整工作岗位。体检项目包括心血管系统、呼吸系统、血液系统、泌尿系统、五官科检查以及其他项目等。

第九章　经费和职业保障

（七）退出人员妥善安置。应急救援人员退出安置是一项重要的工作，是应急救援人员的重要职业保障，旨在确保这些为矿山安全作出贡献的人员，在退出后得到妥善的安置，生活得到可靠的保障。应急救援人员因超龄或者因病、因伤退出矿山救援队的，所在单位给予安排适当工作或者妥善安置，为退出应急救援人员提供便利和支持，有关单位不得以任何理由拒绝接收安置退出应急救援人员，可适当放宽接收安置应急救援人员的限制，或者采取适当经济补偿等方式，确保应急救援人员在退出后得到妥善安置。

第一百七十条　矿山救援队所在单位应当按照国家有关规定，对参加矿山生产安全事故或者其他灾害事故应急救援伤亡的人员及时给予救治和抚恤；符合烈士评定条件的，应当依法为其申报烈士。

〔解读〕 本条是关于应急救援人员伤亡救治和抚恤的规定。

矿山救援工作环境复杂、条件恶劣、风险性高，应急救援人员奉献很大，牺牲也较大。据不完全统计，1949年至今共发生矿山救援队应急救援人员伤亡案例200余起，牺牲600余人。《突发事件应对法》《生产安全事故应急条例》《烈士褒扬条例》等均对参加事故救援伤亡人员在救治、抚恤及烈士评定等方面作出明确规定。本规程规定，矿山救援队所在单位应当按照国家有关规定，对参加矿山生产安全事故或者其他灾害事故应急救援伤亡的人员及时给予救治和抚恤，符合烈士评定条件的，应当依法为其申报烈士。多年来，矿山救援队应急救援人员因公伤亡的救治、抚恤标准偏低，尤其是遇难人员评定烈士较为困难，多数按"工亡"予以善后，这与矿山救援队应急救援人员的职业特点和无私奉献是不相匹配的。矿山企业、有关单位及矿山救援队应当按照有关法律法规及本规程要求，做好应急救援人员伤亡救治、抚恤和烈士申报评定等相关工作。例如，2023年5月，3名矿山救援队应急救援人员在救援处置某煤矿火灾事故中遇难，被省政府评为"革命烈士"，在全国矿山救援队伍中引起了很大反响。

第十章　附　　　则

第一百七十一条　本规程下列用语的含义：略。

解读　本条是关于本规程有关用语含义的规定。

本条对本规程中出现的"独立中队"等28条用语的含义作了明确界定，便于理解和执行本规程的相关规定。

第一百七十二条　本规程自2024年7月1日起施行。

解读　本条是关于本规程施行日期的规定。

本《规程》于2024年4月28日经中华人民共和国应急管理部令第16号公布，自2024年7月1日起施行。2024年7月1日中华人民共和国应急管理部发布公告（2024年第3号），决定废止《矿山救护规程》（AQ 1008—2007）。

第三部分　附录

附录 I

中华人民共和国应急管理部令

第 16 号

《矿山救援规程》已经2024年4月15日应急管理部第12次部务会议审议通过，现予公布，自2024年7月1日起施行。

部长　王祥喜

2024年4月28日

附录 Ⅱ

矿 山 救 援 规 程

第一章 总则	226
第二章 矿山救援队伍	228
第一节 组织与任务	228
第二节 建设与管理	230
第三章 救援装备与设施	232
第四章 救援培训与训练	234
第五章 矿山救援一般规定	236
第一节 先期处置	236
第二节 闻警出动、到达现场和返回驻地	237
第三节 救援指挥	237
第四节 救援保障	238
第五节 灾区行动基本要求	240
第六节 灾区探察	242
第七节 救援记录和总结报告	244
第六章 救援方法和行动原则	244
第一节 矿井火灾事故救援	244
第二节 瓦斯、矿尘爆炸事故救援	251
第三节 煤与瓦斯突出事故救援	253
第四节 矿井透水事故救援	254
第五节 冒顶片帮、冲击地压事故救援	255
第六节 矿井提升运输事故救援	257
第七节 淤泥、黏土、矿渣、流砂溃决事故救援	259

第三部分 附录

  第八节 炮烟中毒窒息、炸药爆炸和矸石山事故救援……259
  第九节 露天矿坍塌、排土场滑坡和尾矿库溃坝
     事故救援……………………………………………261
第七章 现场急救………………………………………………262
第八章 预防性安全检查和安全技术工作……………………264
 第一节 预防性安全检查……………………………………264
 第二节 安全技术工作………………………………………265
第九章 经费和职业保障…………………………………………268
第十章 附则…………………………………………………269
附录……………………………………………………………………272

第一章 总 则

  第一条 为了快速、安全、有效处置矿山生产安全事故，保护矿山从业人员和应急救援人员的生命安全，根据《中华人民共和国安全生产法》《中华人民共和国矿山安全法》和《生产安全事故应急条例》《煤矿安全生产条例》等有关法律、行政法规，制定本规程。

  第二条 在中华人民共和国领域内从事煤矿、金属非金属矿山及尾矿库生产安全事故应急救援工作（以下统称矿山救援工作），适用本规程。

  第三条 矿山救援工作应当以人为本，坚持人民至上、生命至上，贯彻科学施救原则，全力以赴抢救遇险人员，确保应急救援人员安全，防范次生灾害事故，避免或者减少事故对环境造成的危害。

  第四条 矿山企业应当建立健全应急值守、信息报告、应急响应、现场处置、应急投入等规章制度，按照国家有关规定编制应急

救援预案，组织应急救援演练，储备应急救援装备和物资，其主要负责人对本单位的矿山救援工作全面负责。

第五条 矿山救援队（矿山救护队，下同）是处置矿山生产安全事故的专业应急救援队伍。所有矿山都应当有矿山救援队为其服务。

矿山企业应当建立专职矿山救援队；规模较小、不具备建立专职矿山救援队条件的，应当建立兼职矿山救援队，并与邻近的专职矿山救援队签订应急救援协议。专职矿山救援队至服务矿山的行车时间一般不超过30分钟。

县级以上人民政府有关部门根据实际需要建立的矿山救援队按照有关法律法规的规定执行。

第六条 矿山企业应当及时将本单位矿山救援队的建立、变更、撤销和驻地、服务范围、主要装备、人员编制、主要负责人、接警电话等基本情况报送所在地应急管理部门和矿山安全监察机构。

第七条 矿山企业应当与为其服务的矿山救援队建立应急通信联系。煤矿、金属非金属矿山及尾矿库企业应当分别按照《煤矿安全规程》《金属非金属矿山安全规程》《尾矿库安全规程》有关规定向矿山救援队提供必要、真实、准确的图纸资料和应急救援预案。

第八条 发生生产安全事故后，矿山企业应当立即启动应急救援预案，采取措施组织抢救，全力做好矿山救援及相关工作，并按照国家有关规定及时上报事故情况。

第九条 矿山救援队应当坚持"加强准备、严格训练、主动预防、积极抢救"的工作原则；在接到服务矿山企业的救援通知或者有关人民政府及相关部门的救援命令后，应当立即参加事故灾害应急救援。

第二章 矿山救援队伍

第一节 组织与任务

第十条 专职矿山救援队应当符合下列规定:

(一) 根据服务矿山的数量、分布、生产规模、灾害程度等情况和矿山救援工作需要,设立大队或者独立中队;

(二) 大队和独立中队下设办公、战训、装备、后勤等管理机构,配备相应的管理和工作人员;

(三) 大队由不少于2个中队组成,设大队长1人、副大队长不少于2人、总工程师1人、副总工程师不少于1人;

(四) 独立中队和大队所属中队由不少于3个小队组成,设中队长1人、副中队长不少于2人、技术员不少于1人,以及救援车辆驾驶、仪器维修和氧气充填人员;

(五) 小队由不少于9人组成,设正、副小队长各1人,是执行矿山救援工作任务的最小集体。

第十一条 专职矿山救援队应急救援人员应当具备下列条件:

(一) 熟悉矿山救援工作业务,具有相应的矿山专业知识;

(二) 大队指挥员由在中队指挥员岗位工作不少于3年或者从事矿山生产、安全、技术管理工作不少于5年的人员担任,中队指挥员由从事矿山救援工作或者矿山生产、安全、技术管理工作不少于3年的人员担任,小队指挥员由从事矿山救援工作不少于2年的人员担任;

(三) 大队指挥员年龄一般不超过55岁,中队指挥员年龄一般不超过50岁,小队指挥员和队员年龄一般不超过45岁;根据工作需要,允许保留少数(不超过应急救援人员总数的1/3)身体健康、有技术专长、救援经验丰富的超龄人员,超龄年限不大于

5岁；

（四）新招收的队员应当具有高中（中专、中技、中职）以上文化程度，具备相应的身体素质和心理素质，年龄一般不超过30岁。

第十二条 专职矿山救援队的主要任务是：

（一）抢救事故灾害遇险人员；

（二）处置矿山生产安全事故及灾害；

（三）参加排放瓦斯、启封火区、反风演习、井巷揭煤等需要佩用氧气呼吸器作业的安全技术工作；

（四）做好服务矿山企业预防性安全检查，参与消除事故隐患工作；

（五）协助矿山企业做好从业人员自救互救和应急知识的普及教育，参与服务矿山企业应急救援演练；

（六）承担兼职矿山救援队的业务指导工作；

（七）根据需要和有关部门的救援命令，参与其他事故灾害应急救援工作。

第十三条 兼职矿山救援队应当符合下列规定：

（一）根据矿山生产规模、自然条件和灾害情况确定队伍规模，一般不少于2个小队，每个小队不少于9人；

（二）应急救援人员主要由矿山生产一线班组长、业务骨干、工程技术人员和管理人员等兼职担任；

（三）设正、副队长和装备仪器管理人员，确保救援装备处于完好和备用状态；

（四）队伍直属矿长领导，业务上接受矿总工程师（技术负责人）和专职矿山救援队的指导。

第十四条 兼职矿山救援队的主要任务是：

（一）参与矿山生产安全事故初期控制和处置，救助遇险人员；

（二）协助专职矿山救援队参与矿山救援工作；

（三）协助专职矿山救援队参与矿山预防性安全检查和安全技术工作；

（四）参与矿山从业人员自救互救和应急知识宣传教育，参加矿山应急救援演练。

第十五条 矿山救援队应急救援人员应当遵守下列规定：

（一）热爱矿山救援事业，全心全意为矿山安全生产服务；

（二）遵守和执行安全生产和应急救援法律、法规、规章和标准；

（三）加强业务知识学习和救援专业技能训练，适应矿山救援工作需要；

（四）熟练掌握装备仪器操作技能，做好装备仪器的维护保养，保持装备完好；

（五）按照规定参加应急值班，坚守岗位，随时做好救援出动准备；

（六）服从命令，听从指挥，积极主动完成矿山救援等各项工作任务。

第二节　建　设　与　管　理

第十六条 矿山救援队应当加强标准化建设。标准化建设的主要内容包括组织机构及人员、装备与设施、培训与训练、业务工作、救援准备、技术操作、现场急救、综合体质、队列操练、综合管理等。

第十七条 矿山救援队应当按照有关标准和规定使用和管理队徽、队旗，统一规范着装并佩戴标志标识；加强思想政治、职业作风和救援文化建设，强化救援理念、职责和使命教育，遵守礼节礼仪，严肃队容风纪；服从命令、听从指挥，保持高度的组织性、纪律性。

第十八条 专职矿山救援队的日常管理包括下列内容：

（一）建立岗位责任制，明确全员岗位职责；

（二）建立交接班、学习培训、训练演练、救援总结讲评、装备管理、内务管理、档案管理、会议、考勤和评比检查等工作制度；

（三）设置组织机构牌板、队伍部署与服务区域矿山分布图、值班日程表、接警记录牌板和评比检查牌板，值班室配置录音电话、报警装置、时钟、接警和交接班记录簿；

（四）制定年度、季度和月度工作计划，建立工作日志和接警信息、交接班、事故救援、装备设施维护保养、学习与总结讲评、培训与训练、预防性安全检查、安全技术工作等工作记录；

（五）保存人员信息、技术资料、救援报告、工作总结、文件资料、会议材料等档案资料；

（六）针对服务矿山企业的分布、灾害特点及可能发生的生产安全事故类型等情况，制定救援行动预案，并与服务矿山企业的应急救援预案相衔接；

（七）营造功能齐备、利于应急、秩序井然、卫生整洁并具有浓厚应急救援职业文化氛围的驻地环境；

（八）集体宿舍保持整洁，不乱放杂物、无乱贴乱画，室内物品摆放整齐，墙壁悬挂物品一条线，床上卧具叠放整齐一条线，保持窗明壁净；

（九）应急救援人员做到着装规范、配套、整洁，遵守作息时间和考勤制度，举止端正、精神饱满、语言文明，常洗澡、常理发、常换衣服，患病应当早报告、早治疗。

兼职矿山救援队的日常管理可以结合矿山企业实际，参照本条上述内容执行。

第十九条 矿山救援队应当建立 24 小时值班制度。大队、中队至少各由 1 名指挥员在岗带班。应急值班以小队为单位，各小队按计划轮流担任值班小队和待机小队，值班和待机小队的救援装备应当置于矿山救援车上或者便于快速取用的地点，保持应急准备状态。

第二十条 矿山救援队执行矿山救援任务、参加安全技术工作和开展预防性安全检查时，应当穿戴矿山救援防护服装，佩带并按规定佩用氧气呼吸器，携带相关装备、仪器和用品。

第二十一条 任何人不得擅自调动专职矿山救援队、救援装备物资和救援车辆从事与应急救援无关的活动。

第三章 救援装备与设施

第二十二条 矿山救援队应当配备处置矿山生产安全事故的基本装备（见附录 1 至附录 5），并根据救援工作实际需要配备其他必要的救援装备，积极采用新技术、新装备。

第二十三条 矿山救援队值班车辆应当放置值班小队和小队人员的基本装备。

第二十四条 矿山救援队应当根据服务矿山企业实际情况和可能发生的生产安全事故，明确列出处置各类事故需要携带的救援装备；需要携带其他装备赴现场的，由带队指挥员根据事故具体情况确定。

第二十五条 救援装备、器材、防护用品和检测仪器应当符合国家标准或者行业标准，满足矿山救援工作的特殊需要。各种仪器仪表应当按照有关要求定期检定或者校准。

第二十六条 矿山救援队应当定期检查在用和库存救援装备的状况及数量，做到账、物、卡"三相符"，并及时进行报废、更新和备品备件补充。

第二十七条 专职矿山救援队应当建有接警值班室、值班休息室、办公室、会议室、学习室、电教室、装备室、修理室、氧气充填室、气体分析化验室、装备器材库、车库、演习训练场所及设施、体能训练场所及设施、宿舍、浴室、食堂等。

兼职矿山救援队应当设置接警值班室、学习室、装备室、修理室、装备器材库、氧气充填室和训练设施等。

第二十八条 氧气充填室及室内物品和相关操作应当符合下列要求：

（一）氧气充填室的建设符合安全要求，建立严格的管理制度，室内使用防爆设施，保持通风良好，严禁烟火，严禁存放易燃易爆物品；

（二）氧气充填泵由培训合格的充填工按照规程进行操作；

（三）氧气充填泵在20兆帕压力时，不漏油、不漏气、不漏水、无杂音；

（四）氧气瓶实瓶和空瓶分别存放，标明充填日期，挂牌管理，并采取防止倾倒措施；

（五）定期检查氧气瓶，存放氧气瓶时轻拿轻放，距暖气片或者高温点的距离在2米以上；

（六）新购进或者经水压试验后的氧气瓶，充填前进行2次充、放氧气后，方可使用。

第二十九条 矿山救援队使用氧气瓶、氧气和氢氧化钙应当符合下列要求：

（一）氧气符合医用标准；

（二）氢氧化钙每季度化验1次，二氧化碳吸收率不得低于33%，水分在16%至20%之间，粉尘率不大于3%，使用过的氢氧化钙不得重复使用；

（三）氧气呼吸器内的氢氧化钙，超过 3 个月的必须更换，否则不得使用；

（四）使用的氧气瓶应当符合国家规定标准，每 3 年进行除锈（垢）清洗和水压试验，达不到标准的不得使用。

第三十条　气体分析化验室应当能够分析化验矿井空气和灾变气体中的氧气、氮气、二氧化碳、一氧化碳、甲烷、乙烷、丙烷、乙烯、乙炔、氢气、二氧化硫、硫化氢和氮氧化物等成分，保持室内整洁，温度在 15 至 23 摄氏度之间，严禁使用明火。气体分析化验仪器设备不得阳光曝晒，保持备品数量充足。

化验员应当及时对送检气样进行分析化验，填写化验单并签字，经技术负责人审核后提交送样单位，化验单存根保存期限不低于 2 年。

第三十一条　矿山救援队的救援装备、车辆和设施应当由专人管理，定期检查、维护和保养，保持完好和备用状态。救援装备不得露天存放，救援车辆应当专车专用。

第四章　救援培训与训练

第三十二条　矿山企业应当对从业人员进行应急教育和培训，保证从业人员具备必要的应急知识，掌握自救互救、安全避险技能和事故应急措施。

矿山救援队应急救援人员应当接受应急救援知识和技能培训，经培训合格后方可参加矿山救援工作。

第三十三条　矿山救援队应急救援人员的培训时间应当符合下列规定：

（一）大队指挥员及战训等管理机构负责人、中队正职指挥员及技术员的岗位培训不少于 30 天（144 学时），每两年至少复训一次，每次不少于 14 天（60 学时）；

(二）副中队长，独立中队战训等管理机构负责人，正、副小队长的岗位培训不少于45天（180学时），每两年至少复训一次，每次不少于14天（60学时）；

（三）专职矿山救援队队员、战训等管理机构工作人员的岗位培训不少于90天（372学时），编队实习90天，每年至少复训一次，每次不少于14天（60学时）；

（四）兼职矿山救援队应急救援人员的岗位培训不少于45天（180学时），每年至少复训一次，每次不少于14天（60学时）。

第三十四条 矿山救援培训应当包括下列主要内容：

（一）矿山安全生产与应急救援相关法律、法规、规章、标准和有关文件；

（二）矿山救援队伍的组织与管理；

（三）矿井通风安全基础理论与灾变通风技术；

（四）应急救援基础知识、基本技能、心理素质；

（五）矿山救援装备、仪器的使用与管理；

（六）矿山生产安全事故及灾害应急救援技术和方法；

（七）矿山生产安全事故及灾害遇险人员的现场急救、自救互救、应急避险、自我防护、心理疏导；

（八）矿山企业预防性安全检查、安全技术工作、隐患排查与治理和应急救援预案编制；

（九）典型事故灾害应急救援案例研究分析；

（十）应急管理与应急救援其他相关内容。

第三十五条 矿山企业应当至少每半年组织1次生产安全事故应急救援预案演练，服务矿山企业的矿山救援队应当参加演练。演练计划、方案、记录和总结评估报告等资料保存期限不少于2年。

第三十六条 矿山救援队应当按计划组织开展日常训练。训练应当包括综合体能、队列操练、心理素质、灾区环境适应性、救援专业技能、救援装备和仪器操作、现场急救、应急救援演练等主要内容。

第三十七条 矿山救援大队、独立中队应当每年至少开展1次综合性应急救援演练,内容包括应急响应、救援指挥、灾区探察、救援方案制定与实施、协同联动和突发情况应对等;中队应当每季度至少开展1次应急救援演练和高温浓烟训练,内容包括闻警出动、救援准备、灾区探察、事故处置、抢救遇险人员和高温浓烟环境作业等;小队应当每月至少开展1次佩用氧气呼吸器的单项训练,每次训练时间不少于3小时;兼职矿山救援队应当每半年至少进行1次矿山生产安全事故先期处置和遇险人员救助演练,每季度至少进行1次佩用氧气呼吸器的训练,时间不少于3小时。

第三十八条 安全生产应急救援机构应当定期组织举办矿山救援技术竞赛。鼓励矿山救援队参加国际矿山救援技术交流活动。

第五章 矿山救援一般规定

第一节 先期处置

第三十九条 矿山发生生产安全事故后,涉险区域人员应当视现场情况,在安全条件下积极抢救人员和控制灾情,并立即上报;不具备条件的,应当立即撤离至安全地点。井下涉险人员在撤离时应当根据需要使用自救器,在撤离受阻的情况下紧急避险待救。矿山企业带班领导和涉险区域的区、队、班组长等应当组织人员抢救、撤离和避险。

第四十条 矿山值班调度员接到事故报告后,应当立即采取应急措施,通知涉险区域人员撤离险区,报告矿山企业负责人,通知矿山救援队、医疗急救机构和本企业有关人员等到现场救援。矿山企业负责人应当迅速采取有效措施组织抢救,并按照国家有关规定立即如实报告事故情况。

第二节 闻警出动、到达现场和返回驻地

第四十一条 矿山救援队出动救援应当遵守下列规定：

（一）值班员接到救援通知后，首先按响预警铃，记录发生事故单位和事故时间、地点、类别、可能遇险人数及通知人姓名、单位、联系电话，随后立即发出警报，并向值班指挥员报告；

（二）值班小队在预警铃响后立即开始出动准备，在警报发出后1分钟内出动，不需乘车的，出动时间不得超过2分钟；

（三）处置矿井生产安全事故，待机小队随同值班小队出动；

（四）值班员记录出动小队编号及人数、带队指挥员、出动时间、携带装备等情况，并向矿山救援队主要负责人报告；

（五）及时向所在地应急管理部门和矿山安全监察机构报告出动情况。

第四十二条 矿山救援队到达事故地点后，应当立即了解事故情况，领取救援任务，做好救援准备，按照现场指挥部命令和应急救援方案及矿山救援队行动方案，实施灾区探察和抢险救援。

第四十三条 矿山救援队完成救援任务后，经现场指挥部同意，可以返回驻地。返回驻地后，应急救援人员应当立即对救援装备、器材进行检查和维护，使之恢复到完好和备用状态。

第三节 救 援 指 挥

第四十四条 矿山救援队参加矿山救援工作，带队指挥员应当参与制定应急救援方案，在现场指挥部的统一调度指挥下，具体负责指挥矿山救援队的矿山救援行动。

矿山救援队参加其他事故灾害应急救援时，应当在现场指挥部的统一调度指挥下实施应急救援行动。

第四十五条　多支矿山救援队参加矿山救援工作时，应当服从现场指挥部的统一管理和调度指挥，由服务于发生事故矿山的专职矿山救援队指挥员或者其他胜任人员具体负责协调、指挥各矿山救援队联合实施救援处置行动。

第四十六条　矿山救援队带队指挥员应当根据应急救援方案和事故情况，组织制定矿山救援队行动方案和安全保障措施；执行灾区探察和救援任务时，应当至少有 1 名中队或者中队以上指挥员在现场带队。

第四十七条　现场带队指挥员应当向救援小队说明事故情况、探察和救援任务、行动计划和路线、安全保障措施和注意事项，带领救援小队完成工作任务。矿山救援队执行任务时应当避免使用临时混编小队。

第四十八条　矿山救援队在救援过程中遇到危及应急救援人员生命安全的突发情况时，现场带队指挥员有权作出撤出危险区域的决定，并及时报告现场指挥部。

第四节　救援保障

第四十九条　在处置重特大或者复杂矿山生产安全事故时，应当设立地面基地；条件允许的，应当设立井下基地。

应急救援人员的后勤保障应当按照《生产安全事故应急条例》的规定执行。同时，鼓励矿山救援队加强自我保障能力。

第五十条　地面基地应当设置在便于救援行动的安全地点，并且根据事故情况和救援力量投入情况配备下列人员、设备、设施和物资：

（一）气体化验员、医护人员、通信员、仪器修理员和汽车驾驶员，必要时配备心理医生；

（二）必要的救援装备、器材、通信设备和材料；

（三）应急救援人员的后勤保障物资和临时工作、休息场所。

第五十一条 井下基地应当设置在靠近灾区的安全地点，并且配备下列人员、设备和物资：

（一）指挥人员、值守人员、医护人员；

（二）直通现场指挥部和灾区的通信设备；

（三）必要的救援装备、气体检测仪器、急救药品和器材；

（四）食物、饮料等后勤保障物资。

第五十二条 井下基地应当安排专人检测有毒有害气体浓度和风量、观测风流方向、检查巷道支护等情况，发现情况异常时，基地指挥人员应当立即采取应急措施，通知灾区救援小队，并报告现场指挥部。改变井下基地位置，应当经过矿山救援队带队指挥员同意，报告现场指挥部，并通知灾区救援小队。

第五十三条 矿山救援队在组织救援小队执行矿井灾区探察和救援任务时，应当设立待机小队。待机小队的位置由带队指挥员根据现场情况确定。

第五十四条 矿山救援队在救援过程中必须保证下列通信联络：

（一）地面基地与井下基地；

（二）井下基地与救援小队；

（三）救援小队与待机小队；

（四）应急救援人员之间。

第五十五条 矿山救援队在救援过程中使用音响信号和手势联络应当符合下列规定：

（一）在灾区内行动的音响信号：

1. 一声表示停止工作或者停止前进；

2. 二声表示离开危险区；

3. 三声表示前进或者工作；

4. 四声表示返回；

5. 连续不断声音表示请求援助或者集合。

（二）在竖井和倾斜巷道使用绞车的音响信号：

1. 一声表示停止；

2. 二声表示上升；

3. 三声表示下降；

4. 四声表示慢上；

5. 五声表示慢下。

（三）应急救援人员在灾区报告氧气压力的手势：

1. 伸出拳头表示 10 兆帕；

2. 伸出五指表示 5 兆帕；

3. 伸出一指表示 1 兆帕；

4. 手势要放在灯头前表示。

第五十六条 矿山救援队在救援过程中应当根据需要定时、定点取样分析化验灾区气体成分，为制定应急救援方案和措施提供参考依据。

第五节 灾区行动基本要求

第五十七条 救援小队进入矿井灾区探察或者救援，应急救援人员不得少于 6 人，应当携带灾区探察基本装备（见附录 6）及其他必要装备。

第五十八条 应急救援人员应当在入井前检查氧气呼吸器是否完好，其个人防护氧气呼吸器、备用氧气呼吸器及备用氧气瓶的氧气压力均不得低于 18 兆帕。

如果不能确认井筒、井底车场或者巷道内有无有毒有害气体，应急救援人员应当在入井前或者进入巷道前佩用氧气呼吸器。

第五十九条 应急救援人员在井下待命或者休息时，应当选择在井下基地或者具有新鲜风流的安全地点。如需脱下氧气呼吸器，必须经现场带队指挥员同意，并就近置于安全地点，确保有突发情况时能够及时佩用。

第六十条 应急救援人员应当注意观察氧气呼吸器的氧气压力，在返回到井下基地时应当至少保留5兆帕压力的氧气余量。在倾角小于15度的巷道行进时，应当将允许消耗氧气量的二分之一用于前进途中、二分之一用于返回途中；在倾角大于或者等于15度的巷道中行进时，应当将允许消耗氧气量的三分之二用于上行途中、三分之一用于下行途中。

第六十一条 矿山救援队在致人窒息或者有毒有害气体积存的灾区执行任务应当做到：

（一）随时检测有毒有害气体、氧气浓度和风量，观测风向和其他变化；

（二）小队长每间隔不超过20分钟组织应急救援人员检查并报告1次氧气呼吸器氧气压力，根据最低的氧气压力确定返回时间；

（三）应急救援人员必须在彼此可见或者可听到信号的范围内行动，严禁单独行动；如果该灾区地点距离新鲜风流处较近，并且救援小队全体人员在该地点无法同时开展救援，现场带队指挥员可派不少于2名队员进入该地点作业，并保持联系。

第六十二条 矿山救援队在致人窒息或者有毒有害气体积存的灾区抢救遇险人员应当做到：

（一）引导或者运送遇险人员时，为遇险人员佩用全面罩正压氧气呼吸器或者自救器；

（二）对受伤、窒息或者中毒人员进行必要急救处理，并送至安全地点；

（三）处理和搬运伤员时，防止伤员拉扯氧气呼吸器软管或者面罩；

（四）抢救长时间被困遇险人员，请专业医护人员配合，运送时采取护目措施，避免灯光和井口外光线直射遇险人员眼睛；

（五）有多名遇险人员待救的，按照"先重后轻、先易后难"的顺序抢救；无法一次全部救出的，为待救遇险人员佩用全面罩正压氧气呼吸器或者自救器。

第六十三条　在高温、浓烟、塌冒、爆炸和水淹等灾区，无需抢救人员的，矿山救援队不得进入；因抢救人员需要进入时，应当采取安全保障措施。

第六十四条　应急救援人员出现身体不适或者氧气呼吸器发生故障难以排除时，救援小队全体人员应当立即撤到安全地点，并报告现场指挥部。

第六十五条　应急救援人员在灾区工作1个氧气呼吸器班后，应当至少休息8小时；只有在后续矿山救援队未到达且急需抢救人员时，方可根据体质情况，在氧气呼吸器补充氧气、更换药品和降温冷却材料并校验合格后重新投入工作。

第六十六条　矿山救援队在完成救援任务撤出灾区时，应当将携带的救援装备带出灾区。

第六节　灾区探察

第六十七条　矿山救援队参加矿井生产安全事故应急救援，应当进行灾区探察。灾区探察的主要任务是探明事故类别、波及范围、破坏程度、遇险人员数量和位置、矿井通风、巷道支护等情况，检测灾区氧气和有毒有害气体浓度、矿尘、温度、风向、风速等。

第六十八条　矿山救援队在进行灾区探察前，应当了解矿井巷道布置等基本情况，确认灾区是否切断电源，明确探察任务、具体计划和注意事项，制定遇有撤退路线被堵等突发情况的应急措施，检查氧气呼吸器和所需装备仪器，做好充分准备。

第六十九条 矿山救援队在灾区探察时应当做到：

（一）探察小队与待机小队保持通信联系，在需要待机小队抢救人员时，调派其他小队作为待机小队；

（二）首先将探察小队派往可能存在遇险人员最多的地点，灾区范围大或者巷道复杂的，可以组织多个小队分区段探察；

（三）探察小队在遭遇危险情况或者通信中断时立即回撤，待机小队在探察小队遇险、通信中断或者未按预定时间返回时立即进入救援；

（四）进入灾区时，小队长在队前，副小队长在队后，返回时相反；搜救遇险人员时，小队队形与巷道中线斜交前进；

（五）探察小队携带救生索等必要装备，行进时注意暗井、溜煤眼、淤泥和巷道支护等情况，视线不清或者水深时使用探险棍探测前进，队员之间用联络绳联结；

（六）明确探察小队人员分工，分别检查通风、气体浓度、温度和顶板等情况并记录，探察过的巷道要签字留名做好标记，并绘制探察路线示意图，在图纸上标记探察结果；

（七）探察过程中发现遇险人员立即抢救，将其护送至安全地点，无法一次救出遇险人员时，立即通知待机小队进入救援，带队指挥员根据实际情况决定是否安排队伍继续实施灾区探察；

（八）在发现遇险人员地点做出标记，检测气体浓度，并在图纸上标明遇险人员位置及状态，对遇难人员逐一编号；

（九）探察小队行进中在巷道交叉口设置明显标记，完成任务后按计划路线或者原路返回。

第七十条 探察结束后，现场带队指挥员应当立即向布置任务的指挥员汇报探察结果。

第七节　救援记录和总结报告

第七十一条　矿山救援队应当记录参加救援的过程及重要事项；发生应急救援人员伤亡的，应当按照有关规定及时上报。

第七十二条　救援结束后，矿山救援队应当对救援工作进行全面总结，编写应急救援报告（附事故现场示意图），填写《应急救援登记卡》（见附录7），并于7日内上报所在地应急管理部门和矿山安全监察机构。

第六章　救援方法和行动原则

第一节　矿井火灾事故救援

第七十三条　矿山救援队参加矿井火灾事故救援应当了解下列情况：

（一）火灾类型、发火时间、火源位置、火势及烟雾大小、波及范围、遇险人员分布和矿井安全避险系统情况；

（二）灾区有毒有害气体、温度、通风系统状态、风流方向、风量大小和矿尘爆炸性；

（三）顶板、巷道围岩和支护状况；

（四）灾区供电状况；

（五）灾区供水管路和消防器材的实际状况及数量；

（六）矿井火灾事故专项应急预案及其实施状况。

第七十四条　首先到达事故矿井的矿山救援队，救援力量的分派原则如下：

（一）进风井井口建筑物发生火灾，派一个小队处置火灾，另一个小队到井下抢救人员和扑灭井底车场可能发生的火灾；

（二）井筒或者井底车场发生火灾，派一个小队灭火，另一个小队到受火灾威胁区域抢救人员；

（三）矿井进风侧的硐室、石门、平巷、下山或者上山发生火灾，火烟可能威胁到其他地点时，派一个小队灭火，另一个小队进入灾区抢救人员；

（四）采区巷道、硐室或者工作面发生火灾，派一个小队从最短的路线进入回风侧抢救人员，另一个小队从进风侧抢救人员和灭火；

（五）回风井井口建筑物、回风井筒或者回风井底车场及其毗连的巷道发生火灾，派一个小队灭火，另一个小队抢救人员。

第七十五条 矿山救援队在矿井火灾事故救援过程中，应当指定专人检测瓦斯等易燃易爆气体和矿尘，观测灾区气体和风流变化，当甲烷浓度超过2%并且继续上升，风量突然发生较大变化，或者风流出现逆转征兆时，应当立即撤到安全地点，采取措施排除危险，采用保障安全的灭火方法。

第七十六条 处置矿井火灾时，矿井通风调控应当遵守下列原则：

（一）控制火势和烟雾蔓延，防止火灾扩大；

（二）防止引起瓦斯或者矿尘爆炸，防止火风压引起风流逆转；

（三）保障应急救援人员安全，并有利于抢救遇险人员；

（四）创造有利的灭火条件。

第七十七条 灭火过程中，根据灾情可以采取局部反风、全矿井反风、风流短路、停止通风或者减少风量等措施。采取上述措施时，应当防止瓦斯等易燃易爆气体积聚到爆炸浓度引起爆炸，防止发生风流紊乱，保障应急救援人员安全。采取反风或者风流短路措施前，必须将原进风侧人员或者受影响区域内人员撤到安全地点。

第三部分 附 录

第七十八条 矿山救援队应当根据矿井火灾的实际情况选择灭火方法，条件具备的应当采用直接灭火方法。直接灭火时，应当设专人观测进风侧风向、风量和气体浓度变化，分析风流紊乱的可能性及撤退通道的安全性，必要时采取控风措施；应当监测回风侧瓦斯和一氧化碳等气体浓度变化，观察烟雾变化情况，分析灭火效果和爆炸危险性，发现危险迹象及时撤离。

第七十九条 用水灭火时，应当具备下列条件：

（一）火源明确；

（二）水源、人力和物力充足；

（三）回风道畅通；

（四）甲烷浓度不超过2%。

第八十条 用水或者注浆灭火应当遵守下列规定：

（一）从进风侧进行灭火，并采取防止溃水措施，同时将回风侧人员撤出；

（二）为控制火势，可以采取设置水幕、清除可燃物等措施；

（三）从火焰外围喷洒并逐步移向火源中心，不得将水流直接对准火焰中心；

（四）灭火过程中保持足够的风量和回风道畅通，使水蒸气直接排入回风道；

（五）向火源大量灌水或者从上部灌浆时，不得靠近火源地点作业；用水快速淹没火区时，火区密闭附近及其下方区域不得有人。

第八十一条 扑灭电气火灾，应当首先切断电源。在切断电源前，必须使用不导电的灭火器材进行灭火。

第八十二条 扑灭瓦斯燃烧引起的火灾时，可采用干粉、惰性气体、泡沫灭火，不得随意改变风量，防止事故扩大。

第八十三条 下列情况下，应当采用隔绝灭火或者综合灭火方法：

（一）缺乏灭火器材；

（二）火源点不明确、火区范围大、难以接近火源；

（三）直接灭火无效或者对灭火人员危险性较大。

第八十四条 采用隔绝灭火方法应当遵守下列规定：

（一）在保证安全的情况下，合理确定封闭火区范围；

（二）封闭火区时，首先建造临时密闭，经观测风向、风量、烟雾和气体分析，确认无爆炸危险后，再建造永久密闭或者防爆密闭（防爆密闭墙最小厚度见附录8）。

第八十五条 封闭火区应当遵守下列规定：

（一）多条巷道需要封闭的，先封闭支巷，后封闭主巷；

（二）火区主要进风巷和回风巷中的密闭留有通风孔，其他密闭可以不留通风孔；

（三）选择进风巷和回风巷同时封闭的，在两处密闭上预留通风孔，封堵通风孔时统一指挥、密切配合，以最快速度同时封堵，完成密闭工作后迅速撤至安全地点；

（四）封闭有爆炸危险火区时，先采取注入惰性气体等抑爆措施，后在安全位置构筑进、回风密闭；

（五）封闭火区过程中，设专人检测风流和气体变化，发现瓦斯等易燃易爆气体浓度迅速增加时，所有人员立即撤到安全地点，并向现场指挥部报告。

第八十六条 建造火区密闭应当遵守下列规定：

（一）密闭墙的位置选择在围岩稳定、无破碎带、无裂隙和巷道断面较小的地点，距巷道交叉口不小于10米；

（二）拆除或者断开管路、金属网、电缆和轨道等金属导体；

（三）密闭墙留设观测孔、措施孔和放水孔。

第八十七条 火区封闭后应当遵守下列规定：

（一）所有人员立即撤出危险区；进入检查或者加固密闭墙在24小时后进行，火区条件复杂的，酌情延长时间；

（二）火区密闭被爆炸破坏的，严禁派矿山救援队探察或者恢复密闭；只有在采取惰化火区等措施、经检测无爆炸危险后方可作业，否则，在距火区较远的安全地点建造密闭；

（三）条件允许的，可以采取均压灭火措施；

（四）定期检测和分析密闭内的气体成分及浓度、温度、内外空气压差和密闭漏风情况，发现火区有异常变化时，采取措施及时处置。

第八十八条 矿山救援队在高温、浓烟下开展救援工作应当遵守下列规定：

（一）井下巷道内温度超过30摄氏度的，控制佩用氧气呼吸器持续作业时间；温度超过40摄氏度的，不得佩用氧气呼吸器作业，抢救人员时严格限制持续作业时间（见附录9）；

（二）采取降温措施，改善工作环境，井下基地配备含0.75%食盐的温开水；

（三）高温巷道内空气升温梯度达到每分钟0.5至1摄氏度时，小队返回井下基地，并及时报告基地指挥员；

（四）严禁进入烟雾弥漫至能见度小于1米的巷道；

（五）发现应急救援人员身体异常的，小队返回井下基地并通知待机小队。

第八十九条 处置进风井口建筑物火灾，应当采取防止火灾气体及火焰侵入井下的措施，可以立即反风或者关闭井口防火门；不能反风的，根据矿井实际情况决定是否停止主要通风机。同时，采取措施进行灭火。

第九十条 处置正在开凿井筒的井口建筑物火灾，通往遇险人员作业地点的通道被火切断时，可以利用原有的铁风筒及各类适合供风的管路设施向遇险人员送风，同时采取措施进行灭火。

第九十一条 处置进风井筒火灾，为防止火灾气体侵入井下巷道，可以采取反风或者停止主要通风机运转的措施。

第九十二条 处置回风井筒火灾，应当保持原有风流方向，为防止火势增大，可以适当减少风量。

第九十三条 处置井底车场火灾应当采取下列措施：

（一）进风井井底车场和毗连硐室发生火灾，进行反风或者风流短路，防止火灾气体侵入工作区；

（二）回风井井底车场发生火灾，保持正常风流方向，可以适当减少风量；

（三）直接灭火和阻止火灾蔓延；

（四）为防止混凝土支架和砌碹巷道上面木垛燃烧，可在碹上打眼或者破碹，安设水幕或者灌注防灭火材料；

（五）保护可能受到火灾危及的井筒、爆炸物品库、变电所和水泵房等关键地点。

第九十四条 处置井下硐室火灾应当采取下列措施：

（一）着火硐室位于矿井总进风道的，进行反风或者风流短路；

（二）着火硐室位于矿井一翼或者采区总进风流所经两巷道连接处的，在安全的前提下进行风流短路，条件具备时也可以局部反风；

（三）爆炸物品库着火的，在安全的前提下先将雷管和导爆索运出，后将其他爆炸材料运出；因危险不能运出时，关闭防火门，人员撤至安全地点；

（四）绞车房着火的，将连接的矿车固定，防止烧断钢丝绳，造成跑车伤人；

（五）蓄电池机车充电硐室着火的，切断电源，停止充电，加强通风并及时运出蓄电池；

（六）硐室无防火门的，挂风障控制入风，积极灭火。

第九十五条 处置井下巷道火灾应当采取下列措施：

（一）倾斜上行风流巷道发生火灾，保持正常风流方向，可以适当减少风量，防止与着火巷道并联的巷道发生风流逆转；

（二）倾斜下行风流巷道发生火灾，防止发生风流逆转，不得在着火巷道由上向下接近火源灭火，可以利用平行下山和联络巷接近火源灭火；

（三）在倾斜巷道从下向上灭火时，防止冒落岩石和燃烧物掉落伤人；

（四）矿井或者一翼总进风道中的平巷、石门或者其他水平巷道发生火灾，根据具体情况采取反风、风流短路或者正常通风，采取风流短路时防止风流紊乱；

（五）架线式电机车巷道发生火灾，先切断电源，并将线路接地，接地点在可见范围内；

（六）带式输送机运输巷道发生火灾，先停止输送机，关闭电源，后进行灭火。

第九十六条 处置独头巷道火灾应当采取下列措施：

（一）矿山救援队到达现场后，保持局部通风机通风原状，即风机停止运转的不要开启，风机开启的不要停止，进行探察后再采取处置措施；

（二）水平独头巷道迎头发生火灾，且甲烷浓度不超过2%的，在通风的前提下直接灭火，灭火后检查和处置阴燃火点，防止复燃；

（三）水平独头巷道中段发生火灾，灭火时注意火源以里巷道内瓦斯情况，防止积聚的瓦斯经过火点，情况不明的，在安全地点进行封闭；

（四）倾斜独头巷道迎头发生火灾，且甲烷浓度不超过2%时，在加强通风的情况下可以直接灭火；甲烷浓度超过2%时，应急救援人员立即撤离，并在安全地点进行封闭；

（五）倾斜独头巷道中段发生火灾，不得直接灭火，在安全地点进行封闭；

（六）局部通风机已经停止运转，且无需抢救人员的，无论火源位于何处，均在安全地点进行封闭，不得进入直接灭火。

第九十七条　处置回采工作面火灾应当采取下列措施：

（一）工作面着火，在进风侧进行灭火；在进风侧灭火难以奏效的，可以进行局部反风，从反风后的进风侧灭火，并在回风侧设置水幕；

（二）工作面进风巷着火，为抢救人员和控制火势，可以进行局部反风或者减少风量，减少风量时防止灾区缺氧和瓦斯等有毒有害气体积聚；

（三）工作面回风巷着火，防止采空区瓦斯涌出和积聚造成瓦斯爆炸；

（四）急倾斜工作面着火，不得在火源上方或者火源下方直接灭火，防止水蒸气或者火区塌落物伤人；有条件的可以从侧面利用保护台板或者保护盖接近火源灭火；

（五）工作面有爆炸危险时，应急救援人员立即撤到安全地点，禁止直接灭火。

第九十八条　采空区或者巷道冒落带发生火灾，应当保持通风系统稳定，检查与火区相连的通道，防止瓦斯涌入火区。

第二节　瓦斯、矿尘爆炸事故救援

第九十九条　矿山救援队参加瓦斯、矿尘爆炸事故救援，应当全面探察灾区遇险人员数量及分布地点、有毒有害气体、巷道破坏程度、是否存在火源等情况。

第一百条 首先到达事故矿井的矿山救援队，救援力量的分派原则如下：

（一）井筒、井底车场或者石门发生爆炸，在确定没有火源、无爆炸危险后，派一个小队抢救人员，另一个小队恢复通风，通风设施损坏暂时无法恢复的，全部进行抢救人员；

（二）采掘工作面发生爆炸，派一个小队沿回风侧、另一个小队沿进风侧进入抢救人员，在此期间通风系统维持原状。

第一百零一条 为排除爆炸产生的有毒有害气体和抢救人员，应当在探察确认无火源的前提下，尽快恢复通风。如果有毒有害气体严重威胁爆源下风侧人员，在上风侧人员已经撤离的情况下，可以采取反风措施，反风后矿山救援队进入原下风侧引导人员撤离灾区。

第一百零二条 爆炸产生火灾时，矿山救援队应当同时进行抢救人员和灭火，并采取措施防止再次发生爆炸。

第一百零三条 矿山救援队参加瓦斯、矿尘爆炸事故救援应当遵守下列规定：

（一）切断灾区电源，并派专人值守；

（二）检查灾区内有毒有害气体浓度、温度和通风设施情况，发现有再次爆炸危险时，立即撤至安全地点；

（三）进入灾区行动防止碰撞、摩擦等产生火花；

（四）灾区巷道较长、有毒有害气体浓度较大、支架损坏严重的，在确认没有火源的情况下，先恢复通风、维护支架，确保应急救援人员安全；

（五）已封闭采空区发生爆炸，严禁派人进入灾区进行恢复密闭工作，采取注入惰性气体和远距离封闭等措施。

第三节 煤与瓦斯突出事故救援

第一百零四条 发生煤与瓦斯突出事故后,矿山企业应当立即对灾区采取停电和撤人措施,在按规定排出瓦斯后,方可恢复送电。

第一百零五条 矿山救援队应当探察遇险人员数量及分布地点、通风系统及设施破坏程度、突出的位置、突出物堆积状态、巷道堵塞程度、瓦斯浓度和波及范围等情况,发现火源立即扑灭。

第一百零六条 采掘工作面发生煤与瓦斯突出事故,矿山救援队应当派一个小队从回风侧、另一个小队从进风侧进入事故地点抢救人员。

第一百零七条 矿山救援队发现遇险人员应当立即抢救,为其佩用全面罩正压氧气呼吸器或者自救器,引导、护送遇险人员撤离灾区。遇险人员被困灾区时,应当利用压风、供水管路或者施工钻孔等为其输送新鲜空气,并组织力量清理堵塞物或者开掘绕道抢救人员。在有突出危险的煤层中掘进绕道抢救人员时,应当采取防突措施。

第一百零八条 处置煤与瓦斯突出事故,不得停风或者反风,防止风流紊乱扩大灾情。通风系统和通风设施被破坏的,应当设置临时风障、风门和安装局部通风机恢复通风。

第一百零九条 突出造成风流逆转时,应当在进风侧设置风障,清理回风侧的堵塞物,使风流尽快恢复正常。

第一百一十条 突出引起火灾时,应当采用综合灭火或者惰性气体灭火。突出引起回风井口瓦斯燃烧的,应当采取控制风量的措施。

第一百一十一条 排放灾区瓦斯时,应当撤出排放混合风流经过巷道的所有人员,以最短路线将瓦斯引入回风道。回风井口

50米范围内不得有火源，并设专人监视。

第一百一十二条 清理突出的煤矸时，应当采取防止煤尘飞扬、冒顶片帮、瓦斯超限及再次发生突出的安全保障措施。

第一百一十三条 处置煤（岩）与二氧化碳突出事故，可以参照处置煤与瓦斯突出事故的相关规定执行，并且应当加大灾区风量。

第四节 矿井透水事故救援

第一百一十四条 矿山救援队参加矿井透水事故救援，应当了解灾区情况和水源、透水点、事故前人员分布、矿井有生存条件的地点及进入该地点的通道等情况，分析计算被困人员所在空间体积及空间内氧气、二氧化碳、瓦斯等气体浓度，估算被困人员维持生存时间。

第一百一十五条 矿山救援队应当探察遇险人员位置，涌水通道、水量及水流动线路，巷道及水泵设施受水淹程度，巷道破坏及堵塞情况，瓦斯、二氧化碳、硫化氢等有毒有害气体情况和通风状况等。

第一百一十六条 采掘工作面发生透水，矿山救援队应当首先进入下部水平抢救人员，再进入上部水平抢救人员。

第一百一十七条 被困人员所在地点高于透水后水位的，可以利用打钻等方法供给新鲜空气、饮料和食物，建立通信联系；被困人员所在地点低于透水后水位的，不得打钻，防止钻孔泄压扩大灾情。

第一百一十八条 矿井涌水量超过排水能力，全矿或者水平有被淹危险时，在下部水平人员救出后，可以向下部水平或者采空区放水；下部水平人员尚未撤出，主要排水设备受到被淹威胁时，可以构筑临时防水墙，封堵泵房口和通往下部水平的巷道。

第一百一十九条　矿山救援队参加矿井透水事故救援应当遵守下列规定：

（一）透水威胁水泵安全时，在人员撤至安全地点后，保护泵房不被水淹；

（二）应急救援人员经过巷道有被淹危险时，立即返回井下基地；

（三）排水过程中保持通风，加强有毒有害气体检测，防止有毒有害气体涌出造成危害；

（四）排水后进行探察或者抢救人员时，注意观察巷道情况，防止冒顶和底板塌陷；

（五）通过局部积水巷道时，采用探险棍探测前进；水深过膝，无需抢救人员的，不得涉水进入灾区。

第一百二十条　矿山救援队处置上山巷道透水应当注意下列事项：

（一）检查并加固巷道支护，防止二次透水、积水和淤泥冲击；

（二）透水点下方不具备存储水和沉积物有效空间的，将人员撤至安全地点；

（三）保证人员通信联系和撤离路线安全畅通。

第五节　冒顶片帮、冲击地压事故救援

第一百二十一条　矿山救援队参加冒顶片帮事故救援，应当了解事故发生原因、巷道顶板特性、事故前人员分布位置和压风管路设置等情况，指定专人检查氧气和瓦斯等有毒有害气体浓度、监测巷道涌水量、观察周围巷道顶板和支护情况，保障应急救援人员作业安全和撤离路线安全畅通。

第一百二十二条　矿井通风系统遭到破坏的，应当迅速恢复通

风；周围巷道和支护遭到破坏的，应当进行加固处理。当瓦斯等有毒有害气体威胁救援作业安全或者可能再次发生冒顶片帮时，应急救援人员应当迅速撤至安全地点，采取措施消除威胁。

第一百二十三条 矿山救援队搜救遇险人员时，可以采用呼喊、敲击或者采用探测仪器判断被困人员位置、与被困人员联系。应急救援人员和被困人员通过敲击发出救援联络信号内容如下：

（一）敲击五声表示寻求联络；

（二）敲击四声表示询问被困人员数量（被困人员按实际人数敲击回复）；

（三）敲击三声表示收到；

（四）敲击二声表示停止。

第一百二十四条 应急救援人员可以采用掘小巷、掘绕道、使用临时支护通过冒落区或者施工大口径救生钻孔等方式，快速构建救援通道营救遇险人员，同时利用压风管、水管或者钻孔等向被困人员提供新鲜空气、饮料和食物。

第一百二十五条 应急救援人员清理大块矸石、支柱、支架、金属网、钢梁等冒落物和巷道堵塞物营救被困人员时，在现场安全的情况下，可以使用千斤顶、液压起重器具、液压剪、起重气垫、多功能钳、金属切割机等工具进行处置，使用工具应当注意避免误伤被困人员。

第一百二十六条 矿山救援队参加冲击地压事故救援应当遵守下列规定：

（一）分析再次发生冲击地压灾害的可能性，确定合理的救援方案和路线；

（二）迅速恢复灾区通风，恢复独头巷道通风时，按照排放瓦斯的要求进行；

（三）加强巷道支护，保障作业空间安全，防止再次冒顶；

（四）设专人观察顶板及周围支护情况，检查通风、瓦斯和矿尘，防止发生次生事故。

第六节 矿井提升运输事故救援

第一百二十七条 矿井发生提升运输事故，矿山企业应当根据情况立即停止事故设备运行，必要时切断其供电电源，停止事故影响区域作业，组织抢救遇险人员，采取恢复通风、通信和排水等措施。

第一百二十八条 矿山救援队应当了解事故发生原因、矿井提升运输系统及设备、遇险人员数量和可能位置以及矿井通风、通信、排水等情况，探察井筒（巷道）破坏程度、提升容器坠落或者运输车辆滑落位置、遇险人员状况以及井筒（巷道）内通风、杂物堆积、氧气和有毒有害气体浓度、积水水位等情况。

第一百二十九条 矿山救援队在探察搜救过程中，发现遇险人员立即救出至安全地点，对伤员进行止血、包扎和骨折固定等紧急处理后，迅速移交专业医护人员送医院救治；不能立即救出的，在采取技术措施后施救。

第一百三十条 应急救援人员在使用起重、破拆、扩张、牵引、切割等工具处置罐笼、人车（矿车）及堆积杂物进行施救时，应当指定专人检查瓦斯等有毒有害气体和氧气浓度、观察井筒和巷道情况，采取防范措施确保作业安全；同时，应当采取措施避免被困人员受到二次伤害。

第一百三十一条 矿山救援队参加矿井坠罐事故救援应当遵守下列规定：

（一）提升人员井筒发生事故，可以选择其他安全出口入井探察搜救；

（二）需要使用事故井筒的，清理井口并设专人把守警戒，对井筒、救援提升系统及设备进行安全评估、检查和提升测试，确保提升安全可靠；

（三）当罐笼坠入井底时，可以通过排水通道抢救遇险人员，积水较多的采取排水措施，井底较深的采取局部通风措施，防止人员窒息；

（四）搜救时注意观察井筒上部是否有物品坠落危险，必要时在井筒上部断面安设防护盖板，保障救援安全。

第一百三十二条　矿山救援队参加矿井卡罐事故救援应当遵守下列规定：

（一）清理井架、井口附着物，井口设专人值守警戒，防止救援过程中坠物伤人；

（二）有梯子间的井筒，先行探察井筒内有毒有害气体和氧气浓度以及梯子间安全状况，在保证安全的情况下可以通过梯子间向下搜救；

（三）需要通过提升系统及设备进行探察搜救的，在经评估、检查和测试，确保提升系统及设备安全可靠后方可实施；

（四）应急救援人员佩带保险带，所带工具系绳入套防止掉落，配备使用通信工具保持联络；

（五）应急救援人员到达卡罐位置，先观察卡罐状况，必要时采取稳定或者加固措施，防止施救时罐笼再次坠落；

（六）救援时间较长时，可以通过绳索和吊篮等方式为被困人员输送食物、饮料、相关药品及通信工具，维持被困人员生命体征和情绪稳定。

第一百三十三条　矿山救援队参加倾斜井巷跑车事故救援应当遵守下列规定：

（一）采取紧急制动和固定跑车车辆措施，防止施救时车辆再次滑落；

（二）在事故巷道采取设置警戒线、警示灯等警戒措施，并设专人值守，禁止无关车辆和人员通行；

（三）起重、搬移、挪动矿车时，防止车辆侧翻伤人，保护应急救援人员和遇险人员安全；

（四）注意观察事故现场周边设施、设备、巷道的变化情况，防止巷道构件塌落伤人，必要时加固巷道、消除隐患。

第七节 淤泥、黏土、矿渣、流砂溃决事故救援

第一百三十四条 矿井发生淤泥、黏土、矿渣或者流砂溃决事故，矿山企业应当将下部水平作业人员撤至安全地点。

第一百三十五条 应急救援人员应当加强有毒有害气体检测，采用呼喊和敲击等方法与被困人员进行联系，采取措施向被困人员输送新鲜空气、饮料和食物，在清理溃决物的同时，采用打钻和掘小巷等方法营救被困人员。

第一百三十六条 开采急倾斜煤层或者矿体的，在黏土、淤泥、矿渣或者流砂流入下部水平巷道时，应急救援人员应当从上部水平巷道开展救援工作，严禁从下部接近充满溃决物的巷道。

第一百三十七条 因受条件限制，需从倾斜巷道下部清理淤泥、黏土、矿渣或者流砂时，应当制定专门措施，设置牢固的阻挡设施和有安全退路的躲避硐室，并设专人观察。出现险情时，应急救援人员立即撤离或者进入躲避硐室。溃决物下方没有安全阻挡设施的，严禁进行清理作业。

第八节 炮烟中毒窒息、炸药爆炸和矸石山事故救援

第一百三十八条 矿山救援队参加炮烟中毒窒息事故救援应当遵守下列规定：

（一）加强通风，监测有毒有害气体；

（二）独头巷道或者采空区发生炮烟中毒窒息事故，在没有爆炸危险的情况下，采用局部通风的方式稀释炮烟浓度；

（三）尽快给遇险人员佩用全面罩正压氧气呼吸器或者自救器，给中毒窒息人员供氧并让其静卧保暖，将遇险人员撤离炮烟事故区域，运送至安全地点交医护人员救治。

第一百三十九条　矿山救援队参加炸药爆炸事故救援应当遵守下列规定：

（一）了解炸药和雷管数量、放置位置等情况，分析再次爆炸的危险性，制定安全防范措施；

（二）探察爆炸现场人员、有毒有害气体和巷道与硐室坍塌等情况；

（三）抢救遇险人员，运出爆破器材，控制并扑灭火源；

（四）恢复矿井通风系统，排除烟雾。

第一百四十条　矿山救援队参加矸石山自燃或者爆炸事故救援应当遵守下列规定：

（一）查明自燃或者爆炸范围、周围温度和产生气体成分及浓度；

（二）可以采用注入泥浆、飞灰、石灰水、凝胶和泡沫等灭火措施；

（三）直接灭火时，防止水煤气爆炸，避开矸石山垮塌面和开挖暴露面；

（四）清理爆炸产生的高温抛落物时，应急救援人员佩戴手套、防护面罩或者眼镜，穿隔热服，使用工具清理；

（五）设专人观测矸石山状态及变化，发现危险情况立即撤离至安全地点。

第九节 露天矿坍塌、排土场滑坡和尾矿库溃坝事故救援

第一百四十一条 矿山救援队参加露天矿边坡坍塌或者排土场滑坡事故救援应当遵守下列规定：

（一）坍塌体（滑体）趋于稳定后，应急救援人员及抢险救援设备从坍塌体（滑体）两侧安全区域实施救援；

（二）采用生命探测仪等器材和观察、听声、呼喊、敲击等方法搜寻被困人员，判断被埋压人员位置；

（三）可以采用人工与机械相结合的方式挖掘搜救被困人员，接近被埋压人员时采用人工挖掘，在施救过程中防止造成二次伤害；

（四）分析事故影响范围，设置警戒区域，安排专人对搜救地点、坍塌体（滑体）和边坡情况进行监测，发现险情迅速组织应急救援人员撤离。

积极采用手机定位、车辆探测、3D建模等技术分析被困人员位置，利用无人机、边坡雷达、位移形变监测等设备加强监测预警。

第一百四十二条 矿山救援队参加尾矿库溃坝事故救援应当遵守下列规定：

（一）疏散周边和下游可能受到威胁的人员，设置警戒区域；

（二）用抛填块石、砂袋和打木桩等方法堵塞决堤口，加固尾矿库堤坝，进行水砂分流，实时监测坝体，保障应急救援人员安全；

（三）挖掘搜救过程中避免被困人员受到二次伤害；

（四）尾矿泥沙仍处于流动状态，对下游村庄、企业、交通干线、饮用水源地及其他环境敏感保护目标等形成威胁时，采取拦截、疏导等措施，避免事故扩大。

第七章 现 场 急 救

第一百四十三条 矿山救援队应急救援人员应当掌握人工呼吸、心肺复苏、止血、包扎、骨折固定和伤员搬运等现场急救技能。

第一百四十四条 矿山救援队现场急救的原则是使用徒手和无创技术迅速抢救伤员,并尽快将伤员移交给专业医护人员。

第一百四十五条 矿山救援队应当配备必要的现场急救和训练器材(见附录10、附录11)。

第一百四十六条 矿山救援队进行现场急救时应当遵守下列规定:

(一)检查现场及周围环境,确保伤员和应急救援人员安全,非必要不轻易移动伤员;

(二)接触伤员前,采取个体防护措施;

(三)研判伤员基本生命体征,了解伤员受伤原因,按照头、颈、胸、腹、骨盆、上肢、下肢、足部和背部(脊柱)顺序检查伤情;

(四)根据伤情采取相应的急救措施,脊椎受伤的采取轴向保护,颈椎损伤的采用颈托制动;

(五)根据伤员的不同伤势,采用相应的搬运方法。

第一百四十七条 抢救有毒有害气体中毒伤员应当采取下列措施:

(一)所有人员佩用防护装置,将中毒人员立即运送至通风良好的安全地点进行抢救;

(二)对中度、重度中毒人员,采取供氧和保暖措施,对严重窒息人员,在供氧的同时进行人工呼吸;

(三)对因喉头水肿导致呼吸道阻塞的窒息人员,采取措施保持呼吸道畅通；

（四）中毒人员呼吸或者心跳停止的，立即进行人工呼吸和心肺复苏，人工呼吸过程中，使用口式呼吸面罩。

第一百四十八条 抢救溺水伤员应当采取下列措施：

（一）清除溺水伤员口鼻内异物，确保呼吸道通畅；

（二）抢救效果欠佳的，立即改为俯卧式或者口对口人工呼吸；

（三）心跳停止的，按照通气优先策略，采用A－B－C（开通气道、人工呼吸、胸外按压）方式进行心肺复苏；

（四）伤员呼吸恢复后，可以在四肢进行向心按摩，神志清醒后，可以服用温开水。

第一百四十九条 抢救触电伤员应当采取下列措施：

（一）首先立即切断电源；

（二）使伤员迅速脱离电源，并将伤员运送至通风和安全的地点，解开衣扣和裤带，检查有无呼吸和心跳，呼吸或者心跳停止的，立即进行心肺复苏；

（三）根据伤情对伤员进行包扎、止血、固定和保温。

第一百五十条 抢救烧伤伤员应当采取下列措施：

（一）立即用清洁冷水反复冲洗伤面，条件具备的，用冷水浸泡5至10分钟；

（二）脱衣困难的，立即将衣领、袖口或者裤腿剪开，反复用冷水浇泼，冷却后再脱衣，并用医用消毒大单、无菌敷料包裹伤员，覆盖伤面。

第一百五十一条 抢救休克伤员应当采取下列措施：

（一）松解伤员衣服，使伤员平卧或者下肢抬高约30度，保持伤员体温；

（二）清除伤员呼吸道内的异物，确保呼吸道畅通；

（三）迅速判断休克原因，采取相应措施；

（四）针对休克不同的病理生理反应及主要病症积极进行抢救，出血性休克尽快止血，对于四肢大出血，首先采用止血带；

（五）经初步评估和处理后尽快转送。

第一百五十二条 抢救爆震伤员应当采取下列措施：

（一）立即清除口腔和鼻腔内的异物，保持呼吸道通畅；

（二）因开放性损伤导致出血的，立即加压包扎或者压迫止血；处理烧伤创面时，禁止涂抹一切药物，使用医用消毒大单、无菌敷料包裹，不弄破水泡，防止污染；

（三）对伤员骨折进行固定，防止伤情扩大。

第一百五十三条 抢救昏迷伤员应当采取下列措施：

（一）使伤员平卧或者两头均抬高约30度；

（二）解松衣扣，清除呼吸道内的异物；

（三）可以采用刺、按人中等穴位，促其苏醒。

第一百五十四条 应急救援人员对伤员采取必要的抢救措施后，应当尽快交由专业医护人员将伤员转送至医院进行综合治疗。

第八章 预防性安全检查和安全技术工作

第一节 预防性安全检查

第一百五十五条 矿山救援队应当按照主动预防的工作要求，结合服务矿山企业安全生产工作实际，有计划地开展预防性安全检查，了解服务矿山企业基本情况，熟悉矿山救援环境条件，进行救援业务技能训练，开展事故隐患排查技术服务。矿山企业应当配合矿山救援队开展预防性安全检查工作，提供相关技术资料和图纸，及时处理检查发现的事故隐患。

第一百五十六条 矿山救援队进行矿井预防性安全检查工作，

应当主要了解、检查下列内容：

（一）矿井巷道、采掘工作面、采空区、火区的分布和管理情况；

（二）矿井采掘、通风、排水、运输、供电和压风、供水、通信、监控、人员定位、紧急避险等系统的基本情况；

（三）矿井巷道支护、风量和有害气体情况；

（四）矿井硐室分布情况和防火设施；

（五）矿井火灾、水害、瓦斯、煤尘、顶板等方面灾害情况和存在的事故隐患；

（六）矿井应急救援预案、灾害预防和处理计划的编制和执行情况；

（七）地面、井下消防器材仓库地点及材料、设备的储备情况。

第一百五十七条 矿山救援队在预防性安全检查工作中，发现事故隐患应当通知矿山企业现场负责人予以处理；发现危及人身安全的紧急情况，应当立即通知现场作业人员撤离。

第一百五十八条 预防性安全检查结束后，矿山救援队应当填写预防性安全检查记录，及时向矿山企业反馈检查情况和发现的事故隐患。

第二节 安全技术工作

第一百五十九条 矿山救援队参加排放瓦斯、启封火区、反风演习、井巷揭煤等存在安全风险、需要佩用氧气呼吸器进行的非事故性技术操作和安全监护作业，属于安全技术工作。

开展安全技术工作，应当由矿山企业和矿山救援队研究制定工作方案和安全技术措施，并在统一指挥下实施。矿山救援队参加危险性较大的排放瓦斯、启封火区等安全技术工作，应当设立待机小队。

第一百六十条 矿山救援队参加安全技术工作，应当组织应急救援人员学习和熟悉工作方案和安全技术措施，并根据工作任务制定行动计划和安全措施。

第一百六十一条 矿山救援队应当逐项检查安全技术工作实施前的各项准备工作，符合工作方案和安全技术措施规定后方可实施。

第一百六十二条 矿山救援队参加煤矿排放瓦斯工作应当遵守下列规定：

（一）排放前，撤出回风侧巷道人员，切断回风侧巷道电源并派专人看守，检查并严密封闭回风侧区域火区；

（二）排放时，进入排放巷道的人员佩用氧气呼吸器，派专人检查瓦斯、二氧化碳、一氧化碳等气体浓度及温度，采取控制风流排放方法，排出的瓦斯与全风压风流混合处的甲烷和二氧化碳浓度均不得超过1.5%；

（三）排放结束后，与煤矿通风、安监机构一起进行现场检查，待通风正常后，方可撤出工作地点。

第一百六十三条 矿山救援队参加金属非金属矿山排放有毒有害气体工作，恢复巷道通风，可以参照矿山救援队参加煤矿排放瓦斯工作的相关规定执行。

第一百六十四条 封闭火区符合启封条件后方可启封。矿山救援队参加启封火区工作应当遵守下列规定：

（一）启封前，检查火区的温度、各种气体浓度和巷道支护等情况，切断回风流电源，撤出回风侧人员，在通往回风道交叉口处设栅栏和警示标志，并做好重新封闭的准备工作；

（二）启封时，采取锁风措施，逐段恢复通风，检查各种气体浓度和温度变化情况，发现复燃征兆，立即重新封闭火区；

（三）启封后3日内，每班由矿山救援队检查通风状况，测定水温、空气温度和空气成分，并取气样进行分析，确认火区完全熄灭后，方可结束启封工作。

第一百六十五条 矿山救援队参加反风演习工作应当遵守下列规定：

（一）反风前，应急救援人员佩带氧气呼吸器、携带必要的技术装备在井下指定地点值班，同时测定矿井风量和瓦斯等有毒有害气体浓度；

（二）反风10分钟后，经测定风量达到正常风量的40%，瓦斯浓度不超过规定时，及时报告现场指挥机构；

（三）恢复正常通风后，将测定的风量和瓦斯等有毒有害气体浓度报告现场指挥机构，待通风正常后方可离开工作地点。

第一百六十六条 矿山救援队参加井巷揭煤安全监护工作应当遵守下列规定：

（一）揭煤前，应急救援人员佩带氧气呼吸器、携带必要的技术装备在井下指定地点值班，配合现场作业人员检查揭煤作业相关安全设施、避灾路线及停电、撤人、警戒等安全措施落实情况；

（二）在爆破结束至少30分钟后，应急救援人员佩用氧气呼吸器、携带必要仪器设备进入工作面，检查爆破、揭煤、巷道、通风系统和气体参数等情况，发现煤尘骤起、有害气体浓度增大、有响声等异常情况，立即退出，关闭反向风门；

（三）揭煤工作完成后，与煤矿通风、安监机构一起进行现场检查，待通风正常后，方可撤出工作地点。

第一百六十七条 矿山救援队参加安全技术工作，应当做好自身安全防护和矿山救援准备，一旦出现危及作业人员安全的险情或者发生意外事故，立即组织作业人员撤离，抢救遇险人员，并按有关规定及时报告。

第九章 经费和职业保障

第一百六十八条 矿山救援队建立单位应当保障队伍建设及运行经费。矿山企业应当将矿山救援队建设及运行经费列入企业年度经费，可以按规定在安全生产费用等资金中列支。

专职矿山救援队按照有关规定与矿山企业签订应急救援协议收取的费用，可以作为队伍运行、开展日常服务工作和装备维护等的补充经费。

第一百六十九条 矿山救援队应急救援人员承担井下一线矿山救援任务和安全技术工作，从事高危险性作业，应当享受下列职业保障：

（一）矿井采掘一线作业人员的岗位工资、井下津贴、班中餐补贴和夜班津贴等，应急救援人员的救援岗位津贴；国家另有规定的，按照有关规定执行；

（二）佩用氧气呼吸器工作的特殊津贴；在高温、浓烟等恶劣环境中佩用氧气呼吸器工作的，特殊津贴增加一倍；

（三）工作着装按照有关规定统一配发，劳动保护用品按照井下一线职工标准发放；

（四）所在单位除执行社会保险制度外，还为矿山救援队应急救援人员购买人身意外伤害保险；

（五）矿山救援队每年至少组织应急救援人员进行 1 次身体检查，对不适合继续从事矿山救援工作的人员及时调整工作岗位；

（六）应急救援人员因超龄或者因病、因伤退出矿山救援队的，所在单位给予安排适当工作或者妥善安置。

第一百七十条 矿山救援队所在单位应当按照国家有关规定，对参加矿山生产安全事故或者其他灾害事故应急救援伤亡的人员及时给予救治和抚恤；符合烈士评定条件的，应当依法为其申报烈士。

第十章 附 则

第一百七十一条 本规程下列用语的含义：

（一）独立中队，是指按照中队编制建立，独立运行管理的矿山救援队。

（二）指挥员，是矿山救援队担任副小队长及以上职务人员、技术负责人的统称。

（三）氧气呼吸器，是一种自带氧源、隔绝再生式闭路循环的个人特种呼吸保护装置。

（四）氧气充填泵，是指将氧气从大氧气瓶抽出并充入小容积氧气瓶内的升压泵。

（五）佩带氧气呼吸器，是指应急救援人员背负氧气呼吸器，但未戴防护面罩，未打开氧气瓶吸氧。

（六）佩用氧气呼吸器，是指应急救援人员背负氧气呼吸器，戴上防护面罩，打开氧气瓶吸氧。

（七）氧气呼吸器班，是指应急救援人员佩用4小时氧气呼吸器在其有效防护时间内进行工作的一段时间，1个氧气呼吸器班约为3至4小时。

（八）氧气呼吸器校验仪，是指检验氧气呼吸器的各项技术指标是否符合规定标准的专用仪器。

（九）自动苏生器，是对中毒或者窒息的伤员自动进行人工呼吸或者输氧的急救器具。

（十）灾区，是指事故灾害的发生点及波及的范围。

（十一）风障，是指在矿井巷道或者工作面内，利用帆布等软体材料构筑的阻挡或者引导风流的临时设施。

（十二）地面基地，是指在处置矿山事故灾害时，为及时供应救援装备和器材、进行灾区气体分析和提供现场医疗急救等而设在矿山地面的支持保障场所。

（十三）井下基地，是指在井下靠近灾区、通风良好、运输方便、不易受事故灾害直接影响的安全地点，为井下救援指挥、通信联络、存放救援物资、待机小队待命和急救医务人员值班等需要而设立的救援工作场所。

（十四）火风压，是指井下发生火灾时，高温烟流流经有高差的井巷所产生的附加风压。

（十五）风流逆转，是指由于煤与瓦斯突出、爆炸冲击波、矿井火风压等作用，改变了矿井通风网络中局部或者全部正常风流方向的现象。

（十六）风流短路，是指用打开风门或者挡风墙等方法，将进风巷道风流直接引向回风巷的做法。

（十七）水幕，是指通过高压水流和在巷道中安设的多组喷嘴，喷出的水雾所形成的覆盖巷道全断面的屏障。

（十八）密闭，是指为隔断风流而在巷道中设置的隔墙。

（十九）临时密闭，是指为隔断风流、隔绝火区而在巷道中设置的临时构筑物。

（二十）防火门，是指井下防止火灾蔓延和控制风流的安全设施。

（二十一）局部反风，是指在矿井主要通风机正常运转的情况下，利用通风设施，使井下局部区域风流反向流动的方法。

（二十二）风门，是指在巷道中设置的关闭时阻隔风流、开启时行人和车辆通过的通风构筑物。

（二十三）锁风，是指在启封井下火区或者缩小火区范围时，为阻止向火区进风，采取的先增设临时密闭、再拆除已设密闭，在推进过程中始终保持控制风流的一种技术方法。

（二十四）直接灭火，是指用水、干粉或者化学灭火剂、惰性气体、砂子（岩粉）等灭火材料，在火源附近或者一定距离内直接扑灭矿井火灾。

（二十五）隔绝灭火，是指在联通矿井火区的所有巷道内构筑密闭（防火墙），隔断向火区的空气供给，使火灾逐渐自行熄灭。

（二十六）均压灭火，是指利用矿井通风手段，调节矿井通风压力，使火区进、回风侧风压差趋向于零，从而消除火区漏风，使矿井火灾逐渐熄灭。

（二十七）综合灭火，是指采用封闭火区、火区均压、向火区灌注泥浆或者注入惰性气体等多种灭火措施配合使用的灭火方法。

（二十八）防水墙，是指在矿井受水害威胁的巷道内，为防止井下水突然涌入其他巷道而设置的截流墙。

第一百七十二条 本规程自 2024 年 7 月 1 日起施行。

第三部分 附 录

附 录

附录1

矿山救援大队基本装备

类别	装备名称	要求及说明	单位	数量
救援车辆	指挥车	附有应急警报装置,通过性能好	辆	2
	气体分析化验车	安装气体分析仪器,配有打印机和电源	辆	1
	装备车	满足救援装备运输需要	辆	1
通信器材	视频指挥系统	双向可视、可通话	套	1
	录音电话	值班室配备	部	1
	对讲机	便携式,采用370 MHz的PDT集群制式,支持常规模式	部	6
灭火装备	高倍数泡沫灭火机	泡沫倍数≥500倍,发泡量≥200 m^3/min	套	1
	惰性气体灭火装置	N_2、CO_2 等	套	1
	快速密闭	喷涂、充气、轻型组合均可	套	4
排水设备	潜水泵	流量≥200 m^3/h,扬程满足服务区域矿井排水需要	台	2
	高压软体排水管	耐磨、阻燃、防静电,规格参数与所配潜水泵配套,工作压力≥4.5 MPa	m	1000
	泥沙泵	适应服务区域矿井抽排泥沙需要	台	2
检测仪器	气体分析化验设备	分析 O_2、N_2、CO_2、CO、CH_4、C_2H_6、C_3H_8、C_2H_4、C_2H_2、H_2、SO_2、H_2S、NO_2 等矿井空气和各种灾变气体浓度	套	1

（续）

类别	装备名称	要求及说明	单位	数量
检测仪器	便携式气体分析化验设备	分析 O_2、N_2、CO_2、CO、CH_4、C_2H_6、C_3H_8、C_2H_4、C_2H_2、H_2 等矿井空气和主要灾变气体浓度	套	1
	氢氧化钙化验设备	检测氢氧化钙的水分含量、二氧化碳吸收率、粉尘率等	套	1
	热成像仪	本质安全型	台	2
	生命探测仪	探测埋压、被困的遇险人员，探测距离≥10 m	套	2
	氧气呼吸器校验仪	检测校验氧气呼吸器性能和技术参数	台	2
训练设备	演习巷道设施与系统	能够模拟灾区环境与条件	套	1
	心理素质训练设备	高空组合、独立和地面组合、独立拓展训练器材等	套	1
	多功能体育训练器械	含跑步机、臂力器、体能综合训练器械等	套	1
	多媒体电教设备	满足多媒体教学、培训等需要	套	1
信息处理设备	传真机		台	1
	复印机		台	1
	台式计算机	指挥员、管理机构人员配备	台/人	1
	打印机	指挥员、管理机构人员配备	台/人	1
	笔记本电脑	配无线网卡	台	2
	数码摄像机	防爆	台	2
	数码照相机	防爆	台	2
工具药剂	防爆射灯	便携式，连续放电时间≥8 h	台	2
	破拆、支护工具	具备剪切、扩张、破碎、切割、起重、支护等功能	套	1

（续）

类别	装备名称	要求及说明	单位	数量
工具药剂	氢氧化钙	满足《隔绝式氧气呼吸器和自救器用氢氧化钙技术条件》要求	t	0.5
	泡沫药剂	高倍数泡沫灭火机使用，泡沫稳定时间≥30 min	t	0.5

附录2

独立中队和大队所属中队基本装备

类别	装备名称	要求及说明	单位	数量	
				独立中队	大队所属中队
救援车辆	指挥车	附有应急警报装置，通过性能好	辆	1	
	气体分析化验车	安装气体分析仪器，配有打印机和电源	辆	1	
	装备车	满足救援装备运输需要	辆	1	
通信器材	灾区电话	防爆，双向音频实时通信	套	2	2
	录音电话	值班室配备	部	1	1
	对讲机	便携式，采用370 MHz的PDT集群制式，支持常规模式	部	4	
个体防护	4 h氧气呼吸器	正压	台	6	6
	2 h氧气呼吸器	或者4 h氧气呼吸器，正压	台	6	6
	自动苏生器	便携式	台	2	2
	自救器	隔绝式，额定防护时间≥30 min	台	20	20

（续）

类别	装备名称	要求及说明	单位	数量 独立中队	数量 大队所属中队
灭火装备	高倍数泡沫灭火机	泡沫倍数≥500倍，发泡量≥200 m³/min	套	1	1
	快速密闭	喷涂、充气、轻型组合均可	套	2	
	干粉灭火器	8 kg	个	20	20
	风障	面积≥4 m×4 m，棉质	块	2	2
	水枪	开花、直流各2个	支	4	4
	水龙带	直径63.5 mm或者51.0 mm	m	400	400
排水装备	潜水泵	流量≥200 m³/h，扬程满足服务区域矿井排水需要	套	1	
	高压软体排水管	耐磨、阻燃、防静电，规格参数与所配潜水泵配套，工作压力≥4.5 MPa	m	500	
检测仪器	氧气呼吸器校验仪	检测校验氧气呼吸器性能和技术参数	台	2	2
	便携式气体分析化验设备	分析O_2、N_2、CO_2、CO、CH_4、C_2H_6、C_3H_8、C_2H_4、C_2H_2、H_2等矿井空气和主要灾变气体	套	1	1
	便携式氧气检测仪	数字显示，带报警功能	台	2	2
	红外线测温仪	本质安全型	台	1	1
	氢氧化钙化验设备	检测氢氧化钙的水分含量、二氧化碳吸收率、粉尘率等	套	1	
	热成像仪	本质安全型	台	1	
	红外线测距仪	本质安全型	台	1	1

（续）

类别	装备名称	要求及说明	单位	数量 独立中队	数量 大队所属中队
检测仪器	多参数气体检测仪	可检测 CH_4、CO、O_2 等三种以上气体	台	1	1
	瓦斯检定器	量程为 10%、100% 的各 2 台	套	4	4
	多种气体检定器	配备 CO、CO_2、O_2、H_2S、NO_2、SO_2、NH_3、H_2 检定管各 30 支	套	2	2
	风表	满足中、低速风速测量	套	4	4
	秒表	机械式	块	4	4
	干湿温度计	适用井下环境	支	2	2
	温度计	0 ℃～100 ℃	支	10	10
工具备品	破拆、支护工具	具备剪切、扩张、破碎、切割、起重、支护等功能	套	1	1
	防爆工具	锤、斧、镐、锹、钎、起钉器等	套	2	2
	防爆射灯	便携式，连续放电时间≥8 h	台	1	1
	氧气充填泵	氧气充填室配备	台	2	2
	氧气瓶	容积 40 L，压力≥10 MPa	个	8	8
		氧气呼吸器每台备用	个/台	1	1
		自动苏生器每台备用	个/台	1	1
	救生索	长 30 m，抗拉强度≥3000 kg	条	1	1
	担架	含 2 副负压多功能担架，铝合金管、棉质	副	4	4
	保温毯	棉质	条	4	4
	绝缘手套		副	3	3
	电工工具	钳子、电工刀、活扳手、螺丝刀、测电笔等	套	2	2

（续）

类别	装备名称	要求及说明	单位	数量 独立中队	数量 大队所属中队
工具备品	冰箱（冰柜）	容积≥150 L	台	1	1
	瓦工工具	瓦工刀、桃铲、抹子、托灰板、刨锛等	套	2	2
	灾区指路器	或者冷光管	个	10	10
	引路线	阻燃、防静电、抗拉	m	1000	1000
	救援三脚架	包括绳索、安全带等装置	套	1	1
训练设备	演习巷道设施与系统	能够模拟灾区环境与条件	套	1	
	体能综合训练器械	可进行引体向上、爬绳、力量、跳高、跳远、跑步等训练	套	1	
	多媒体电教设备	满足多媒体教学、培训等需要	套	1	
信息处理设备	传真机		台	1	
	复印机		台	1	
	台式计算机	指挥员、独立中队管理机构人员配备	台/人	1	1
	打印机	指挥员、独立中队管理机构人员配备	台/人	1	1
	笔记本电脑	配无线网卡	台	1	1
	数码摄像机	防爆	台	2	1
	数码照相机	防爆	台	2	1
药剂	氢氧化钙	满足《隔绝式氧气呼吸器和自救器用氢氧化钙技术条件》要求	t	0.5	0.5
	泡沫药剂	高倍数泡沫灭火机使用，泡沫稳定时间≥30 min	t	0.5	0.5

附录3

矿山救援小队基本装备

类别	装备名称	要求及说明	单位	数量
救援车辆	矿山救援车	附有应急警报装置,通过性能好	辆	1
通信器材	灾区电话	防爆,双向音频实时通信	套	1
个体防护	矿灯	本质安全型,配灯带	盏	2
	4 h氧气呼吸器	正压	台	1
	2 h氧气呼吸器	或者4 h氧气呼吸器,正压	台	1
	自动苏生器	便携式	台	1
灭火器材	干粉灭火器	8 kg	台	2
	风障	面积≥4 m×4 m,棉质	块	1
	帆布水桶	棉质	个	2
检测仪器	氧气呼吸器校验仪	检测校验氧气呼吸器性能和技术参数	台	1
	瓦斯检定器	量程为10%、100%的各1台	台	2
	多种气体检定器	配备CO、O_2、H_2S、H_2检定管各30支	台	1
	便携式氧气检测仪	数字显示,带报警功能	台	1
	多参数气体检测仪	可检测CH_4、CO、O_2等三种以上气体	台	1
	风表	满足中、低速风速测量	套	1
	秒表	机械式	块	1
	红外线测温仪	本质安全型	台	1
	温度计	0 ℃~100 ℃	支	2

附录Ⅱ 矿山救援规程

（续）

类别	装备名称	要求及说明	单位	数量
工具备品	氧气瓶	氧气呼吸器备用	个	4
	灾区指路器	或者冷光管	个	10
	引路线	阻燃、防静电、抗拉	m	1000
	担架	铝合金管、棉质	副	1
	采气样工具	包括球胆4个	套	2
	保温毯	棉质	条	1
	液压起重器	或者起重气垫	套	1
	刀锯	锯头≥400 mm	把	2
	防爆工具	锤、斧、镐、锹、钎、起钉器等	套	1
	电工工具	钳子、电工刀、活扳手、螺丝刀、测电笔等	套	1
	瓦工工具	瓦工刀、桃铲、抹子、托灰板、刨锛等	套	1
	皮尺	10 m	个	1
	卷尺	2 m	个	1
	钉子包	内装常用钉子各1 kg	个	2
	信号喇叭	一套至少2个	套	1
	绝缘手套		副	2
	救生索	长30 m，抗拉强度≥3000 kg	条	1
	探险棍	轻便、防爆	个	1
	负压夹板	或者充气夹板	副	1
	急救箱	内装止血带、夹板、绷带、胶布、药棉、镊子、剪刀、碘伏、消炎药、医用手套、伤病人员标识卡等	个	1
	记录工具	记录笔、本各2个	套	2
	备件袋	内装防雾液、易损易坏件等	个	1

附录4

兼职矿山救援队基本装备

类别	装备名称	要求及说明	单位	数量
通信器材	灾区电话	防爆,双向音频实时通信	套	1
个体防护	4 h氧气呼吸器	正压	台	1
	2 h氧气呼吸器	或者4 h氧气呼吸器,正压	台	1
	自救器	隔绝式,额定防护时间≥30 min	台	20
	自动苏生器	便携式	台	2
灭火器材	干粉灭火器	8 kg	台	10
	风障	面积≥4 m×4 m,棉质	块	2
检测仪器	氧气呼吸器校验仪	检测校验氧气呼吸器性能和技术参数	台	2
	多种气体检定器	配备CO、O_2、H_2S、H_2检定管各30支	台	2
	瓦斯检定器	量程为10%、100%的各1台(金属非金属矿山救援队可不配备)	台	2
	便携式氧气检测仪	数字显示,带报警功能	台	1
	温度计	0 ℃~100 ℃	支	2
工具备品	引路线	阻燃、防静电、抗拉	m	1000
	采气样工具	包括球胆4个	套	1
	氧气充填泵	氧气充填室配备	台	1
	氧气瓶	容积40 L,压力≥10 MPa	个	5
		氧气呼吸器配套气瓶	个	20
		自动苏生器配套气瓶	个	2
	救生索	长30 m,抗拉强度≥3000 kg	条	1
	担架	含1副负压担架,铝合金管、棉质	副	2

（续）

类别	装备名称	要求及说明	单位	数量
工具备品	保温毯	棉质	条	2
	绝缘手套		副	1
	刀锯	锯头≥400 mm	把	1
	防爆工具	锤、斧、镐、锹、钎、起钉器等	套	1
	电工工具	钳子、电工刀、活扳手、螺丝刀、测电笔等	套	1
药剂	氢氧化钙	满足《隔绝式氧气呼吸器和自救器用氢氧化钙技术条件》要求	t	0.5

附录5

矿山救援队应急救援人员个人基本装备

类别	装备名称	要求及说明	单位	数量
个体防护	4 h氧气呼吸器	正压	台	1
	自救器	隔绝式，额定防护时间≥30 min	台	1
	救援防护服	反光标志和防静电、阻燃等性能符合国家和行业相关标准	套	1
	胶靴	防砸、防刺穿、防静电/绝缘	双	1
	毛巾	棉质	条	1
	安全帽	阻燃、抗冲击、侧向刚性、防静电/绝缘	顶	1
	矿灯	本质安全型，配灯带	盏	1
装备工具	手表（计时器）	机械式，副小队长及以上指挥员配备	块	1
	手套	布手套、线手套、防割刺手套各1副	副	3

(续)

类别	装备名称	要求及说明	单位	数量
装备工具	背包	装救援防护服,棉质或者其他防静电布料	个	1
	联络绳	长 2 m	根	1
	氧气呼吸器工具	氧气呼吸器配套使用	套	1
	记录工具	记录笔、本、粉笔各 1 个	套	1

附录 6

矿山救援小队进行矿井灾区探察携带基本装备

类别	装备名称	要求及说明	单位	数量
通信器材	灾区电话	防爆,双向音频实时通信	台	1
个体防护	2 h 或者 4 h 氧气呼吸器	正压	台	1
	自动苏生器	便携式,可放在井下基地	台	1
检测仪器	瓦斯检定器	量程为 10%、100% 的各 1 台	台	2
	多种气体检定器	配备 CO、O_2、H_2S、H_2 检定管各 30 支	套	1
	采气样工具	包括球胆 4 个	套	1
	温度计	0 ℃ ~ 100 ℃	支	1
	便携式氧气检测仪	数字显示,带报警功能	台	1
装备工具	担架	铝合金管、棉质	副	1
	保温毯	棉质	条	1
	氧气瓶	与 4 h 氧气呼吸器配套	个	2
	刀锯	锯头 ≥ 400 mm	把	1
	铜顶斧	防爆	把	1

（续）

类别	装备名称	要求及说明	单位	数量
装备工具	两用锹	防爆	把	1
	探险棍	轻便、防爆	个	1
	灾区指路器	或者冷光管	个	10
	引路线	阻燃、防静电、抗拉，用有线电话线引路的可不携带	m	500
	皮尺	10 m	个	1
	急救箱	小队急救箱	个	1
	记录工具	记录笔、本各1个	套	2
	电工工具	钳子、电工刀、活扳手、螺丝刀、测电笔等	套	1
个人装备	应急救援人员个人基本装备	见附录5		

注：必要时，携带风表、红外线测温仪、红外线测距仪、热成像仪等装备。

附录7

应急救援登记卡（样式）

填报单位：　　　　　　　　　　　　　　　　上报日期：

事故单位名称						
事故发生地点				事故类别		
遇险人数				生还人数		
遇难人数				失踪人数		
接警时间	月	日	时　分	通知人及单位		
出动时间	月	日	时　分	出动小队		带队指挥员	
返回驻地时间	月	日	时　分	出动人数		救援队负责人	

（续）

事故现场情况（简述）					
应急救援情况（简述）					
经验与教训（简述）					
佩带氧气呼吸器时间	h	本队救出生还人数		本队救出遇难人数	
佩用氧气呼吸器时间	h	恢复巷道			m
其他有关情况					

填表人姓名： 　　　　　负责人（签章）： 　　　　　填报单位盖章

附录8

防爆密闭墙最小厚度

井巷断面/m²	水砂充填墙/m	石膏（粉煤灰、胶凝剂）充填墙/m	砂袋墙/m
≤5	5	2.5	5
5~7.5	5~8	2.5~3	5~6
7.5~10.5	8~10	3~3.5	6~7
10.5~14	10~15	3.5~4	7~8

附录9

应急救援人员在高温巷道持续作业限制时间

巷道内温度/℃	40	45	50	55	60
持续作业时间/min	25	20	15	10	5

附录 10

矿山救援中队基本急救器材清单

器材名称	单位	数量	备注
模拟人	套	1	
背夹板	副	4	
负压夹板	套	3	或者充气夹板
颈托	副	6	大、中、小号各 2 副
聚酯夹板	副	10	或者木夹板
止血带	个	20	
三角巾	块	20	
绷带	m	50	
剪子	个	5	
镊子	个	10	
口式呼吸面罩/隔离膜	个	5/50	口对口人工呼吸用面罩
医用手套	副	20	
开口器	个	6	
夹舌器	个	6	
伤病卡	张	100	
相关药剂		若干	碘伏、消炎药等
急救箱	个	1	
防护眼镜	副	3	
医用消毒大单	条	2	

附录11

矿山救援小队基本急救器材清单

器材名称	单位	数量	备注
颈托	副	2	可调试
聚酯夹板	副	2	
三角巾	块	10	
绷带	m	5	
消炎消毒药水	瓶	2	酒精、碘伏等
药棉	卷	2	
剪子	个	1	
衬垫	卷	5	
冷敷药品	份	2	
口式呼吸面罩/隔离膜	个	2/20	
医用手套	副	2	
夹舌器	个	1	
开口器	个	1	
镊子	个	2	
止血带	个	5	
无菌敷料	份	10	或者无菌纱布

附录Ⅲ 《矿山救援规程》与《矿山救护规程》条文对照表

《矿山救援规程》与《矿山救护规程》条文对照表

矿山救护规程 (2007年10月22日国家安全生产监督管理总局公告(2007年第20号)公布，2008年1月1日起施行。2024年7月1日中华人民共和国应急管理部发布公告(2024年第3号)废止)	矿山救援规程 (2024年4月28日中华人民共和国应急管理部令第16号公布，自2024年7月1日起施行)
4 总则	第一章 总 则
4.1 为 保证 安全、快速、有效 地实施 矿山 企业生产 建设事故应急救援，保护矿山 职工 和 救护 人员的生命安全，减少国家资源和财产损失，根据 国家 有关法律、法规 制订 本标准。	第一条 为了快速、安全、有效处置矿山生产安全事故，保护矿山从业人员和应急救援人员的生命安全，根据《中华人民共和国安全生产法》《中华人民共和国矿山安全法》和《生产安全事故应急条例》《煤矿安全生产条例》等有关法律、行政法规，制定本规程。
1 范围 本标准规定了矿山救护工作涉及的矿山应急救援组织、矿山救护队军事化管理、矿山救护队装备与设施、矿山救护队培	第二条 在中华人民共和国领域内从事煤矿、金属非金属矿山及尾矿库生产安全事故应急救援工作（以下统称矿山救援工作），适用本规程。

注：条文中阴影加方框部分为删去内容，黑体字为修改部分（下同）。

(续)

矿山救护规程	矿山救援规程
训与训练、矿山事故应急救援一般规定、矿山事故救援等各项内容。本标准适用于中华人民共和国境内矿山企业、矿山救护队（伍及管理部门，不适于石油和天然气、液态矿）等。	第三条 矿山救援工作应当以人为本，坚持人民至上、生命至上，贯彻救援原则，全力以赴抢救遇险人员，确保应急救援人员安全，防范次生灾害事故，避免或者减少事故对环境造成的危害。 第四条 矿山企业应当建立健全应急值守、信息报告、应急响应、现场处置、组织应急救援演练，储备应急救援装备和编制应急救援预案，按照国家有关规定，储备应急救援装备和物资，其主要负责人对本单位的矿山救援工作全面负责。 第五条 矿山救援队（矿山救护队，下同）是处置矿山生产安全事故的专业队伍。所有矿山都应当有矿山救援队为其服务。 矿山企业应当建立专职矿山救援队；规模较小，不具备建立专职矿山救援队条件的，应当建立兼职矿山救援队，并与邻近的专职矿山救援队签订应急救援协议。专职矿山救援队至服务矿山的行车时间一般不超过30分钟。
4.2 矿山救护队是处理矿山灾害事故的专业队伍，实行军事化管理。矿山救护队指战员是矿山一线特种作业人员。	
4.3 矿山救护队必须经过资质认证，取得资质证书后，方可从事矿山救护工作。	
4.4 矿山企业（包括生产和建设矿山的企业）（以下同）均应设立矿山救护队，地方政府或矿山企业，应根据本区域矿	

附录Ⅲ 《矿山救援规程》与《矿山救护规程》条文对照表

（续）

矿山救护规程	矿山救援规程
山灾害、矿山生产规模、企业分布等情况，合理划分救护服务区域，组建矿山救护大队或矿山救护中队。生产经营规模较小，不具备单独设立矿山救护队条件的矿山企业应设立兼职救护队，并与就近的取得三级以上资质的矿山救护队签订矿山救护协议，签订救护协议的救护队服务半径不得超过100 km；煤矿比较集中的矿区经各省（区）煤炭行业管理部门规划、批准，可以联合建立矿山救护大（中）队。矿山救护队驻地至服务矿井的距离，以行车时间不超过30 min为限。年生产规模60×10⁴ t（含）以上的高瓦斯矿井和距离救护队服务半径超过100 km的矿井必须设置独立的矿山救护队。	县级以上人民政府有关部门根据实际需要建立的矿山救援队按照有关法律法规的规定执行。
	第六条 矿山企业应当及时将本单位矿山救援队的建立、变更、撤销和驻地、服务范围、主要装备、人员编制、主要负责人、接警电话等基本情况报送所在地应急管理部门和矿山安全监察机构。
4.8 矿山救护队必须备有所服务矿山的应急预案或灾害预防处理计划，矿井主要系统图纸等有关资料。矿山救护队应	第七条 矿山企业应当与为其服务的矿山救援队建立应急通信联系。煤矿、金属非金属矿山及尾矿库企业应当分别按照《煤矿安全规程》《金属非金属矿山安全规程》《尾矿库安全规程》

（续）

矿山救护规程	矿山救援规程
根据服务矿山的灾害类型及有关资料，制订预防处理方案，并进行训练演习。	有关规定向矿山救援队提供必要、真实、准确的图纸资料和应急救援预案。
4.5 矿山救护队必须贯彻执行国家安全生产方针以及"加强预防，严格训练，主动预防，积极抢救"的工作方针，指导设备，严格训练，主动预防，积极抢救"的工作方针，加强矿山救护队质量标准化建设，切实做好矿山灾害事故的应急救援和预防性安全检查工作。	第八条 发生生产安全事故后，矿山企业应当立即启动应急救援预案，采取措施组织抢救，全力做好矿山救援工作，并按照国家有关规定及时上报事故情况。 第九条 矿山救援队应当坚持"加强准备，严格训练，主动预防，积极抢救"的工作原则；在接到服务矿山企业的救援通知或有关人民政府及相关部门的救援命令后，应当立即参加事故灾害应急救援。
5 矿山应急救护组织	第二章 矿山救援队伍
5.1 矿山救护队伍	第一节 组织与任务
5.2 矿山救护队任务与职责	第十条 专职矿山救援队伍应当符合下列规定： （一）根据服务矿山救援工作需要，设立大队或者独立中队 等情况和矿山救援工作需要，设立大队或者独立中队。
5.1.1 救护大队	（二）大队和独立中队下设办公、战训、装备、后勤等管
a）救护大队由2个以上中队组成。	
b）救护大队负责本区域内矿山重大灾变事故的处理与调	

附录Ⅲ 《矿山救援规程》与《矿山救护规程》条文对照表

（续）

矿山救护规程	矿山救援规程
度，指挥，对直属中队直接领导，并对区域内其他矿山救护队、兼职矿山救护队进行业务指导或领导，应具备本区域矿山救护指挥、培训、演习训练中心的功能。 c）救护大队设副大队长1人、总工程师1人、副总工程师1人、工程技术人员数人；应设立相应的管理及办事机构（如办公、培训、后勤等），并配备必要的管理人员和医务人员，救护大队指挥员的任免，应报省级矿山救援指挥机构备案。 5.1.2 救护中队 a）救护中队由3个以上的小队组成，是独立作战的基层单位。 b）救护中队设中队长1人、副中队长2人（分别为正、副区科级），工程技术人员1人。直属中队中队长1人、副中队长2～3人，工程技术人员至少1人。救护中队应配备必要的管理人员及汽车司机、机电维修、氧气充填等人员。 5.1.3 救护小队	理机构，配备相应的管理和工作人员； （三）大队由不少于2个中队组成，设大队长1人、副大队长不少于2人、总工程师1人、副总工程师不少于1人； （四）独立中队和大队所属中队由不少于3个小队组成，设中队长1人、副中队长不少于2人、技术员不少于1人，以及救援车辆驾驶、仪器维修和氧气充填人员。 （五）小队由不少于9人组成，设正、副小队长各1人，是执行矿山救援工作任务的最小集体。

291

(续)

矿山救护规程	矿山救援规程
救护小队由 9 人以上组成，是执行作战任务的最小战斗集体。救护小队设正、副小队长各 1 人。 5.1.5 救护指战员条件 a) 大队指挥员应由熟悉矿山救护业务及其相关知识，热爱矿山救护事业，能够佩用氧气呼吸器，从事矿山井下工作不少于 5 年，并经国家级矿山救护培训机构培训取得资格证的人员担任。 b) 大队长应具有大专以上文化程度，大队总工程师应具有大专以上学历并中级以上职称。 c) 中队指挥员应由熟悉矿山救护业务及其相关知识，热爱矿山救护事业，能够佩用氧气呼吸器，从事矿山救护工作不少于 3 年，并经培训取得资格证的人员担任。 d) 中队长应具有中专以上文化程度；中队技术员应具有中专以上学历并初级以上职称。 e) 新招收的矿山救护队员应具有高中（中技）以上文化程度，年龄在 25 周岁以下，身体符合矿山救护队员标准，从	第十一条 专职矿山救援队应急救援人员应当具备下列条件： （一）熟悉矿山救援工作业务，具有相应的矿山专业知识； （二）大队指挥员由在中队指挥员岗位工作不少于 3 年或者从事矿山生产、技术管理工作或者矿山生产、安全、技术管理工作不少于 5 年的人员担任，中队指挥员由从事矿山生产、安全、技术管理工作不少于 3 年的人员担任，小队指挥员由从事矿山救援工作不少于 2 年的人员担任； （三）大队指挥员年龄一般不超过 55 岁，中队指挥员年龄一般不超过 50 岁，小队指挥员和队员年龄一般不超过 45 岁；根据工作需要，允许保留少数（不超过应急救援人员总数的 1/3）身体健康、有技术专长、救援经验丰富的超龄人员，超龄年限不大于 5 岁； （四）新招收的队员应当具有高中（中专、中技、中职）以上文化程度，具备相应的身体素质和心理素质，年龄一般不超过 30 岁。

附录Ⅲ 《矿山救援规程》与《矿山救护规程》条文对照表

矿山救援规程	矿山救护规程
（续）	事井下工作1年以上，并经过培训、考核、试用，取得合格证后，方可从事矿山救护工作。 f) 救护队实行队员服役合同制。正式入队前，必须由矿山救护队、输送队员单位和队员本人三方签订服役合同，合同期为3~5年。队员服役合同期满，本人表现较好、身体条件等符合要求的可再续签合同，延长服役年限。 g) 凡有下列疾病之一者，严禁从事矿山救护工作： 1) 有传染性疾病者； 2) 色盲、近视（1.0以下）及目眩者； 3) 脉搏不正常，呼吸系统、心血管系统有疾病者； 4) 强度神经衰弱、高血压、低血压、眩晕症者； 5) 尿内有异常成分者； 6) 经医生检查确认或经实际考核身体不适应救护工作者； 7) 脸形特殊不适合佩用面罩者。 救护队指战员每年应进行1次身体检查，对身体不合格人员，必须立即调整。企业应根据其自身状况安置工作。

293

（续）

矿山救护规程	矿山救援规程
救护队员年龄不应超过40岁，中队指挥员年龄不应超过45岁，大队指挥员年龄不应超过55岁。根据救护工作需要，允许保留少数（指挥员和队员分别不超过1/3的）身体健康，能够下井从事救护工作，有技术专长及经验丰富的超龄人员，超龄年度不大于5岁。超龄人员每半年应进行1次身体检查，符合条件方可留用。 5.2.1 救护队任务 a) 抢救矿山遇险遇难人员。 b) 处理矿山灾害事故。 c) 参加排放瓦斯、震动性爆破、启封火区、反风演习和需要佩用氧气呼吸器作业的安全技术性工作。 d) 参加审查矿山应急预案或灾害预防处理计划，做好矿山安全生产预防性检查，参与矿山安全检查和消除事故隐患的工作。 e) 负责兼职矿山救护队的培训和业务指导工作。 f) 协助矿山企业搞好职工的自救、互救和现场急救知识的普及教育。	第十二条 专职矿山救援队的主要任务是： （一）抢救事故灾害遇险人员； （二）处置矿山生产安全事故及灾害； （三）参加排放瓦斯、启封火区、反风演习、井巷揭煤等需要佩用氧气呼吸器作业的安全技术工作； （四）做好服务矿山企业预防性安全检查，参与消除事故隐患； （五）协助矿山企业做好从业人员自救互救和应急知识的普及教育，参与服务矿山企业应急救援演练； （六）承担兼职矿山救援队的业务指导工作； （七）根据需要和有关部门的救援命令，参与其他事故灾害应急救援工作。

附录Ⅲ 《矿山救援规程》与《矿山救护规程》条文对照表

（续）

矿山 救护 规程	矿山救援规程
5.1.4 兼职矿山救护队 a) 兼职矿山救护队应根据矿山的生产规模、自然条件、灾害情况确定编制，原则上应由2个以上小队组成，每个小队不少于9人以上组成。 b) 兼职矿山救护队应设 专职 队长及仪器装备管理人员，兼职矿山救护队直属矿长领导，业务上接受矿总工程师（或技术负责人）和矿山救护大队的指导。 c) 兼职矿山救护队员由 符合矿山救护队员条件，能够佩用氧气呼吸器的 矿山生产、通风、机电、运输、安全等部门的骨干工人、工程技术人员 和干部 兼职组成。	第十三条 兼职矿山救援队应当符合下列规定： （一）根据矿山生产规模、自然条件和灾害情况确定队伍规模，一般不少于2个小队，每个小队不少于9人； （二）应急救援人员主要由矿山生产一线班组长、业务骨干、工程技术人员和管理人员等兼职担任，**确保救援装备处于完好备用状态**； （三）设正、副队长和仪器装备管理人员； （四）队伍直属矿长领导，业务上接受矿总工程师（技术负责人）和专职矿山救援队的指导。
5.2.2 兼职救护任务 a) 引导和救助遇险遇难人员 脱离灾区 。 b) 做好 矿山安全生产预防性检查工作，控制和处理矿山初期事故。 c) 参加 需要佩用氧气呼吸器作业的 安全技术工作。 d) 协助专职矿山救护队完成矿山事故救援工作。 e) 协助做好矿山自救与互救知识的宣传教育工作。	第十四条 兼职矿山救援队的主要任务是： （一）参与矿山生产安全事故初期控制和处置，救助遇险人员； （二）协助专职矿山救援队参与矿山救援工作； （三）协助 矿山救援队参与矿山预防性安全检查和安全技术工作； （四）参与矿山从业人员自救互救和应急知识宣传教育，参加矿山应急救援演练。

295

(续)

矿山救护规程	矿山救援规程
5.2.3.1 救护指战员的一般职责 a) 热爱矿山救护工作，全心全意为矿山安全生产服务。 b) 加强 体质 锻炼和业务 技术 学习，适应矿山救护工作 和规定 。 素质 需要。 c) 自觉遵守有关安全生产法律、法规、标准 和规定 。 d) 爱护 救护 仪器装备，做好仪器设备的维修保养，使其 战备 值班室工作，坚守岗位，随时做好出动准备。 e) 按照规定参加 战备 值班工作，坚守岗位，随时做好出动准备。 f) 服从命令，听从指挥，积极主动地完成各项工作任务。	第十五条 矿山救援队应急救援人员应当遵守下列规定： （一）热爱矿山救援事业，全心全意为矿山安全生产服务； （二）遵守和执行安全生产和应急救援法律、法规、规章和标准； （三）加强业务知识学习和应急救援专业技能训练，适应矿山救援工作需要； （四）熟练掌握装备仪器操作技能，做好装备仪器的维护保养，保持装备完好； （五）按照规定参加应急值班，坚守岗位，随时做好救援出动准备； （六）服从命令，听从指挥，积极主动完成矿山救援等各项工作任务。
6 矿山救护队军事化管理	第二节 建设与管理
6.1 工作规范管理	第十六条 矿山救援队应当加强标准化建设。标准化建设的主要内容包括组织机构及人员、装备与设施、培训与训练、业务工作、救援准备、技术操作、现场急救、综合体质、队列操练、综合管理等。
6.1.1 救护队各项工作应按《矿山救护队质量标准化考核规范》的要求定期进行检查、验收评比。矿山救护中队应每季度组织一次达标自检，矿山救护大队应每半年组织一次达标检查，省级矿山救援指挥机构应每年组织一次检查验收，国家矿山救援指挥机构适时组织抽查。	

附录Ⅲ 《矿山救援规程》与《矿山救护规程》条文对照表

（续）

矿山救护规程	矿山救援规程
6.6 队容、风纪、礼节 6.6.1 救护队指战员应严格遵守队容、风纪、礼节的规定。 6.6.2 严格按照企业专职消防人员标准着装，不得擅自更改着装标准和样式。着装时应遵守下列规定： a) 按照规定佩戴帽徽、领章、臂章。 b) 着装必须穿戴配套，扣好领扣、衣服扣、裤扣，不得挽袖、卷裤腿、穿拖鞋。 c) 便服和队服不得混穿。 6.7 救护队标志 救护队的队旗、队徽、队歌应按规定制作、管理和使用。	第十七条 矿山救援队应当按照有关标准和规定使用和管理队徽、队旗，统一规范着装并佩戴标志标识；加强思想政治、职业作风和救援文化建设，强化救援理念、职责和使命教育，保持高度的组织性、纪律性。遵守礼节礼仪，严肃队容风纪；服从命令，听从指挥，
6.1.2 救护队应建立健全以下制度：岗位责任制度、值班工作制度、待机工作制度、交接班制度、技术装备检查维护保养制度、学习和训练制度、考勤制度、救后总结讲评制度、预防性检查制度、内务卫生管理制度、材料装备库房管理制度、车辆管理使用制度、计划、财务管理制度、会议制度、评比检查制度、奖惩制度等各项规章制度。	第十八条 专职矿山救援队的日常管理包括下列内容： （一）建立岗位责任制，明确全员岗位职责； （二）建立交接班、学习培训、训练演练、救援总结讲评、装备管理、内务管理、档案管理、会议、考勤和评比检查等工作制度； （三）设置组织机构牌板、队伍部署与服务区域矿山分布图、值班日程表、接警记录板和评比检查牌板，值班室配置录音电话、报警装置、时钟，接警和交接班记录簿；

297

矿山救护规程	矿山救援规程
6.1.3 救护队应建立以下牌板："队伍组织机构牌板"、"服务矿井交通示意图"、"主要技术装备配备牌板"、"值班工作安排牌板"、"事故电话招请示意图"、"救护队伍营区管理分布示意图"、"竞赛评比检查牌板"等牌板。 6.1.4 救护队应建立和完善以下记录和报表：救护工作日志、个人装备维护保养记录、小队装备维护保养记录、大中型装备维护保养记录、体质训练记录、一般技术训练记录、仪器设备操作训练记录、理论学习记录、急救训练记录、事故救援记录、战后总结评比记录、军训记录、预防性检查记录、各种会议记录、好人好事记录、安全技术工作记录、竞赛评比记录、考勤记录、请销假记录、事故电话记录、违章违纪记录等记录簿。 6.1.7 值班室应装备以下设备和图板： a) 普通电话机； b) 专用录音电话机； c) 事故电话记录； d) 事故记录牌板；	(四) 制定年度、季度和月度工作计划，建立工作日志和接警信息、交接班、事故救援、装备设施维护保养、学习与总结讲评、培训与训练、预防性安全检查、安全技术工作等工作记录； (五) 保存人员信息、技术资料、救援报告、工作总结、文件资料、会议材料等档案资料； (六) 针对服务矿山企业的分布、灾害特点及可能发生的生产安全事故类型等情况，制定救援行动预案，并与服务矿山企业的应急救援预案相衔接； (七) 营造功能齐备、利于应急，秩序井然、卫生整洁，具有浓厚应急救援职业文化氛围的驻地环境； (八) 集体宿舍保持整洁，墙壁悬挂物品一条线，不乱放杂物，床上卧具叠放整齐一条线，无乱贴乱画，室内物品摆放整齐、保持窗明壁净； (九) 应急救援人员做到着装规范、配套、整洁、整齐，遵守作息时间和考勤制度、举止端正、精神饱满、语言文明、常洗澡、常理发、常换衣服，患病应当早报告、早治疗。 兼职矿山救援队的日常管理可以结合矿山企业实际，参照本条上述内容执行。

附录Ⅲ 《矿山救援规程》与《矿山救护规程》条文对照表

（续）

矿山救护规程	矿山救援规程
e) 矿井位置、交通显示图； f) 计时钟； g) 事故紧急出动报警装置。 6.1.8 救护队应做到年有计划、季有安排、月有工作与学习日程表。计划内容包括：队伍建设、教育与训练、技术装备管理、矿井预防性安全检查、内务管理、战备管理、劳动工资及财务、设备维修等。 6.1.10 救护队应利用信息电子网络建立技术、人员档案，加强对技术资料和各种重要记录的管理。技术档案内容包括： a) 矿山救护指战员登记卡（见表3）； b) 各项工作、会议记录，收集整理的与救护有关的技术资料及经验材料； c) 矿区交通图、矿山救护队到达各矿（井）的距离和行车时间表、矿山事故应急预案（灾害预防和处理计划）、通风系统图等服务矿井的资料； d) 历年救护工作总结、技术状况和评比情况、事故救援报告等；	

(续)

e) 上级有关的指示、通知文件及有关规定；
f) 大型装备、设备的性能（说明书及有关技术资料）及维护、使用情况等。

表3 矿山救护队指战员登记卡

编号：

单位：

姓名		性别		民族		出生年月日		照片
政治面貌		文化程度		职称		籍贯		
毕业院校		专业						
参工时间		入队时间年月		入队前工种		职务		
身高		血型				身份证号码		
培训时间		培训地点				证书编号		

附录Ⅲ 《矿山救援规程》与《矿山救护规程》条文对照表

(续)

矿山救护规程	矿山救援规程
表3（续） | 个人工作简历 |||||||| | 参加事故救援经历 |||||||| | 复训情况 |||| 体检情况 |||| | 年度 | 结论 | 年度 | 结论 | 年度 | 结论 | 年度 | 结论 | ||||||||| ||||||||| | 通信地址 |||||| 联系电话 || 6.3 内务管理 6.3.1 救护队应根据营区条件，有计划地绿化和美化环境，创造舒适、整洁的环境。	

301

(续)

	矿山救护规程	矿山救援规程
6.3.2	内务卫生要求： a) 集体宿舍墙壁悬挂物体一条线，床上卧具叠放整齐一条线，保持窗明壁净； b) 个人应做到：常洗澡、常理发、常换衣服； c) 人员患病应早报告、早治疗。	
6.1.5	救护队必须建立昼夜值班制度。战备值班以小队为单位，按照轮流值班表担任值班队、待机队、工作队，值班中队以上指挥员及汽车司机须轮流上岗值班，小队负责电话值班，有事故和待机小队一起出动。	第十九条 矿山救援队应当建立 24 小时值班制度。大队、中队至少各由 1 名指挥员在岗带班。应急值班小队为单位，各小队按计划轮流担任值班小队和待机小队，值班和待机的救援装备应当置于矿山救援车上或者便于快速取用的地点，保持应急准备状态。
6.1.6	值班和待机小队的技术装备，必须装在值班、待机汽车上，听到事故警报，必须保证在规定时间内出动。战斗准备状态。	第二十条 矿山救援队执行矿山救援任务，参加安全技术工作和开展预防性安全检查时，应当穿戴矿山救援防护服装，佩带并按规定佩戴氧气呼吸器，携带相关装备、仪器和用品。
6.2.9	任何人不得随意调动矿山救护队、救护装备和救护车辆从事与矿山救护无关的工作。	第二十一条 任何人不得擅自调动矿山救援车专职矿山救援队、救援装备物资和救援车辆从事与应急救援无关的活动。

302

附录 Ⅲ 《矿山救援规程》与《矿山救护规程》条文对照表

（续）

矿山救护规程	矿山救援规程
7 矿山救护队 装备与设施	**第三章 救援装备与设施**
7.1 救护队应配备以下装备和器材： a) 个人防护装备。 b) 处理各类矿山灾害事故的专用装备与器材。 c) 气体检测分析仪器、温度、风量检测仪表。 d) 通信器材及信息采集与处理设备。 e) 医疗急救器材。 f) 交通运输工具。 g) 训练器材等。	第二十二条 矿山救援队应当配备处置矿山生产安全事故的基本装备（见附录1至附录5），并根据救援工作实际需要配备其他必要的救援装备，积极采用新技术、新装备。
7.3 救护队应根据技术和装备水平的提高不断更新装备，并及时对其进行维护和保养，以确保矿山救护设备和器材始终处于良好状态。各级矿山救护队、兼职矿山救护队及救护队指战员的基本装备配备标准，见表4、表5、表6、表7和表8。	
7.4 救护队伍值班车上基本配备装备和进入灾区侦察时所携带的基本配备装备，必须符合表9、表10的规定。矿山救护大队或中队人员抢救时必须携带的技术装备，由矿山救护小队或中	第二十三条 矿山救援队值班车辆应当放置值班小队和小队人员的基本装备。

（续）

队根据本区情况、事故性质作出规定。

表9　矿山救护队值班车上基本装备配备标准

类别	装备名称	要求及说明	单位	数量
个人防护	压缩氧自救器		台	10
装备	负压担架		副	1
装备	负压夹板		副	1
装备	4 h呼吸器氧气瓶		个	10
工具	防爆工具		套	1
检测仪器	机械风表	中、低速各1台	台	2
药剂	氢氧化钙		kg	30
其他	小队基本配备装备	见表6	套/小队	1

注1：急救箱内装止血带、夹板、酒精、碘酒、绷带、药棉、消炎药、手术刀、镊子、剪刀，以及止痛药和止泻药等。

注2：备件袋内装呼吸器易损件。

附录Ⅲ 《矿山救援规程》与《矿山救护规程》条文对照表

（续）

矿山救护规程	矿山救援规程
6.2.5 救护队的各种仪器仪表，须按国家计量标准要求定期校正，使之达到规定标准。小队和个人装备使用前后，必须立即进行清洗、消毒、去垢除锈、更换药品、补充备品备件，并检查其是否达到技术标准要求，保持完好状态。 7.2 救护队使用的装备、器材，行业标准和矿山安全检测仪器，必须符合国家标准、行业标准和矿山安全有关规定。矿用产品安全标志管理目录的产品，应取得矿用产品安全标志，严禁使用国家明令禁止和淘汰的产品。	第二十四条 矿山救援队应当根据服务矿山企业实际情况和可能发生的生产安全事故，明确列出处置各类事故需要携带的救援装备；需要携带其他装备赴现场的，由带队指挥员根据事故具体情况确定。 第二十五条 救援装备、器材、防护用品和检测仪器应当符合国家标准或者行业标准，满足矿山救援工作的特殊需要。各种仪器仪表应当按照有关要求定期检定或者校准。
6.2 技术装备管理 6.2.1 救护队个人、小队、中队及大队应定期检查、准确掌握在用、库存救援装备状况及数量，并认真填写登记，保持完好状态。	第二十六条 矿山救援队应当定期检查在用和库存救援装备的状况及数量，做到账、物、卡"三相符"，并及时进行报废、更新和备品备件补充。

矿山救护规程	（续）
	矿山救护规程
	6.2.2 根据技术装备的使用情况，做出装备的报废、更新、备品备件的补充计划，并及时补充。
6.2.3 库房须设专人管理，保持库房清净卫生，设备存放整齐，严格审批领用制度，做到账、物、卡"三相符"。
6.2.4 小队和个人救护装备应达到"全、亮、准、尖、利、稳"的标准：
全：小队和个人装备应齐全；
亮：装备带金属的部分要亮完；
准：仪器经检查达到技术标准；
尖：带尖的工具要尖锐；
利：带刃的工具要锋利；
稳：装把柄的工具要牢靠、稳固。
6.2.7 新装备使用前必须组织培训，使用人员考试合格后方可上岗操作使用。
6.4.3 救护队应自备有矿灯，并按有关规定管理。

附录Ⅲ 《矿山救援规程》与《矿山救护规程》条文对照表

（续）

矿山救护规程	矿山救援规程
7.5 救护队应有下列设施：电话接警值班室、夜间值班休息室、办公室、学习室、会议室、娱乐室、修理室、装备室、氧气充填室、化验室、设备器材库、汽车车库、演习训练设施、体能训练设施、运动场地、单身宿舍、浴室、食堂、仓库等。	第二十七条 专职矿山救援队应当建有接警值班室、值班休息室、办公室、会议室、学习室、电教室、修理室、氧气充填室、气体分析化验室、装备器材库、车库、演习训练场所及设施、体能训练场所及设施、宿舍、值班室、浴室、学习室、装备室、食堂等。 兼职矿山救援队应当设置接警值班室和训练设施、修理室、装备器材库、氧气充填室等。
7.6 兼职矿山救护队应有下列建筑设施：电话接警值班室、夜间值班休息室、办公室、学习室、装备室、修理室、氧气充填室、设备器材库等。	
6.4 后勤管理 6.4.1 氧气充填室。并做到：操作规程。 a) 氧气充填泵必须由专人操作，充填工必须遵守有关操作规程。 b) 氧气充填泵在20 MPa压力检查时，应不漏气、不漏油、不漏水、无杂音。 c) 容积为40 L的氧气瓶不得少于5个，其压力在10 MPa以上。 d) 空瓶和实瓶应分别存放，并标明充填日期。 e) 氧气瓶实瓶应做到轻拿轻放，距取暖气片和高温点的距离在2 m以上。 f) 新购进或经水压试验后的氧气瓶在充填前须稀释2~3	第二十八条 氧气充填室及室内物品和相关操作应当符合下列要求： （一）氧气充填室的建设符合安全要求，建立严格的管理制度，室内使用防爆设施，保持通风良好，严禁烟火，严禁存放易燃易爆物品； （二）氧气充填泵由培训合格的充填工按照规程进行操作； （三）氧气充填泵在20兆帕压力时，不漏气、不漏油，不漏水，无杂音； （四）氧气瓶实瓶和空瓶分别存放，标明充填日期，挂牌管理，并采取防止倾倒措施； （五）定期检查氧气瓶，存放氧气瓶时轻拿轻放，距暖气片或者高温点的距离为2米以上；

307

矿山救护规程	矿山救援规程
次充后，方可进行充氧； e) 充填泵房应安装防爆灯具，并严禁烟火，易燃、易爆物品； f) 泵房必须保持通风良好，卫生清洁。 6.2.6 必须保证使用的氧气瓶、氧气和二氧化碳吸收剂的质量，具体要求： a) 氧气符合医用氧的标准。 b) 库存二氧化碳吸收剂每季度化验一次，对于二氧化碳吸收剂的吸收率低于30%、二氧化碳含量大于4%、水分不能保持在15%~21%之间的不准使用； c) 用过的二氧化碳吸收剂3个月及以上没有使用的，无论其使用时间长短，严禁重复使用； d) 氧气瓶，须更换新的二氧化碳吸收剂，否则氧气呼吸器不准使用； e) 使用的氧气瓶，须按国家压力容器规定标准，达不到标准的氧气瓶不准使用；行除锈清洗、水压试验。	(六) 新购进或者经水压试验后的氧气瓶，充填前进行2次充、放氧气，方可使用。 第二十九条 矿山救援队使用氧气瓶、氧气和氢氧化钙应当符合下列要求： (一) 氧气符合医用标准； (二) 氢氧化钙每季度化验1次，二氧化碳吸收率不得低于33%，水分在16%至20%之间，粉尘率大于3%，使用过的氢氧化钙不得重复使用； (三) 氧气呼吸器内的氢氧化钙，超过3个月的必须更换，否则不得使用； (四) 使用的氧气瓶应当符合国家规定标准，每3年进行清洗和水压试验，达不到标准的不得使用；除锈(垢) 清洗和水压试验。

（续）

附录 Ⅲ 《矿山救援规程》与《矿山救护规程》条文对照表

（续）

矿山救护规程	矿山救援规程
6.4.2 救护大队应设立化验室，配备能化验 O_2、CO_2、CH_4、CO、SO_2、H_2S、C_2H_4、C_2H_2 及 N_2 等成分的设备。并做到： a) 化验员按操作规程规定准确操作，并认真填写化验单，经本人签字，负责人审核后送报样单位，存根保存期不低于 2 年。 b) 化验室内温度应保持在 15～23 ℃ 之间，不允许明火取暖和阳光曝晒。 c) 应保持化验设备完好和化验室整洁，备有足够数量的备品。	第三十条 气体分析化验室应当能够分析化验矿井空气和灾变气体中的氧气、氮气、二氧化碳、一氧化碳、甲烷、乙烷、丙烷、乙烯、乙炔、氢气、二氧化硫、硫化氢和氮氧化物等成分，保持室内整洁，保持化验仪器设备不得阳光曝晒，严禁使用明火。气体分析化验应当及时对送检气样进行分析化验，填写化验单并签字，经技术负责人审核后提交送样单位，化验单存根保存期限不低于 2 年。
6.2.8 救护装备不得露天存放。大型设备，如高倍数泡沫灭火机、惰性气体发生装置、水泵等，应每季检查、保养一次，使其保持完好状态。	第三十一条 矿山救援队的救援装备、车辆和设施应当由专人管理，定期检查、维护和保养，保持完好备用状态。救援装备不得露天存放，救援车辆应当专车专用。
8 矿山救护队培训与训练	第四章 救援培训与训练
8.1 救护队培训	
8.1.1 企业有关负责人和救护管理人员应经过救护知识	第三十二条 矿山企业应当对从业人员进行应急教育和培训，保证从业人员具备必要的应急知识，掌握自救互救、安全避险技能和事故应急措施。

（续）

矿山救护规程	矿山救援规程
的专业培训。矿山救护队及兼职矿山救护队指战员，必须经过救护理论及技术、技能培训，并经考核取得合格证后，方可从事矿山救护工作。 承担矿山救护培训的机构，应取得相应的资质。 8.1.2 救护人员实行分级培训 a) 国家级矿山应急救援培训机构，承担矿山救护中队以上指战员（包括工程技术人员）、大队救援管理人员和矿山企业救护管理人员的培训、复训工作。 b) 省级矿山应急救援培训机构，承担本辖区内矿山救护中队副职、正副小队长的培训、复训工作。 c) 救护大队培训机构，承担本区域内矿山救护队员（含兼职矿山救护队员）的培训、复训工作。 8.1.3 培训时间 a) 中队以上指挥员（包括工程技术人员）岗位资格培训时间不少于30天（144学时）；每两年至少复训一次，时间不少于14天（60学时）。	矿山救援队应急救援人员应当接受应急救援知识和技能培训，经培训合格后方可参加矿山救援工作。 第三十三条 矿山救援队应急救援人员的培训时间应当符合下列规定： （一）大队指挥员及战训等管理机构负责人、中队正职指挥员及技术员的岗位培训不少于30天（144学时），每两年至少复训一次，每次不少于14天（60学时）； （二）副中队长、独立中队战训等管理机构负责人，正、副小队长的岗位培训不少于45天（180学时），每两年至少复训一次，每次不少于14天（60学时）； （三）专职矿山救援队队员、战训等管理机构工作人员的岗位培训不少于90天（372学时），编队实习90天，每年至少复训一次，每次不少于14天（60学时）； （四）兼职矿山救援队应急救援人员的岗位培训不少于45天（180学时），每年至少复训一次，每次不少于14天（60学时）。

附录 Ⅲ 《矿山救援规程》与《矿山救护规程》条文对照表

（续）

矿山救护规程	矿山救援规程
b）中队副职、正副小队长岗位 资格 培训时间不少于 45 天（180 学时）；每两年至少复训一次，时间不少于 14 天（60 学时）； c）救护队新队员岗位 资格 培训时间不少于 90 天（372 学时），再进行 90 天的编队实习；每年至少复训一次，学习时间不少于 14 天（60 学时）。 d）兼职矿山救护队员岗位 资格 培训时间不少于 45 天（180 学时）；每年至少复训一次，时间不少于 14 天（60 学时）。 8.1.4 培训内容 和要求 8.1.4.1 岗位资格培训 a）中队以上的指挥员（包括工程技术人员）培训内容：矿山救护相关安全法律、法规和技术标准， 矿井灾害发生机理、规律及防治技术与方法，矿山自救互救及创伤急救技术，矿山救护队的管理。通过培训，达到以下要求： 1）掌握与矿山救护工作有关的管理知识、专业理论知识， 救护业务基本知识及新技术、新装备的应用知识； 2）了解国内外有关矿山救护工作的先进技术和管理经验；	第三十四条　矿山救援培训应当包括下列主要内容： （一）矿山安全生产与应急救援相关法律、法规、规章、标准和有关文件； （二）矿山救援队伍的组织管理； （三）矿井通风安全基础知识与灾变通风技术； （四）应急救援基础知识、基本技能、心理素质； （五）矿山救援装备、仪器的使用与管理； （六）矿山生产安全事故及灾害应急救援技术和方法； （七）矿山生产安全事故及灾害遇险人员的现场急救、自救互救、应急避险、自我防护、心理疏导； （八）矿山企业预防性安全检查、安全技术工作、隐患排查与治理和应急救援预案编制；

矿山救护规程	矿山救援规程
3) 具备较熟练地制定矿山灾变事故救援方案、救护队行动计划的能力。 b) 中队副职、正副小队长培训内容：矿山救护个人防护装备、矿山救护检测仪器的使用与管理、矿山救护技战术、矿山通风技术理论、矿山事故的预防与处理、自救互救与现场急救等。通过培训，达到以下要求： 1) 掌握与矿山救护工作有关的管理知识、专业理论知识、救护业务基本知识及新技术、新装备的应用知识； 2) 具备根据事故救援方案带队独立工作战的能力。 c) 救护队新队员培训内容：矿山救护相关安全法律、法规和技术标准、矿井生产技术、矿井通风与灾害防治、爆破安全技术、机电运输安全技术、矿山救护技战术理论、矿山救护装备、矿山救护技术操作、矿山救护装备仪器的使用和故的处理、自救互救与现场急救等。通过培训，达到以下要求： 1) 了解矿山救护队的发展史，矿山救护队的组织、任务、性质和工作特点，队员及各类人员的职责等；	（九）典型事故灾害应急救援案例研究分析； （十）应急管理与应急救援其他相关内容。

附录 Ⅲ 《矿山救援规程》与《矿山救护规程》条文对照表

（续）

矿山救护规程	矿山救援规程
2) 熟练掌握矿山井下开拓系统图，井上井下对照图、通风系统图、配电系统图和井下电气设备布置图等基本图纸的知识； 3) 掌握救护仪器、装备的操作技能； 4) 了解灭变处理的基本知识； 5) 掌握一般技术的操作方法； 6) 掌握现场急救的基本常识。 d) 兼职矿山救护队员参照矿山救护队员培训内容 和要求 执行。 **8.1.4.2 岗位复训** a) 中队以上的指挥员（包括工程技术人员）复训内容：有关矿山应急救护的新法律、法规、标准；有关矿山应急救护的新技术、新材料、新工艺、新装备及其安全技术要求，典型矿山应急救护事故案例分析、国内外矿山应急救护管理经验分析，典型矿山应急救护事故案例研讨。 b) 中队副职，正副小队长复训内容：有关矿山应急救护的新法律、法规、标准；有关矿山应急救护的新技术、新材料、新工艺、新装备及其安全技术要求，典型矿山应急救护事故案例经验分析，典型矿山应急救护事故案例研讨。	

矿山救护规程 (续)	
矿山救护规程	矿山救援规程
c) 救护队员复训内容：有关矿山应急救护的新法律、法规、标准；有关矿山应急救护的新技术、新材料、新工艺、新装备及其安全技术要求，预防和处理各类矿山事故的新方法，典型矿山应急救护事故案例讨论。 d) 兼职矿山救护队员参照矿山救护队员复训内容执行。 6.6.3 救护队指战员应将列队训练作为日常训练科目。 8.2 日常训练 8.2.1 军事化队列训练 a) 体能训练和高温浓烟训练。 b) 防护设备、检测设备、通信及破拆工具等操作训练。 c) 建风障、木板风墙和砖风墙，架木棚，安装局部通风机，高倍数泡沫灭火机灭火，惰性气体灭火装置安装使用等一般技术训练。 d) 人工呼吸、心肺复苏、止血、包扎、固定、搬运等医疗急救训练。 e) 新技术、新材料、新工艺、新装备的训练。	第三十五条 矿山企业应当至少每半年组织 1 次生产安全事故应急救援预案演练，服务矿山企业的矿山救援队应当参加演练。演练计划、方案、记录和总结评估报告等资料保存期限不少于 2 年。 第三十六条 矿山救援队应当按计划组织开展日常训练。训练应当包括综合体能、队列操练、心理素质、灾区环境适应性、救援专业技能、救援装备和仪器操作、现场急救、应急救援演练等主要内容。

附录Ⅲ 《矿山救援规程》与《矿山救护规程》条文对照表

矿山救护规程	矿山救援规程
（续） 8.2.2 模拟实战演习 a) 演习训练，必须结合实战需要，制订演习训练计划；每次演习训练佩戴用呼吸器时间不少于 3 h。 b) 大队每年召集各中队进行一次综合性演习，内容包括：闻警出动、下井准备、战前检查、侦察、灾区气体检查、搬运遇险人员、现场急救、顶板支护、直接灭火、建造风墙、安装局部通风机、铺设管道、高倍数泡沫灭火机灭火、惰性气体灭火装置安装使用、高温浓烟训练等。 c) 中队除参加大队组织的综合性演习外，并每季度至少进行一次佩戴用呼吸器的单项演习训练。 d) 兼职救护队每季度至少进行一次佩戴用呼吸器的单项演习训练。	第三十七条　矿山救援大队、独立中队应当每年至少开展1次综合性应急救援演练，内容包括应急响应、救援指挥、灾区探察、救援方案制定与实施、协同联动应急救援演练和突发情况应对等；中队应当每季度至少开展 1 次应急救援演练，内容包括闻警出动、救援准备、灾区探察、抢救遇险人员和高温浓烟环境作业等；小队应当每月至少开展 1 次佩用氧气呼吸器的单项训练，每次训练时间不少于 3 小时；矿山救援队应当每半年至少进行 1 次矿山生产安全事故先期处置和遇险人员救助演练，每季度至少进行 1 次佩用氧气呼吸器的训练，时间不少于 3 小时。
8.2.3 指挥机构应定期组织矿山救护技术竞赛。建立救护技术竞赛制度。救护队及各级矿山救援指挥机构应定期组织举办矿山救护技术竞赛。	第三十八条　安全生产应急救援机构应当定期组织举办矿山救援技术竞赛。鼓励矿山救援队参加国际矿山救援技术交流活动。

(续)

矿山救护规程	矿山救援规程
9 矿山事故应急救援一般规定 **9.1 矿山救护程序** **9.1.1 事故报告** 矿山发生灾害事故后，现场人员必须立即汇报，在安全条件下积极组织抢救，否则应立即撤离至安全地点或妥善避难，组织企业负责人接到事故报告后，应立即启动应急救援预案，组织抢救。 **9.1.2 救护队出动** **9.1.3 返回驻地** 救护队接到事故报告后，应在问清和记录事故地点、时间、类别、遇险人数、通知人姓名（联系人电话）及单位后，立即发出警报，并向值班指挥员报告。	**第五章 矿山救援一般规定** **第一节 先期处置** **第三十九条** 矿山发生生产安全事故后，涉险区域人员应当视现场情况，在安全条件下积极抢救救人员和控制灾情，并立即上报；不具备条件的，应当立即撤离至安全地点。井下涉险人员在撤离时应当根据需要使用自救器，在撤离区域的情况下紧急避险待救。矿山企业带班领导和涉险区域的区、队、班组长等应当组织人员抢救、撤离人员避险。 **第四十条** 矿山值班调度员接到事故报告后，应当立即采取应急措施，通知涉险区域人员撤离险区，报告矿山企业负责人，通知矿山救援队、医疗急救机构和本企业有关部门等到现场救援。矿山企业负责人应当迅速采取有效措施组织抢救，并按照国家有关规定立即如实报告事故情况。 **第二节 闻警出动、到达现场和返回驻地** **第四十一条** 矿山救援队出动救援应当遵守下列规定： （一）值班员接到救援通知后，首先按响预警铃，记录发生事故单位和事故时间、地点、类别，可能遇险人数及通知人

附录Ⅲ 《矿山救援规程》与《矿山救护规程》条文对照表

（续）

矿山救护规程	矿山救援规程
9.1.2.2 救护队<u>接警后</u>必须在 1 min 内出动，不得乘车出动时，不得超过 2 min；<u>按照事故性质携带所需救护装备迅速</u>赶赴事故现场。当矿山发生火灾、瓦斯或矿尘爆炸、煤与瓦斯突出事故时，待机小队应随同值班小队出动。	姓名、单位、联系电话，随后立即发出警报，并向值班指挥员报告； （二）值班小队在预警铃响后立即开始出动准备，在警报发出后 1 分钟内出动，不需乘车的，出动时间不得超过 2 分钟； （三）处置矿井生产安全事故，待机小队随同值班小队出动； （四）值班员记录出动小队编号及人数、带队指挥员、出动时间、携带装备等情况，并向矿山救援主要负责人报告； （五）及时向所在地应急管理部门和矿山安全监察机构报告出动情况。
9.1.2.3 救护队出动后，<u>应向主管单位及上一级救护管理部门报告出动情况</u>。<u>在途中得知事故已经得到处理</u>，出动救护队仍应到达事故矿井了解了解实际情况。	第四十二条 矿山救援队到达事故地点后，应当立即了解事故情况，领取救援任务，做好救援准备，按照现场指挥部命令和应急救援方案及矿山救援队行动方案，实施灾区探察和抢险救援。
9.1.2.4 <u>在救援指挥部未成立之前，先期到达的救护队应根据事故现场具体情况和矿山灾害事故应急救援预案，开展先遣救护工作</u>。	
9.1.2.5 救护队到达事故矿井后，救护人员应立即做好战前检查，按事故类别整理好侦察装备，做好救护准备，根据抢救指挥部命令组织灾区侦察，制定救护方案，实施救护。	
9.1.2.6 救护队指挥员了解事故情况，<u>接受任务要点</u>，<u>完成任务后应立即向小队下达任务，并说明事故注意事项</u>。	

（续）

矿山救护规程	矿山救援规程
9.2.4 到达事故现场后，救护队指挥员必须详细了解： a) 事故发生的时间，事故类别、范围，遇险人员数量及分布，已经采取的措施。 b) 事故区域的生产、通风系统，有毒、有害气体，矿尘，温度，巷道支护及断面，机械设备及消防设施等。 c) 已经到达的和可以动用的救护小队数量及装备情况。 9.1.3.1 参加事故救援的救护队只有在取得救援指挥部同意后，方可返回驻地。 9.1.3.2 返回驻地后，救护队指战员应立即对所有救护装备、器材进行认真检查和维护，恢复到值班战备状态。	第四十三条 矿山救援队完成救援任务后，经现场指挥部同意，可以返回驻地。返回驻地后，器材进行检查和维护，使之恢复到完好和备用状态。 第三节 救援指挥
9.2 矿山救护指挥	
9.2.1 发生重、特大灾害事故后，必须立即成立现场救援指挥部并设立地面基地。救护队指挥员为指挥部成员。 9.2.2 在事故救援时，救护队长对救护队行动的具体负责、全面指挥。事故单位必须向救援指挥部提供全面真实的技	第四十四条 矿山救援队参加矿山救援工作，带队指挥员应当参与制定应急救援方案，在现场指挥部的统一调度指挥下，具体负责指挥矿山救援队的救援行动。 矿山救援队参加其他事故灾害应急救援时，应当在现场指挥部的统一调度指挥下实施应急救援行动。

附录Ⅲ 《矿山救援规程》与《矿山救护规程》条文对照表

（续）

矿山救护规程	矿山救援规程
不资料和事故状况，矿山救护队必须向救援指挥部提供全面真实的探查和事故救援情况。	
9.2.3 如果有多支救护队联合作战时，应成立矿山救护联合作战部。由事故所在区域的救护队指挥员担任指挥，协调各救护队救援行动。如果所在区域的救护队指挥员不能胜任指挥工作，则由救援指挥部另行委任。	第四十五条 多支矿山救援队参加矿山救援工作时，应当服从现场指挥部的统一管理和调度指挥，由服务于事故矿山的专职矿山救援队指挥员或者其他能胜任人员负责协调、指挥各矿山救援队联合实施救援处置行动。
9.2.5 救护队指挥员应根据指挥部的命令和事故的情况，迅速制订救援行动计划和安全措施，同时调动必要的人力、设备和材料。	第四十六条 矿山救援队矿山救援队指挥员应当根据应急救援方案和事故情况，组织制定救援队行动方案和安全保障措施；执行灾区探察和救援任务时，应当至少有1名中队或者中队以上指挥员在现场指挥。
9.2.6 救护队指挥员下达任务时，必须说明事故情况、行动路线，行动计划和安全措施。在救护中应尽量避免使用混合小队。	第四十七条 现场带队指挥员应当向救援行动小队说明事故情况、安全保障措施、行动计划和路线，矿山救援队执行任务时应当避免使用临时混编小队。
	第四十八条 矿山救援队在救援过程中遇到危及应急救援人员生命安全的突发情况时，现场带队指挥员有权作出撤出危险区域的决定，并及时报告现场指挥部。

(续)

矿山救护规程	矿山救援规程
9.2.8 救护指挥员应轮流值班和下井了解情况，并及时与井下救护队、地面基地、井下基地及后勤保障部门联系。	
9.3 矿山救护保障	第四节 救援保障
9.3.1 基地保障 在事故救援时，事故单位应为救护队提供必要的场所、物质等后勤保障。	第四十九条 在处置重特大或者复杂矿山生产安全事故时，应当设立地面基地；条件允许的，应当设立井下基地。应急救援人员的后勤保障应当按照《生产安全事故应急条例》的规定执行。同时，鼓励矿山救援队加强自我保障能力。
9.2.1 发生重、特大灾害事故后，必须立即成立现场救援指挥部并设立地面基地。救护队指挥员为指挥部成员。	第五十条 地面基地应当设置在便于救援行动的安全地点，并且根据事故情况和救援力量投入情况配备下列人员、设备、设施和物资： (一) 气体化验员、医护人员、通信员、仪器修理员和汽车驾驶员，必要时配备心理医生； (二) 必要的救援装备、器材、通信设备和材料； (三) 应急救援人员的后勤保障物资和临时工作、休息场所。
9.3.1.1 地面基地 根据事故所的范围、类别及参战救护队的数量设置地面基地，并应有： a) 救护队所需的救护装备、器材、通信设备等。 b) 气体化验员、医护人员、通信员、仪器修理员、汽车司机等。 c) 食物、饮料和临时工作与休息场所。	

320

附录Ⅲ 《矿山救援规程》与《矿山救护规程》条文对照表

（续）

矿山救护规程	矿山救援规程
9.3.1.2 井下基地 a) 井下基地应设在靠近灾区的安全地点，并应有： 1) 直通指挥部和灾区的通信设备； 2) 必要的救护装备和器材； 3) 值班医生和急救医疗药品、器材； 4) 有害气体监测仪器； 5) 食物和饮料。 b) 井下基地指挥负责人 由指挥部指派。井下基地电话应安排专人值守，做好记录，并经常同救援指挥部、地面基地和灾区工作的救护小队保持联系。 c) 井下救灾过程中，基地指挥负责人应设专人检测基地及其附近区域有害气体的浓度并注意其他情况的变化。灾情突然发生变化时，井下基地指挥负责人应采取应急措施，并及时向指挥部报告。 d) 若改变井下基地位置，必须取得救援指挥部的同意，并通知在灾区工作的救护小队。	第五十一条 井下基地应当设置在靠近灾区的安全地点，并且配备下列人员、设备和物资： （一）指挥人员、值守人员、医护人员； （二）直通现场指挥部和灾区的通信设备； （三）必要的救援装备、气体检测仪器、急救药品和器材； （四）食物、饮料等后勤保障物资。 第五十二条 井下基地应当安排专人检测有毒有害气体浓度和风量，观测风流方向，检查巷道支护等情况，发现情况异常时，基地指挥人员应当立即采取应急措施，通知灾区经过矿山救援小队，报告现场指挥部。改变井下基地位置，报告现场指挥员同意，并通知灾区的矿山救援小队。 第五十三条 矿山救援队应在组织救援小队执行矿井灾区探察和救援任务时，应当设立待机小队。待机小队的位置由带队指挥员根据现场情况确定。

第三部分 附 录

（续）

矿山救护规程	矿山救援规程
9.3.2 通信工作 9.3.2.1 救护通信方式包括： a) 派遣通信员。 b) 显示讯号与音响信号。 c) 程控电话和灾区电话。 d) 移动手机，对讲机。 9.3.2.2 抢救指挥部与地面基地、井下基地。 抢救指挥部与地面基地，必须保证通信畅通。 a) 在事故救护时，必须保证通信畅通。 b) 井下基地与灾区救护小队。 c) 队员之间。 9.3.2.3 通信联络的一般规定： a) 在灾区内使用音响信号： 一声——停止工作或停止前进； 二声——离开危险区； 三声——前进或工作； 四声——返回； 连续不断的声音——请求援助或集合。 b) 在竖井和倾斜巷道绞车上下时使用的信号：	**第五十四条** 矿山救援队在救援过程中必须保证下列通信联络： （一）地面基地与井下基地； （二）井下基地与救援小队； （三）救援小队与待机小队； （四）应急救援人员之间。 **第五十五条** 矿山救援队在救援过程中使用音响信号和手势联络应当符合下列规定： （一）在灾区内行动的音响信号： 1. 一声表示停止工作或者停止前进； 2. 二声表示离开危险区； 3. 三声表示前进或者返回； 4. 四声表示返回； 5. 连续不断声音表示请求援助或者集合。 （二）在竖井和倾斜巷道使用绞车的音响信号：

322

附录Ⅲ 《矿山救援规程》与《矿山救护规程》条文对照表

（续）

矿山救护规程	矿山救援规程
一声——停止； 二声——上升； 三声——下降； 四声——慢上； 五声——慢下。 c) 灾区中报告氧气压力的手势： 伸出拳头表示 10 MPa，伸出五指表示 5 MPa；伸出一指表示 1 MPa，报告时手势要放在灯头前表示。	1. 一声表示停止； 2. 二声表示上升； 3. 三声表示下降； 4. 四声表示慢上； 5. 五声表示慢下。 （三）应急救援人员在灾区报告氧气压力的手势： 1. 伸出拳头表示 10 兆帕； 2. 伸出五指表示 5 兆帕； 3. 伸出一指表示 1 兆帕； 4. 手势要放在灯头前表示。
9.3.3 气体分析 a) 对灾区气体定时、定点取样，及时分析气样，并提供分析结果。 b) 绘制有关测点气体和温度变化曲线图。 c) 整理总结整个事故救援中的气体分析资料。 d) 必要时可携带仪器到井下基地直接进行化验分析。	第五十六条 矿山救援队在救援过程中应当根据需要定时、定点取样分析灾区气体成分，为制定应急救援方案和措施提供参考依据。
9.3.4 医疗站 事故救护时，应建立医疗站，任务是： a) 派出医疗人员在井下基地值班； b) 对从灾区撤出的遇险人员进行急救。	

第三部分 附 录

（续）

矿山救护规程	矿山救援规程
c) 检查和治疗救护人员的伤病。 d) 做好卫生防疫工作。 e) 及时向指挥部汇报伤员救助情况。	
9.4 灾区行动的基本要求	**第五节 灾区行动基本要求**
9.4.1 进入灾区侦察或作业的小队人员不得少于6人。进入灾区前，应检查氧气呼吸器是否完好，并应按规定佩用。小队必须携带全面罩氧气呼吸器1台和不低于18 MPa压力的备用氧气瓶2个，以及氧气呼吸器工具和装有配件的备件袋。	第五十七条 救援小队进入矿井灾区探察或者救援，应急救援人员不得少于6人，应当携带氧气呼吸器及灾区探察基本装备（见附录6）及其他必要装备。 第五十八条 应急救援人员应当在入井前检查氧气呼吸器是否完好，其个人防护氧气呼吸器、备用氧气呼吸器及备用氧气瓶的氧气压力均不得低于18兆帕。 如果不能确认井筒、井底车场内或者巷道内有无有毒有害气体，应急救援人员应当在入井前或者进入巷道前佩用氧气呼吸器。
9.4.2 如果不能确认井筒和井底车场工具和装有无有毒、有害气体，应在地面将氧气呼吸器佩用好。在任何情况下，禁止不佩带氧气呼吸器的救护队下井。	
9.4.3 救护小队在新鲜风流地点待机或者休息时，只有经小队长同意才能将呼吸器从肩上脱下；脱下的呼吸器应放在附近的安全地点，离小队待机或休息地点不应超过5 m，确保一旦发生突变能及时佩用，基地以里至灾区范围内不得脱下呼吸器。	第五十九条 应急救援人员在井下待命或者休息时，应当选择在井下基地或者有新鲜风流的安全地点。如需脱下氧气呼吸器，必须经现场带队指挥员同意，并就近置于安全地点，确保有突发情况时能够及时佩用。

324

附录Ⅲ 《矿山救援规程》与《矿山救护规程》条文对照表

（续）

矿山救护规程	矿山救援规程
9.4.8 救护队返回到井下基地时，必须至少保留 5 MPa 气压的氧气余量。在倾角小于 15°的巷道行进时，将 1/2 允许消耗的氧气量用于前进途中；在倾角大于或等于 15°的巷道中行进时，将 2/3 允许消耗的氧气量用于上行途中，1/3 用于下行途中。	第六十条 应急救援人员应当注意观察氧气呼吸器的氧气压力，在返回到井下基地时应当至少保留 5 兆帕压力的氧气余量。在倾角小于 15 度的巷道行进时，应当将允许消耗氧气量的二分之一用于前进途中，二分之一用于返回途中；在倾角大于或者等于 15 度的巷道中行进时，应当将允许消耗氧气量的三分之一用于上行途中，三分之二用于下行途中。
9.4.4 在窒息或有毒有害气体威胁的灾区侦察和工作时，应做到： a) 随时检测有毒有害气体和氧气含量，观察风向变化，佩用或不佩用氧气呼吸器的地点由现场指挥员确定。 b) 小队长应至少间隔 20 min 检查一次队员 的氧气压力，并根据氧气压力最低的 1 名队员未确定整个小队的返回时间。如果小队乘电机车进入灾区，其返回安全地点所需时间应按步行所需时间计算。 c) 小队长应使队员保持在彼此能看到或听到信号的范围以内。如果整个小队进行工作时，小队长可派不少于 2 名队员进入灾区工作，并保持直接联系。	第六十一条 矿山救援队在致人窒息或者有毒有害气体存在的灾区执行任务应当做到： （一）随时检测有毒有害气体、氧气浓度和风量，观测风向和其他变化； （二）小队长每间隔不超过 20 分钟组织应急救援人员检查并报告 1 次氧气呼吸器氧气压力，根据最低氧气压力确定返回时间； （三）应急救援人员必须在彼此可见或者可听到信号的范围内行动，严禁单独行动；如果该灾区地点距离新鲜风流处较近，现场带队指挥员可派救援小队全体人员在该地点同时开展救援，并保持联系。

（续）

矿山救护规程	矿山救援规程
d）在窒息区域内、有害气体威胁的灾区抢救遇险人员时应做到： a）引导及搬运遇险人员时，应给遇险人员佩用全面罩氧气呼吸器或隔绝式自救器。 b）对受伤、窒息或中毒的人员应进行简单急救处理，然后迅速送至安全地点，交ение场医疗救护人员处置，并尽快送医院治疗。 c）搬运伤员时应尽量避免振动；注意防止伤员精神失常时打掉队员的面罩、口具或鼻夹，而造成中毒。 d）在抢救期间被困在井下的遇险人员时，应医生配合，对长期困在井下的人员，应避免灯光照射其眼睛，搬运出井口时应用毛巾盖住其眼睛。 e）在灾区内遇险人员不能一次全部抬运时，应给遇险者佩用全面罩氧气呼吸器或隔绝式自救器；当有多名遇险人员待救时，矿山救护队应根据"先活后死、先重后轻、先易后难"的原则进行抢救。	第六十二条 矿山救援队在致人窒息或者有害气体积存的灾区抢救遇险人员应当做到： （一）引导或者运送遇险人员时，为遇险人员佩用全面罩正压氧气呼吸器或者自救器； （二）对受伤、窒息或者中毒人员进行必要急救处理，并送至安全地点； （三）处理和搬运伤员时，防止伤员拉扯氧气呼吸器软管或者面罩； （四）抢救长时间被困遇险人员，请专业医护人员配合，运送时采取护目措施，避免灯光和井口外光线直射遇险人员眼睛； （五）有多名遇险人员待救的，无法一次全部救出的，为待救遇险人员佩用的顺序抢救；无法一次全部救出的，按照"先重后轻、先易后难"的顺序抢救；无法一次全部救出的，为待救遇险人员佩用全面罩正压氧气呼吸器或者自救器。

d）在窒息区域内，任何情况下都严禁指战员单独行动。佩用正压氧气呼吸器时，严禁通过口具或摘掉口具讲话。

9.4.6 在窒息或有害、有毒气体威胁的灾区抢救遇险人员

附录Ⅲ 《矿山救援规程》与《矿山救护规程》条文对照表

（续）

矿山救护规程	矿山救援规程
9.4.7 救护队有义务协助事故调查，在满足救援的情况下应保护好现场，在搬运遇难人员和受伤矿工时，将矿灯等随身所带物品一并运送。	
9.2.7 遇有高温、塌冒、爆炸、水淹等危险的灾区，在需要救人的情况下，经请示救援指挥部同意后，指挥员才有权决定小队进入，但必须采取安全措施，保证小队在灾区的安全。	第六十三条 在高温、浓烟、塌冒、爆炸和水淹等灾区，无需抢救人员的，矿山救援队不得进入；因抢救人员需要进入时，应当采取安全保障措施。
9.4.16 在侦察过程中，如有队员出现身体不适或氧气呼吸器发生故障难以排除时，全小队应立即撤到安全地点，并报告救援指挥部。	第六十四条 应急救援人员出现身体不适或者氧气呼吸器发生故障难以排除时，救援小队全体人员应当立即撤到安全地点，并报告现场指挥部。
9.4.5 佩用氧气呼吸器的人员工作1个呼吸器班后，应至少休息6h。但在后续救护队未到达而急需抢救人员的情况下，在补充氧气，更换药品情况，方可派救护队重新投入救护工作。	第六十五条 应急救援人员在灾区工作1个氧气呼吸器班后，应当至少休息8小时；只有在后续矿山救援队未到达且急需抢救人员，方可根据体质情况，在氧气呼吸器补充氧气、更换药品和降温冷却材料并校验合格后重新投入工作。
9.4.9 救护队撤出灾区时，应将携带的救护装备带出灾区。	第六十六条 矿山救援队在完成救援任务撤出灾区时，应当将携带的救援装备带出灾区。

327

（续）

矿山救护规程	矿山救援规程
	第六节 灾区探察
	第六十七条 矿山救援队参加矿井生产安全事故应急救援，应当进行灾区探察。灾区探察的主要任务是探明事故类别、波及范围、破坏程度，遇险人员数量和位置，矿井通风、矿尘、支护等情况，检测灾区氧气和有毒有害气体浓度、温度、风向、风速等。
9.4.10 救护 侦察 时，应探明事故类别、范围、遇险、遇难人员数量和位置，以及通风、瓦斯、粉尘、有毒有害气体、温度等情况。中队或以上指挥员应亲自组织和参加 侦察 工作。	第六十八条 矿山救援队在进行灾区探察前，应当了解矿井巷道布置等基本情况，确认灾区是否切断电源，明确探察任务、具体计划和注意事项，制定遇有撤退路线被堵等突发情况的应急措施，检查氧气呼吸器和所需装备仪器，做好充分准备。
9.4.11 指挥员布置 侦察 任务时应该做到： a) 讲明事故的各种情况。 b) 提出 侦察 时所需要的器材。 c) 说明执行 侦察 任务时的具体计划和注意事项。 d) 给 侦察 小队以足够的准备工作时间。 e) 检查队员对 侦察 任务的理解程度。	
9.4.12 带队 侦察 的指挥员应该做到： a) 明确 侦察 任务。 任务或感到人力、物力、时间 不足时，应提出自己的意见。 b) 认真研究行进路线及特征，在图纸上标明小队行进的方向、标志、时间，并向队员讲清楚。	

328

附录Ⅲ 《矿山救援规程》与《矿山救护规程》条文对照表

（续）

矿山救护规程	矿山救援规程
c）组织战前检查。了解指战员的氧气呼吸器氧气压力，做到仪器100%的完好。 d）贯彻事故救援的行动计划和安全措施，带领小队完成侦察工作。 9.4.13 侦察时必须做到： a）井下应设待机小队，并用灾区电话与侦察小队保持联系；只有在抢救人员的情况下，才可不设待机小队。 b）进入灾区侦察，必须携带救生等必要的装备。在行进时应注意暗井、溜煤眼、淤泥和巷道支护等情况，视线不清时可用探险棍探查前进，队员之间要用联络绳联结。 c）侦察小队进入灾区时，应定时返回或通信中断时，待机小队应立即进入救护。 d）在进入灾区前，应考虑到如果退路被堵时应采取的措施，防止返回基地保持联络。 e）侦察行进中，在巷道交叉口应设明显的标记，小队按原路返回。回时走错路线；对井下巷道不清楚时，小队长在队列之后，返回时与此相反。 f）在进入灾区时，小队长在队列之前，副小队长在队列之后，返回时与此相反。在搜索遇险、遇难人员时，小队形应与巷道中线斜交式前进。	第六十九条 矿山救援队在灾区探察时应当做到： （一）矿山救援队与待机小队保持通信联系，在需要待机小队抢救人员时，调派其他小队作为待机小队； （二）首先将探察小队派在可能存在遇险人员最多的地点，灾区范围大或者巷道复杂的，可以组织多个小队分区段探察； （三）探察小队在探察中遭遇危险情况或者通信中断时立即回撤，待机小队在遭遇危险情况或者通信中断或者未按预定时间返回时立即进入救援； （四）进入灾区时，搜救遇险人员时，小队长在队前，副小队长在队后，行进中线交前进； （五）探察小队携带救生装备，视线不清或者水深时使用探险棍，淤泥和巷道支护等情况，分别检查通风、气体浓度、温度和顶板等情况前进，队员之间用联络绳联结； （六）明确探察小队人员分工，探察过的巷道要签字留名做好标记，并绘制探察路线示意图，在图纸上标记探察结果；

329

第三部分 附 录

（续）

矿山救护规程	矿山救援规程
g）侦察人员应有明确分工，分别检查通风、温度、顶板等情况，并做好记录，把侦察结果标记在图纸上。 h）在远距离或复杂巷道中侦察时，可组织几个小队分区段进行侦察。 i）侦察工作应仔细认真，做到灾害波及范围内有巷必查，走过的巷道要签字留名做好标记，并绘出侦察路线示意图。 9.4.14 侦察时应首先把侦察小队派在遇险人员最多的地点。 9.4.15 侦察过程中，在灾区内发现遇险人员应立即救助，并将他们护送到新鲜风流巷道或并下基地，然后继续完成侦察任务。发现遇难、遇险人员应逐一编号，遇险人员的相应位置做好标记；同时，检查各种气体浓度，记录遇难、遇险人员的特征，并在图上标明位置。 9.4.17 在侦察或救护行进中因冒顶受阻，应视扒开通道的时间决定是否另选通路；如果是唯一通道，应采取安全措施，立即进行处理。	（七）探察过程中发现遇险人员时，立即抢救，将其护送至安全地点，无法一次救出遇险人员时，立即通知待机小队继续进入救灾区救援，带队指挥员根据实际情况决定是否安排队伍继续实施侦察、探察。 （八）在发现遇险人员地点做出标记，检测气体浓度，在图纸上标明遇险人员位置及状态，对遇难人员逐一编号； （九）探察小队行进中在巷道交叉口设置明显标记，完成任务后按计划路线或者原路返回。

附录Ⅲ 《矿山救援规程》与《矿山救护规程》条文对照表

（续）

矿山救护规程	矿山救援规程
9.4.18 侦察结束后，小队长应立即向布置侦察任务的指挥员汇报侦察结果。	第七十条 探察结束后，现场带队指挥员应当立即向布置任务的指挥员汇报探察结果。
	第七节 救援记录和总结报告
9.2.9 救护队应派专人收集有关矿山的原始技术资料、图纸，做好救护的各项记录，包括： a) 灾区发生事故的前后情况。 b) 事故处理方案、计划、措施、图纸。 c) 出动小队人员、到达事故矿山时间，指挥员及领取任务情况。 d) 小队进入灾区时间、返回时间及执行任务情况。 e) 事故救援工作的进度、参战队次、设备材料消耗及气体分析和检测结果。 f) 指挥员交接班情况。 9.2.10 在事故抢救结束后，必须形成全面、准确、详实的事故救援报告，报送救援指挥部及上级应急救援管理部门。	第七十一条 矿山救援应当记录参加救援的过程及重要事项；发生应急救援人员伤亡的，应当按照有关规定及时上报。
6.1.9 救护大队（含独立中队）应按规定上报下列报告： a) 年度计划、年度工作总结、人员和装备情况表。（见表1）及写出救护报告，在救援工作结束15天内上报省级矿山救援指挥机构。 b) 每次救护后，应填写救援登记卡。	第七十二条 救援结束后，矿山救援队应当对救援工作进行全面总结，编写应急救援报告（附事故现场示意图），填写《应急救援登记卡》（见附录7），并于7日内上报所在地应急管理部门和矿山安全监察机构。 跨省（自治区、直辖市）区域救援，应立即报告省级矿山救援指挥机构。

331

（续）

矿山救护规程

c) 救护队发生自身伤亡后，应在 12 h 内报省级矿山救援指挥机构，省级矿山救援指挥机构应将情况报告国家矿山救援指挥机构；省级矿山救援指挥机构接报后，应在 12 h 内报国家矿山救援指挥机构，15 天内上报自身伤亡教训总结材料及其有关图纸（见表 2）。

表 2 矿山救护人员伤亡事故报告表

填报单位：　　　　　　　　　　报出时间：

事故发生时间	事故发生地点	伤亡(人)	重伤(人)	队别	伤亡主要原因

伤亡人员名单

姓名	年龄	队龄	职务	备注

单位负责人：　　　　　　　　　　填表人：

附录 Ⅲ 《矿山救援规程》与《矿山救护规程》条文对照表

（续）

矿山救护规程	矿山救援规程
d) 科研成果在通过技术鉴定后报出。上述报告同时上报主管部门。	
10 矿山事故救援	**第六章 救援方法和行动原则**
10.1 煤矿事故救援　10.2 非煤矿山事故救援	
10.1.1 矿井火灾事故救援	第一节 矿井火灾事故救援
10.2.1 火灾事故救援	
10.1.1.1 一般要求	第七十三条 矿山救援队参加矿井火灾事故救援应当了解下列情况：
10.1.1.1.1 处理矿井火灾应了解以下情况：	（一）火灾类型、发火时间、火源位置，火势及烟雾大小、波及范围，遇险人员安全避险系统情况；
a) 发火时间、火源位置，火势大小、波及范围、遇险人员分布情况。	（二）灾区有毒有害气体、温度，通风系统状态、风流方向，风量大小和矿尘爆炸性；
b) 灾区瓦斯情况、通风系统状态、风流方向、煤尘爆炸性。	（三）顶板、巷道围岩和支护状况；
c) 巷道围岩、支护状况。	（四）灾区供电状况；
d) 灾区供电状况。	（五）灾区供水管路和消防器材的实际状况及数量；
e) 灾区供水管路、消防器材供应的实际状况及数量。	（六）矿井火灾事故专项应急预案及其实施状况。
f) 矿井的火灾预防处理计划及其实施状况。	

（续）

矿山救护规程	矿山救援规程
10.1.1.3.16 救护队处理不同地点火灾时，小队执行紧急任务的安排原则： a) 进风井口建筑物发生火灾，应派1个小队去处理火灾，另1个小队到井下救人和扑灭井底车场可能发生的火灾。 b) 井筒和井底车场发生火灾时，应派一个小队去扑灭火灾威胁区域救人。 c) 当火灾发生在矿井进风侧的硐室、石门、平巷、下山或上山，火烟可能威胁到其他地点时，应派一个小队进入灾区抢救人。 d) 当火灾发生在采区巷道、硐室、工作面中，应派一个小队从最短的路线进入回风侧救人，另一个小队从进风侧灭火。 e) 当火灾发生在回风井井口建筑物、回风井筒、回风井底车场，以及其毗连的巷道发生火灾时，应派一个小队灭火，派另一个小队救人。 10.1.1.1.14 处理火灾事故过程中，应保持通风系统的稳定，指定专人检查瓦斯，并继续上升，必须立即将全体人员撤到安全地点，采取措施排除爆炸危险。 10.1.1.1.15 检查灾区气体时，应注意全断面检查瓦斯、	第七十四条 首先到达事故发生矿井的矿山救援队，救援力量的分派原则如下： （一）进风井口建筑物发生火灾，派一个小队处置火灾，另一个小队到井下抢救人员和扑灭井底车场可能发生的火灾； （二）井筒或者井底车场发生火灾，派一个小队扑灭火灾，另一个小队到受火灾威胁区域抢救人员； （三）矿井进风侧的硐室、石门、平巷、下山或者上山发生火灾，火烟可能威胁到其他地点时，派一个小队从进风侧抢救一个小队进入灾区抢救人员； （四）采区巷道、硐室或者工作面发生火灾，派一个小队从最短的路线进入回风侧抢救人员，另一个小队从进风侧进入灾区抢救人员和灭火； （五）回风井口建筑物，回风井筒或者回风井底车场及其毗连的巷道发生火灾，派一个小队灭火，另一个小队抢救人员。 第七十五条 矿山救援队在矿井火灾事故救援过程中，应当指定专人检测瓦斯等易燃易爆气体和矿尘，观测灾区气体和风流变化，当甲烷浓度超过2%并且继续上升，或者风流出现逆转征兆时，应当立即撤到安全地点，风量突然发生较大变化，采取措施排除危险，采用保障安全的灭火方法。

334

附录Ⅲ 《矿山救援规程》与《矿山救护规程》条文对照表

(续)

矿山救护规程	矿山救援规程
氧气浓度,并注意氧气浓度低等因素会导致 CH_4、CO 气体浓度检测出现误差。在检测气体时,应同时采集灾区气样。对采集的气样应及时化验分析,校对检测误差。	
10.1.1.1.2 处理井下火灾应遵循的原则: a) 控制烟雾的蔓延,防止火灾扩大。 b) 防止引起瓦斯或煤尘爆炸,防止火风压引起风流逆转。 c) 有利于人员撤退和保护救护人员安全。 d) 创造有利的灭火条件。	第七十六条 处置矿井火灾时,矿井通风调控应当遵守下列原则: (一)控制**火势**和烟雾蔓延,防止火灾扩大; (二)防止引起瓦斯或者矿尘爆炸,防止火风压引起风流逆转; (三)保障应急救援人员安全,并有利于抢救调险人员; (四)创造有利的灭火条件。
10.1.1.1.5 井下发生火灾时,根据灾情可实施局部或全矿井反风、风流短路措施。反风前,应将原进风侧的人员撤出,采取风流短路措施时,必须将原进风流或受影响区域内的人员全部撤离。 10.1.1.1.6 灭火中,只有在不使瓦斯快速积聚到爆炸危险浓度,且能使人员迅速撤出危险区时,才能采用停止通风或减少风量的方法。	第七十七条 灭火过程中,根据灾情可以采取局部反风、全矿井反风、风流短路,停止通风等减少风量等措施。采取上述措施时,应当防止瓦斯等易燃气体积聚到爆炸浓度引起爆炸,**防止发生风流紊乱**,保障应急救援人员安全或者受影响区域内人员撤到安全地点。
10.2.1.1 灭火方法的选择 10.2.1.1.1 按灭火原理,常用的灭火方法:	

（续）

矿山救护规程	矿山救援规程
a) 冷却法：使用各种水流、惰性气体、泡沫灭火。 b) 覆盖法：用泡沫、沙子、泥土等覆盖灭火。 c) 抑制法：用干粉、强水流、卤代烷等灭火。 d) 窒息法：用高倍泡沫、快速气囊封堵巷道、设风墙阻绝火源。 e) 其他方法：反风控制火势蔓延和火烟流向，撤除可燃烧物品，防止火势扩大。 10.1.1.3 指挥员应根据火区的实际情况选择灭火方法。在条件具备时，应采用直接灭火的方法，随时注意风量、风流方向及气体浓度的变化，并及时采取控风措施，尽量避免风流逆转，保护直接灭火人员的安全。 10.2.1.1.2 在选择灭火方法时，指挥员应该考虑灭火的特点、发生地点、范围，以及灭火的人力、物力。一般情况下，应该尽量采用直接灭火法。 10.1.1.1.7 用水灭火时，必须具备下列条件： a) 火源明确。	第七十八条 矿山救援队应当根据矿井火灾的实际情况选择灭火方法，条件具备的应当采用直接灭火方法。直接灭火时，应当设专人观测进风侧风向、风量和气体浓度变化，分析风流紊乱的可能性及撤退通道的安全性，必要时采取控风措施；应当监测回风侧瓦斯和一氧化碳等气体浓度变化，观察烟雾变化情况，分析灭火效果和爆炸危险性，发现危险迹象及时撤离。 第七十九条 用水灭火时，应当具备下列条件： （一）火源明确；

336

附录 Ⅲ 《矿山救援规程》与《矿山救护规程》条文对照表

（续）

矿山救护规程	矿山救援规程
b）水源、人力、物力充足。 c）有畅通的回风道。 d）瓦斯浓度不超过 2%。 10.2.1.2.2　用水灭火时，必须具备下列条件： a）火源明确； b）水源、人力、物力充分； c）有畅通的回风巷； d）瓦斯浓度不超过 2%。 10.1.1.1.8　灭火时应从进风侧进行，为控制火势可采取设置水幕、拆除木支架（不致引起冒顶时），拆掉一定区段巷道中的木背板等措施阻止火势蔓延。 10.1.1.1.9　用水灭火时，水流不得对准火焰中心，逐步逼向火源中心。灭火过程中应有足够的风量，使水蒸气直接排入回风道。 10.1.1.1.10　用水灭火时，应将回风侧人员撤出，同时在进风侧有防止溃水的措施，严禁靠近火源地点作业。用水快速淹没火区时，密闭附近不得有人。为控制火势可采取设置水幕，同时将燃烧物温度降低，逐步通向火源中心，随着燃烧物温度的降低，使水蒸气直接排入回风道。	（二）水源、人力和物力充足； （三）回风道畅通； （四）甲烷浓度不超过 2%。 第八十条　用水或者注浆灭火应当遵守下列规定： （一）从进风侧进行灭火，并采取防止溃水措施，同时将回风侧人员撤出； （二）为控制火势，可以采取设置水幕、清除可燃物等措施； （三）从火焰外围喷洒并逐步推向火源中心，不得将水流直接对准火焰中心； （四）灭火过程中保持足够的风量和回风道畅通，使水蒸气直接排入回风道； （五）向火区大量灌水或者从上部灌浆时，不得靠近火源地点作业；用水快速淹没火区时，火区密闭附近及其下方区域不得有人。
10.2.1.2　灭火方法的具体要求	

(续)

矿山救护规程	矿山救援规程
10.2.1.2.1 用水或卤代烷、泡沫或注浆的方法灭火时，应将回风侧人员撤出。	
10.1.1.1.11 扑灭电气火灾，必须首先切断电源。严禁使用非绝缘灭火器材灭火。	第八十一条 扑灭电气火灾，应当首先切断电源。在切断电源前，必须使用不导电的灭火器材进行灭火。
10.1.1.1.13 扑灭瓦斯燃烧引起的火灾时，不得使用震动性的灭火手段，防止扩大事故。	第八十二条 扑灭瓦斯燃烧引起的火灾时，可采用干粉、惰性气体、泡沫灭火，不得随意改变风量，防止事故扩大。
10.1.1.1.4 在下列情况下，采用隔绝方法或综合方法灭火： a) 缺乏灭火器材或人员时。 b) 火源点不明确，火区范围大，难以接近火源时。 c) 用直接灭火的方法灭火无效或直接灭火法对人员有危险时。 d) 采用直接灭火不经济时。 10.2.1.1.3 在下列情况下，应采用隔绝方法或综合方法灭火： a) 缺乏灭火器材或人员时。 b) 难以接近火源时。	第八十三条 下列情况下，应当采用隔绝灭火或者综合灭火方法： （一）缺乏灭火器材； （二）火源点不明确，火区范围大，难以接近火源； （三）直接灭火无效或者对灭火人员危险性较大。

338

附录Ⅲ 《矿山救援规程》与《矿山救护规程》条文对照表

（续）

矿山救护规程	矿山救援规程
c) 用直接灭火法无效或用直接灭火法对灭火人员有危险时。采用隔绝窒息法灭火时，应待火焰已经熄灭和温度降低后，再打开密闭墙用直接法灭火。 10.1.1.1.17 采用隔绝法灭火时，必须遵守下列规定： a) 在保证安全的情况下，应尽量缩小封闭范围。 b) 隔绝火区时，首先建造临时风墙，经观察和气体分析表明火区趋于稳定后，方可建造永久风墙。 c) 隔绝火区封闭瓦斯浓度迅速增加时，为保证施工人员安全，应进行远距离的封闭火区。 d) 在封闭有瓦斯、煤尘爆炸危险的火区时，根据实际情况，可先设置抗爆墙（见表11）。在抗爆墙的掩护下，建立永久风墙。砂袋抗爆墙应采用麻袋装棉布袋，不得用塑料编织袋装砂。 10.1.1.1.18 首先封闭进风巷中的风墙。	第八十四条 采用隔绝灭火方法应当遵守下列规定： （一）在保证安全的情况下，合理确定封闭火区范围； （二）封闭火区时，首先建造临时密闭，经观测风向、风量、烟雾和气体分析，确认无爆炸危险后，再建造永久密闭或者防爆密闭（防爆密闭墙最小厚度见附录8）。

（续）

矿山救护规程	矿山救援规程
b) 进风巷和回风巷中的风墙同时封闭。 c) 首先封闭回风侧风墙。 10.2.1.2.3 采用隔绝法灭火时，必须遵守下列规定： a) 在保证安全的情况下，应尽量缩小封闭范围。 b) 隔绝火区时，首先建造临时风墙，然后建造永久风墙。在抗爆墙掩护下，建造永久风墙。 在有爆炸危险时，应先设置抗爆墙。 10.1.1.1.19 封闭火区风墙时应做到： a) 多条巷道需要进行封闭时，应先封闭支巷，后封闭主巷。 b) 火区主要进风巷和回风巷中的风墙应同时封闭，其他一些风墙可以不开通风孔。 c) 选择进风巷和回风巷同时封闭时，封闭通风孔必须统一指挥，密切配合，以最快的速度同时封堵。封堵通风孔时必须统一指挥，密切配合，以最快的速度同时封堵。在建造砂袋抗爆墙时，也应遵守这一规定。 10.1.1.1.21 在建造有瓦斯爆炸危险的火区风墙时，应做到： a) 采取控风手段，尽量保持风量不变。	第八十五条 封闭火区应当遵守下列规定： （一）多条巷道需要封闭的，先封闭支巷，后封闭主巷； （二）火区主要进风巷和回风巷中的密闭风孔留有通风孔，其他密闭可以不留通风孔； （三）选择进风巷和回风巷同时封闭的，在两处密闭上预留通风孔，封堵通风孔工作统一指挥，密切配合，以最快速度同时封堵，完成密闭后迅速撤至安全地点； （四）封闭有爆炸危险火区时，先采取注入惰性气体等抑爆措施，后在安全位置构筑进、回风密闭； （五）封闭火区过程中，设专人检测风流和气体变化，发现瓦斯等易燃易爆气体浓度迅速增加时，所有人员立即撤至安全地点，并向现场指挥部报告。

附录Ⅲ 《矿山救援规程》与《矿山救护规程》条文对照表

（续）

矿山救护规程	矿山救援规程
b) 注入惰性气体。 c) 检测进风、回风侧瓦斯浓度、氧气浓度、温度等。 d) 在完成密闭工作后，迅速撤至安全地点。 10.1.1.1.20 建造火区风墙时应做到： a) **进风巷道和回风巷道中的风墙应同时建造**。 b) 风墙的位置应选择在围岩稳定、无破碎带、无裂隙、巷道断面小的地点，距巷道交叉口不小于 10 m。 c) 拆掉压缩空气管路、电缆、水管及轨道。 d) 在风墙中应留设注浆惰性气体**（水）和采集气样测量温度使用的管孔**，并装上有阀门的**放水管**。 e) 保证风墙的建筑质量。 f) 设专人随时检测瓦斯变化。 10.1.1.1.22 火区封闭后，必须遵守下列原则： a) 人员应立即撤出危险区。进入检查或加固密闭墙，应在24 h 之后进行。 b) 封闭后，应采取均压灭火措施，减少火区漏风。 c) 如果火区内 O_2、CO 含量及温度没有下降趋势，应**查找原因，采取补救措施**。	第八十六条 建造火区密闭后应当遵守下列规定： （一）密闭墙的位置选择在围岩稳定、无破碎带、无裂隙和巷道断面较小的地点，距巷道交叉口不小于10米； （二）拆除或者断开管路、金属网、电缆和轨道等金属导体； （三）密闭墙留设观测孔、措施孔和放水孔。 第八十七条 火区封闭后应当遵守下列规定： （一）所有人员立即撤出危险区；进入检查或者加固密闭墙在24 小时后进行，火区条件复杂的，酌情延长时间； （二）火区密闭被爆炸破坏的，严禁派矿山救援队探察或者恢复密闭；只有在采取防情化火区等措施，经检测无爆炸危险后方可作业，否则，在距火区较远的安全地点建造密闭； （三）条件允许的，可以采取均压灭火措施；

341

(续)

矿山救护规程	矿山救援规程
10.1.1.1.23 火区风墙被爆炸破坏时，严禁立即派救护队探险或恢复破坏的风墙或在附近构筑新风墙。如果必须做到： a) 采取惰化措施抑制火区爆炸。 b) 检查瓦斯，只有在火区内可燃气体浓度已无爆炸危险时，方可进行火区封闭作业；否则，应在距火区较远的安全地点建造风墙。 10.1.1.2 高温下的救护工作 10.1.1.2.1 井下巷道内温度超过30 ℃时，即为高温，应限制佩用氧气呼吸器的连续作业时间。巷道内温度超过40 ℃时，禁止佩用氧气呼吸器作业，<u>但在抢救遇险人员或ейств作业地点靠近新鲜风流时例外；否则，必须采取降温措施。</u> 10.1.1.2.2 为保证在高温区工作的安全，应该采取降温措施，改善工作环境。 10.1.1.2.3 在高温作业巷道内空气升温梯度达到0.5～1 ℃/min时，小队应返回基地，并及时报告井下基地指挥员。 10.1.1.2.4 <u>在高温区工作的指挥员必须做到：</u> a) 向出发的小队布置任务，并提出安全措施。	（四）定期检测和分析密闭内的气体成分及浓度、温度、内外空气压差和密闭漏风情况，发现火区有异常变化时，采取措施及时处置。 第八十八条 矿山救援队在高温、浓烟下展开救援工作应当遵守下列规定： （一）井下巷道内温度超过30摄氏度的，控制佩用氧气呼吸器持续作业时间；温度超过40摄氏度的，不得佩用氧气呼吸器作业，抢救人员时严格限制持续作业时间（见附录9）； （二）采取降温措施，改善工作环境，井下基地配备含0.75%食盐的温开水； （三）高温巷道内空气升温梯度达到每分钟0.5至1摄氏度时，小队返回井下基地，并及时报告至基地指挥员； （四）严禁进入烟雾弥漫至能见度小于1米的巷道； （五）发现应急救援人员身体异常的，小队返回井下基地并通知待机小队。

附录 Ⅲ 《矿山救援规程》与《矿山救护规程》条文对照表

（续）

矿山救护规程	矿山救援规程
b) 在进入高温巷道时，要随时进行温度测定。测定结果和时间应做好记录，有可能时写在巷道帮上。如果巷道内温度超过40 ℃，小队应退出高温区，并将情况报告救护指挥部。 c) 救人时，救护人员进入高温灾区的最长时间不得超过表12中的规定。 d) 与井下基地保持不断的联系，报告温度变化，工作完成情况及队员的身体状况。 e) 发现指战员身体有异常现象时，必须率领小队返回基地，并通知待机小队。 f) 返回时，不得快速行走，并应采取一些改善其感觉的安全措施，如手动补给供氧，用水冷却头、面部等。 g) 在高温条件下，佩用氧气呼吸器工作后，休息的时间应比正常温度条件下工作后的休息时间增加1倍。 h) 在高温条件下佩用氧气呼吸器工作后，不应喝冷水。 10.1.1.16 井下基地应备有含0.75%食盐的温开水和其他饮料。巷道烟雾弥漫能见度小于1 m时，严禁救护队进入侦察或作业，需采取措施，提高能见度后方可进入。	

343

（续）

矿山救护规程	矿山救援规程
10.1.1.3 扑灭不同地点火灾的方法 10.1.1.3.1 进风井口建筑物发生火灾时，应采取防止火灾气体及火焰侵入井下的措施： a) 立即反风或关闭井口防火门；如不能反风，应根据矿井实际情况决定是否停止主要通风机。 b) 迅速灭火。	第八十九条 处置进风井口建筑物火灾，应当采取防止火灾气体及火焰侵入井下的措施，应当立即反风或者关闭井口防火门；不能反风的，根据矿井实际情况决定是否停止主要通风机。同时，采取措施进行灭火。
10.1.1.3.2 正在开凿井筒的井口建筑物发生火灾时，如果通往遇险人员的通道被切断，可利用原有的铁风筒及各类适合供风筒设施向遇险人员送风；同时采取措施将火扑灭，以便尽快靠近遇险人员进行抢救。扑灭井口建筑物火灾时，故矿井应召请消防队参加。	第九十条 处置正在开凿井筒的井口建筑物火灾，通往作业地点的通道被火切断时，可以利用原有的铁风筒及各类适合供风筒设施向遇险人员送风，同时采取措施进行灭火。
	第九十一条 处置进风井筒火灾，为防止火灾气体侵入井下巷道，可以采取反风或者停止主要通风机运转的措施。
10.1.1.3.3 回风井筒发生火灾时，风流方向不应改变。为了防止火势增大，应当减少风量。	第九十二条 处置回风井筒火灾，应当保持原有风流方向，为防止火势增大，可以适当减少风量。
10.1.1.3.4 竖井井筒自上面下的喷洒。应用喷水器自上面下的喷洒。只有在确保救护人员生命安全	

附录Ⅲ 《矿山救援规程》与《矿山救护规程》条文对照表

（续）

矿山救护规程	矿山救援规程
时，才允许派遣救护队进入井筒灭火，灭火应由上往下在进行。	
10.1.1.3.5 扑灭井底车场的火灾时，应坚持的原则： a) 当进风井井底车场和毗连硐室发生火灾时，**停止主要通风机运转**（反风前，撤离进风侧人员），不使火灾气体侵入工作区。 b) 回风井井底发生火灾时，应保持正常风向，可适当减小风量。 c) 救护队要用最大的人力、物力直接灭火和阻止火灾蔓延。 d) 为防止混凝土支架和砌碹巷道上面木材燃烧，可在硐上打眼或破碹，安设水幕。 e) 如果火灾的扩展危及关键地点（如井筒、火药库、变电所、水泵房等），则主要应用于保护这些地点。	第九十三条 处置井底车场火灾应当采取下列措施： （一）进风井井底车场和毗连硐室发生火灾，进行反风或者风流短路，防止火灾气体侵入工作区； （二）回风井井底发生火灾，保持正常风流方向，可以适当减小风量； （三）直接灭火和阻止火灾蔓延； （四）为防止混凝土支架和砌碹巷道上面木材燃烧，爆炸物品库、变电所和水泵房等关键地点。
10.1.1.3.6 扑灭井下硐室中的火灾时，应坚持的原则： a) 着火硐室位于矿井总进风道时，进风或风流短路。 b) 着火硐室位于矿井一翼或采区总采区道通风，采取短路风流短路的情况下，应在可能的情况下，采取短路通风，条件具备时也可以采用区域反风。	第九十四条 处置井下硐室火灾应当采取下列措施： （一）着火硐室位于矿井总进风道的，进行反风或者风流短路； （二）着火硐室位于矿井一翼或者采区总进风流所经风流两巷道连接处的，在安全的前提下进行风流短路，条件具备时也可以

345

矿山救护规程	矿山救援规程
矿山材料库着火时，有条件时应首先将雷管、导爆索运出，然后将其他爆炸材料运出；否则，关闭防火门，撤往安全地点。 c）爆炸材料库着火时，有条件时应首先将雷管、导爆索运出，然后将其他爆炸材料运出；否则，关闭防火门，撤往安全地点。 d）绞车房着火时，应将相连的矿车固定，防止烧断钢丝绳，造成跑车伤人。 e）蓄电池机车库着火时，为防止氢气爆炸，应切断电源，停止充电，加强通风并及时把蓄电池运出硐室。 f）硐室发生火灾，且硐室无防火门时，应采取挂风障控制入风，积极灭火。 10.1.1.3.8 火灾发生在倾斜上行风流巷道时，应保持正常风流方向，可适当减少风量。 10.1.1.12 进风下山风流逆转时，应采取防止火灾风压造成风流素乱和风流逆转的措施。如有发生倾斜下山巷道着火时，不可能从下山下端接近火源时，应尽可能利用平巷下山和联络巷接近火源灭火。改变通风系统和通风方式时，必须有利于控制火风压。在风量发生变化，特别是流向变化时，救护队员应立即撤离。灭火材料供应中断时，救护员应立即撤离。	(三) 爆炸物品库着火的，在安全的前提下先将雷管和导爆索运出，后将其他爆炸材料运出；因危险不能运出的，关闭防火门，人员撤至安全地点； (四) 绞车房着火的，将连接相连的矿车固定，防止烧断钢丝绳，造成跑车伤人； (五) 蓄电池机车充电硐室着火的，切断电源，停止充电，加强通风并及时运出蓄电池； (六) 硐室无防火门的，挂风障控制入风，积极灭火。 第九十五条 处置井下巷道火灾应当采取下列措施： (一) 倾斜上行风流巷道着火的，保持正常风流方向，可以适当减少风量，防止正常的巷道并联发生风流逆转； (二) 倾斜下行风流巷道着火的，防止发生风流逆转，不得在着火巷道由上向下接近火源灭火，可以利用平行下山和联络巷接近火源灭火； (三) 在倾斜巷道从下向上灭火时，防止冒落岩石和燃烧物掉落伤人； (四) 矿井或者一翼总进风道中的平巷、石门或者其他平巷道发生火灾，根据具体情况采取风流短路或者正常通风，采取风流短路时防止风流素乱，先切断电源，并将线路架线式电机车巷道发生火灾，先切断电源，并将线路

附录Ⅲ 《矿山救援规程》与《矿山救护规程》条文对照表

（续）

矿山救护规程	矿山救援规程
10.1.1.3.9 火源在倾斜巷道中时，应利用联络巷等通道接近火源进行灭火。不能接近火源时，可利用矿车、箕斗将喷水器送到巷道中灭火，或发射高倍数泡沫、惰气进行远距离灭火。需要从下方向上灭火时，应采取措施防止落石和燃烧物掉落伤人。	接地，接地点在可见范围内； （六）带式输送机运输巷道发生火灾，先停止输送机，关闭电源，后进行灭火。
10.1.1.3.10 位于矿井或一翼总进风道中的平巷、石门和其它水平巷道发生火灾时，应采取有效措施控风；通风措施逆转时，应防止烟流逆转。	
10.1.1.3.13 独头巷道发生火灾时，应在维持局部通风机正常通风的情况下，积极灭火。矿山救护队到达现场后，保持独头巷道的通风原状，即风机停止运转的不要开启，风机开启的不要停止，侦察后再采取措施。	第九十六条 处置独头巷道火灾应当采取下列措施： （一）矿山救援队到达现场后，保持局部通风机通风原状，即风机停止运转的不要开启，风机开启的不要停止，进行探察后再采取处置措施； （二）水平独头巷道迎头直接灭火，灭火时注意火源以里的，且甲烷浓度不超过2%，且甲烷浓度不超过2%时，在通风前提下直接灭火，灭火后检查和处置阴燃火点，防止复燃。
10.1.1.3.14 矿山救护队到达井下，在不需救人的情况下，指挥员不得派小队进入有爆炸危险、着火地点冒险灭火或探险；已经通风的独头巷道如果瓦斯浓度仍然迅速增长，也不得入内灭火，而应在远离火点的安全地点建筑风墙，具体位置由救护指挥部确定。	（三）水平独头巷道中段发生火灾，防止积聚的瓦斯经过火点，情况不明的，在安全地点进行封闭； （四）倾斜独头通风的情况下，甲烷浓度不超过2%时，在加强通风的独头巷道迎头可以直接灭火。

347

（续）

矿山救护规程	矿山救援规程
10.1.1.3.15 在扑灭独头巷道火灾时，矿山救护队必须遵守下列规定： a) 平巷独头巷道掘进头发生火灾，瓦斯浓度不超过2%时，应在通风的情况下采用直接灭火。灭火后，必须仔细清查阴燃火点，防止复燃引起爆炸。 b) 火灾发生在平巷独头采煤的中段时，灭火中必须注意火源以里的瓦斯情况，设专人随时检测，如果情况不清，应远距离过火点排出。 c) 火灾发生在上山独头巷的掘进头时，在瓦斯浓度不超过2%的情况下，有条件时应直接灭火，灭火中应加强通风，如瓦斯超过2%仍在继续上升，应立即把人员撤到安全地点，远距离进行封闭。若火灾发生在上山独头采煤的中段时，不得直接灭火，应在安全地点进行封闭。 d) 上山独头煤巷火灾不管发生在什么地点，如果局部通风机已经停止运转，在无需抢救人员时，严禁进人灭火，应立即撤出附近人员，远距离进行封闭。 e) 火灾发生在下山独头煤巷掘进时，在通风的情况下，瓦斯的浓度不超过2%，可直接进行灭火。若火灾发生巷道中段时，瓦斯浓度超过2%，不得直接灭火，应	应急救援人员立即撤离，并在安全地点进行封闭； （五）倾斜独头巷道中段发生火灾，不得直接灭火，在安全地点进行封闭； （六）局部通风机已经停止运转，且无需抢救人员的，无论火源位于何处，均在安全地点进行封闭。

附录Ⅲ 《矿山救援规程》与《矿山救护规程》条文对照表

（续）

矿山救护规程	矿山救援规程
10.1.1.3.7 火灾发生在采区或采煤工作面进风巷，为抢救人员，有条件时可进行区域反风；为控制火势减少风量时，应防止采空区缺氧和瓦斯积聚。 10.1.1.3.11 采煤工作面发生火灾时，应做到： a）从进风侧利用各种手段进行灭火。 b）在进风侧灭火难以取得效果时，可采取区域反风，但进风侧要设置水幕，也不准从回风侧进行灭火，并将人员撤出。 c）采煤工作面回风巷着火时，应防止采空区瓦斯涌出和积聚造成危害；而要从面侧利用保护盖和保护盖接近火源灭火。 d）急倾斜煤层采煤工作面着火时，不准在火源上方灭火，防止水蒸气或者火源下方灭火，防止火区塌落物伤人。	第九十七条 处置回采工作面火灾应当采取下列措施： （一）工作面着火，在进风侧进行灭火；在进风侧灭火难以奏效的，可以进行局部反风，从反风后的进风侧灭火，并在回风侧设置水幕； （二）工作面进风巷着火，为抢救人员和控制火势，可以进行局部反风或者减少风量时防止灾区缺氧和瓦斯积聚； （三）工作面回风巷着火，应防止采空区瓦斯涌出和积聚造成瓦斯爆炸； （四）急倾斜工作面着火，不得在火源上方或者火源下方直接灭火，防止水蒸气或者火区塌落物伤人；有条件的可以从侧面利用保护盖和保护盖接近火源灭火。 （五）工作面有爆炸危险时，应急救援人员立即撤到安全地点，禁止直接灭火。
10.1.1.3.12 处理采空区或巷道冒落带火灾时，必须保持通风系统的稳定，检查与火区之相连的通道，防止瓦斯涌入。	第九十八条 采空区或者巷道冒落带发生火灾，应当保持通风系统稳定，检查与火区相连的通道，防止瓦斯涌入火区。
10.1.2 瓦斯、煤尘爆炸事故	第二节 瓦斯、矿尘爆炸事故救援
10.1.2.1 处理瓦斯、煤尘爆炸事故时，救护队的主要任务是：	第九十九条 矿山救援队参加瓦斯、矿尘爆炸事故救援，应当全面探察灾区遇险人员数量及分布地点，有毒有害气体、巷道破坏程度，是否存在火源等情况。

（续）

矿山救护规程	矿山救援规程
a) 灾区侦察。 b) 抢救遇险人员。 c) 抢救人员时清理灾区堵塞物。 d) 扑灭因爆炸产生的火灾。 e) 恢复通风。 10.1.2.3 井筒、井底车场或石门发生爆炸时，在侦察确定没有火源的情况下，应派一个小队危险、无爆炸危险，无法恢复通风设施损坏不能恢复的，应全部去救人。 10.1.2.4 爆炸事故发生在采煤工作面时，派一个小队沿回风侧救人，另一个小队沿进风侧通风系统维持通风系统原状。	第一百条 首先到达事故矿井的矿山救援队，救援力量的分派原则如下： （一）井筒、井底车场或者石门发生爆炸，在确定没有火源、无爆炸危险，无通风设施损坏暂时无法恢复的，派一个小队抢险人员，另一个小队进行抢救人员，全部进行抢救人员； （二）采掘工作面发生爆炸，派一个小队沿回风侧救人，在此期间通风系统维持原状。
10.1.2.5 井筒、井底车场或石门发生爆炸时，为了排除爆炸产生的有毒、有害气体，抢救人员，应在查清无火源的基础上，尽快恢复通风。如果有害气体严重威胁回风流方向的人员，为了紧急救人，在进风方向已安全撤退的情况下，可采取区域反风，之后，矿山救护队应进入原回风侧引导人员撤离灾区。	第一百零一条 为排除爆炸无火源的有毒有害气体和抢救人员，应当在探察确认无火源严重威胁爆源的前提下，尽快恢复通风。在上风侧人员已经撤离的情况下，可以采取反风措施，反风后矿山救援队进入原下风侧引导人员撤离灾区。

350

附录Ⅲ 《矿山救援规程》与《矿山救护规程》条文对照表

(续)

矿山救护规程	矿山救援规程
10.1.2.2 爆炸产生火灾，应同时进行灭火和救人，并应采取措施防止再次发生爆炸的措施。	第一百零二条 爆炸产生火灾时，矿山救援队应当同时进行抢救人员和灭火，并采取措施防止再次发生爆炸。
10.1.2.6 处理爆炸事故，小队进入灾区必须遵守下列规定： a) 进入前，切断灾区电源，并派专人看守。 b) 保持灾区通风现状，检查灾区内各种有害气体的浓度、温度及通风设施的破坏情况。 c) 穿过支架破坏的巷道时，应架好临时支架。 d) 通过支架松动的地点时，队员应保持一定距离按顺序通过，不得推拉支架。 e) 进入灾区行动应防止碰撞、摩擦等产生火花。 f) 在灾区巷道中，有害气体浓度大、支架损坏严重的情况下，如无火源，人员已经牺牲时，必须在恢复通风、维护支架后方可进入，确保救护人员的安全。	第一百零三条 矿山救援队参加瓦斯、矿尘爆炸事故救援应当遵守下列规定： (一) 切断灾区电源，并派专人值守； (二) 检查灾区内有毒有害气体浓度、温度和通风设施情况，发现有再次爆炸危险时，立即撤至安全地点； (三) 进入灾区行动防止碰撞、摩擦等产生火花； (四) 灾区巷道有火源、有毒有害气体浓度较大、支架损坏严重的，在确认没有火源的情况下，先恢复通风、维护支架，确保应急救援人员安全； (五) 已封闭采空区发生爆炸，严禁派人进入灾区进行恢复密闭工作，采取注入惰性气体和远距离封闭等措施。
10.1.3 煤与瓦斯突出事故救援	第三节 煤与瓦斯突出事故救援
10.1.3.1 发生煤与瓦斯突出事故时，救护队的主要任务是抢救人员和对充满有害气体的巷道进行通风。	

（续）

矿山救护规程	矿山救援规程
10.1.3.5 发生突出事故时，应立即对灾区采取停电、撤人措施。**在逐级**排出瓦斯后，方可恢复送电。	第一百零四条 发生煤与瓦斯突出事故后，矿山企业应当立即对灾区采取停电和撤人措施，**在按规定排出瓦斯后**，方可恢复送电。
10.1.3.2 救护队进入灾区**侦察时**，应查清遇险、遇难人员数量及分布情况，通风系统及设施破坏情况，突出的位置，突出物堆积状态，巷道堵塞情况，瓦斯浓度和波及范围，发现火源立即扑灭。	第一百零五条 矿山救援队应当**探察**遇险人员数量及分布地点，通风系统及设施破坏程度，突出物堆积状态、巷道堵塞程度，瓦斯浓度和波及范围等情况，发现火源立即扑灭。
10.1.3.3 采掘工作面发生煤与瓦斯突出事故后，一个小队从回风侧，另一个小队从进风侧进入事故地点救人。	第一百零六条 采掘工作面发生煤与瓦斯突出事故，矿山救援队应当派一个小队从回风侧，另一个小队从进风侧进入事故地点抢救人员。
10.1.3.4 **侦察中**发现遇险人员应及时抢救，为其配用隔绝式自救器或全面罩正压氧气呼吸器，使其脱离困在煤矸阻住里面的人员，或组织进入避灾室等待救护。对于被突出煤矸阻住里面的人员，应及时打开压风管路，利用压风系统呼吸，并组织力量清除阻塞物如需在突出煤层中掘进绕道救人员时，必须采取防突措施。	第一百零七条 矿山救援队发现遇险人员应当立即抢救，为其佩用全面罩正压氧气呼吸器或自救器，引导、护送遇险人员撤离灾区。遇险人员被困灾区时，应当利用压风管、**供水管**路或者施工钻孔等为其输送新鲜空气，并组织力量清理阻塞物或者开掘绕道抢救人员。在有突出危险的煤层中掘进绕道抢救人员时，应当采取防突措施。
10.1.3.7 发生突出事故时，不得停风和反风，防止风流紊乱和扩大灾情。如果通风系统和通风设施被破坏，应设置临时风障、风门及安装局部通风机，逐级恢复通风。	第一百零八条 处置煤与瓦斯突出事故，不得停风或者反风，防止风流紊乱扩大灾情。通风系统和通风设施被破坏的，应当设置临时风障、风门和安装局部通风机恢复通风。

附录Ⅲ 《矿山救援规程》与《矿山救护规程》条文对照表

（续）

矿山救护规程	矿山救援规程
10.1.3.8 因突出造成风流逆转时，应在进风侧设置风障，并及时清理回风侧的堵塞物，使风流尽快恢复正常。	**第一百零九条** 突出造成风流逆转时，应当在进风侧设置风障，清理回风侧的堵塞物，使风流尽快恢复正常。
10.1.3.9 瓦斯突出引起火灾时，应采用综合灭火或惰气灭火。如果瓦斯突出引起回风井口瓦斯燃烧，应采取控制风量的措施。	**第一百一十条** 突出引起火灾时，应采用综合灭火或者惰性气体灭火。突出引起回风井口瓦斯燃烧的，应当采取控制风量的措施。
10.1.3.10 在处理突出事故时，必须做到： a) 进入灾区前，确保矿灯完好；进入灾区内，不准随意启闭电气开关和扭动矿灯开关或关灯盖。 b) 在突出区应设专人定点检查瓦斯浓度，并及时向指挥部报告。 c) 设立安全岗哨，非救护队人员不得进入灾区，救护人员必须配用氧气呼吸器，不得单独行动。 d) 当发现有异常情况时，应立即撤出全部人员。	
10.1.3.6 灾区排放瓦斯时，必须撤出回风侧的人员，以最短路线将瓦斯引入回风道，排风井口 50 m 范围内不得有火源，并设专人监视。	**第一百一十一条** 排放灾区瓦斯时，应当撤出排放混合风流经过巷道的所有人员，以最短路线将瓦斯引入回风道。回风井口 50 米范围内不得有火源，并设专人监视。

353

（续）

矿山救护规程	矿山救援规程
10.1.3.11 处理岩石与二氧化碳突出事故时，除执行煤与瓦斯突出事故的各项规定外，还应对灾区进入灾区时，迅速抢救遇险人员，佩用负压氧气呼吸器进入灾区时，应戴好防烟眼镜。	第一百一十二条 清理突出的煤矸时，应当采取防止煤尘飞扬、冒顶片帮、瓦斯超限及再次发生突出的安全保障措施。 第一百一十三条 处置煤（岩）与二氧化碳突出事故，可以参照处置煤与瓦斯突出事故的相关规定执行，并且应当加大灾区风量。
10.1.4 水灾事故救援	第四节 矿井透水事故救援
10.1.4.1 矿山发生水灾事故时，救护队的任务是抢救被淹和被困人员，恢复井巷通风。	
10.1.4.2 救护队到达事故矿井后，应了解灾区情况，水源、事故前人员分布，矿井有生存条件的地点所在空间体积，事故通道等，并分析计算被堵人员所在空间体积及 O_2、CO_2、CH_4 浓度，计算遇险人员最短生存时间。根据矿井水灾受灾面积，水量和涌水速度，提出及时增大排水设备能力，抢救被困人员的有关建议。	第一百一十四条 矿山救援队参加矿井透水事故救援，应当了解灾区情况和水源、透水点、事故前人员分布、矿井有生存条件的地点及进入该地点的通道等情况，分析计算被困人员所在空间体积及空间内氧气、二氧化碳、瓦斯等气体浓度，估算被困人员维持生存时间。

354

附录Ⅲ 《矿山救援规程》与《矿山救护规程》条文对照表

（续）

矿山救护规程	矿山救援规程
10.1.4.3 救护队在侦察中，应探查遇险人员位置，涌水通道，水量，水的流动线路，巷道及水泵设施受水淹程度，巷道冲坏和堵塞情况，有害气体（CH_4、CO_2、H_2S等）浓度及在巷道中的分布和通风状况等。	第一百一十五条 矿山救援队应当探察遇险人员位置，涌水通道，水量及水泵设施受水淹程度，巷道破坏及堵塞情况，巷道冲坏和通风状况等。
10.1.4.4 采掘工作面发生水灾时，救护队应首先进下部水平上部水平救人，再进入下部水平抢救人。	第一百一十六条 采掘工作面发生透水，矿山救援队应当首先进入下部水平抢救人员，再进入上部水平抢救人员。
10.1.4.5 救助时，被困在灾区的人员，其所在地点高于透水后水位的，可利用打钻、掘小巷等方法供给新鲜空气，饮料及食物，建立通信联系；如果其所在地点低于透水后水位的，则禁止打钻，防止泄压扩大灾情。	第一百一十七条 被困人员所在地点高于透水后水位的，可以利用打钻等方法供给新鲜空气、饮料和食物，建立通信联系；被困人员所在地点低于透水后水位的，不得打钻，防止钻孔泄压扩大灾情。
10.1.4.6 矿井涌水量超过排水能力，全矿和水平有被淹危险时，在下部水平人员救出后，可向下部水平或采空区放水；如果下部水平人员尚未撤出，主要排水设备受到被淹威胁时，堵住泵房口和通可用装有黏土、砂子的麻袋构筑临时防水墙，堵住泵房口和通在下部水平的巷道。	第一百一十八条 矿井涌水量超过排水能力，全矿或者水平有被淹危险时，在下部水平人员救出后，可以向下部水平或者采空区放水；下部水平人员尚未撤出，主要排水设备受到被淹威胁时，封堵泵房口和构筑临时防水墙，的巷道。
10.1.4.7 水灾威胁救护队在处理水淹事故时，必须注意下列问题： a）水泵安全，在人员撤住安全地点后，救护小队	第一百一十九条 矿山救援队参加矿井透水事故救援应当遵守下列规定：

355

(续)

矿山救护规程	矿山救援规程
的主要任务是保护泵房不致被淹。 a) 小队逆水流方向在上部没有出口的巷道时，应与基地监视水情的待机小队保持联系；当巷道有很快被淹危险时，立即返回基地。 b) 排水过程中保持通风，加强对有毒、有害气体的检测。 c) 排水后进行侦察、抢救人员时，注意观察巷道情况，防止冒顶和底板塌陷。 d) 救护队员通过局部积水巷道时，应采用探险棍探察前进。 10.1.4.8 处理上山巷道水灾时，应注意下列事项： a) 检查并加固巷道支护，防止二次透水、积水和淤泥的冲击。 b) 透水点下方要有能存水及存沉积物的有效空间，否则人员要撤到安全地点。 c) 保证人员在作业中的通信联系和退路安全畅通。 d) 指定专人检测 CH_4、CO、H_2S 等有毒、有害气体和氧气浓度。 10.2.2.1 地面水处理 分析地面水系与灾区水源的关系，积极处理可能导致灾情扩大的地面水系，采取小法、截流等办法，防止地面水流向灾区。	（一）透水威胁水泵安全时，在人员撤至安全地点后，保护泵房不被水淹； （二）应急救援人员经过巷道有被淹危险时，立即返回井下基地； （三）排水过程中保持通风，加强有毒有害气体检测，防止有毒有害气体涌出造成危害； （四）排水后进行探察或者抢救人员时，注意观察巷道情况，防止冒顶和底板塌陷； （五）通过局部积水巷道时，采用探险棍探测前进，水深过膝，无需抢救人员的，不得涉水进入灾区。 第一百二十条　矿山救援队处置上山巷道透水应当注意下列事项： （一）检查并加固巷道支护，防止二次透水、积水和淤泥冲击； （二）透水点下方不具备存储水和沉积物有效空间的，将人员撤至安全地点； （三）保证人员通信联系和撤离路线安全畅通。

356

附录Ⅲ 《矿山救援规程》与《矿山救护规程》条文对照表

（续）

矿山救护规程	矿山救援规程
10.1.5 顶板事故救援	第五节 冒顶片帮、冲击地压事故救援
10.1.5.2 在处理冒顶事故前，救援队应向冒顶区域的有关人员了解事故发生原因，冒顶区域顶板特性，事故前人员分布位置，检查瓦斯浓度等，并实地查看周围支架和顶板情况，救护人员安全时，首先应加固附近支架，保证退路安全畅通。	第一百二十一条 矿山救援队参加冒顶片帮事故救援，应当了解事故发生原因，巷道顶板特性，事故前人员分布位置和压风管路设置等情况，指定专人检查氧气和瓦斯等有害气体浓度，监测巷道涌水量，观察周围巷道顶板支护情况，保障应急救援人员作业安全和撤离路线安全畅通。
10.2.3.2 在处理冒顶片帮事故发生前，救护队应在附近地区工作的人员了解事故发生原因、冒顶、片帮地压特征，事故前人员分布位置、有害气体浓度情况等，并实地查看周围巷道支护情况，必要时加固有关巷道，保证退路畅通。	
10.1.5.1 发生冒顶片帮事故后，救护队应配合现场人员救助遇险人员。如果通风系统遭到破坏，抢救人员的安全时，救护队应迅速恢复通风。当瓦斯和其他有害气体威胁到抢救人员的安全时，救护队应抢救人员和恢复通风。	第一百二十二条 矿井通风系统和支护遭到破坏威胁救援作业或者可能再次发生冒顶片帮时，应急救援人员应当迅速撤至安全地点，采取措施消除威胁。当冒顶片帮、周围巷道有害气体等安全或者进行加固处理。当瓦斯等有毒有害气体系统遭到破坏的，应当进行加固处理。当复通风。
10.2.3.1 发生冒顶片帮事故后，救护队应配合现场人员一起救助遇险人员。如果通风系统遭到破坏，应迅速恢复通风。当有毒、有害气体威胁到抢救人员的安全时，救护队应积极抢救遇险人员和恢复通风。	

357

（续）

矿山救护规程	矿山救援规程
10.1.5.3 抢救被埋、被堵人员时，用呼喊、敲击等方法，或采用探察仪器判断遇险人员位置，与遇险人员联系，掘小巷、绕道或使用临时支护通过冒落区接近遇险者；一时无法接近时，应设法利用钻孔、压风管路等提供新鲜空气、饮料和食物。 10.1.5.4 处理冒顶事故时，应指定专人检查瓦斯和观察顶板情况，发现异常，立即撤出人员。 10.2.3.3 抢救人员时，用喊话、敲击等方法判断遇险人员位置，与遇险人员保持联系，要求他们配合救护工作。对于被埋、被堵的人员，应在支护好顶板的情况下，绕道通过冒落区或使用矿山救护轻便支架穿越冒落区接近遇险者；一时无法接近时，应设法利用风管提供新鲜空气、饮料和食品。 10.2.3.4 在处理冒顶片帮事故过程中，应指定专人监测地压活动情况，监测有害、有毒气体浓度变化情况，发现异常，应立即撤出救护人员。	第一百二十三条 矿山救援队搜救遇险人员时，可以采用呼喊、敲击或者采用探测仪器判断被困人员位置，与被困人员联系。应急救援人员通过敲击发出救援联络信号内容如下： （一）敲击五声表示寻求联络； （二）敲击四声询问被困人员数量（被困人员按实际人数敲击回复）； （三）敲击三声表示收到； （四）敲击二声表示停止。 第一百二十四条 应急救援人员可以采用掘小巷、掘绕道、使用临时支护通过冒落区或者救遇险人员，快速构建救援通道营救遇险人员，同时利用压风管、水管或者钻孔等向被困人员提供新鲜空气、饮料和食物。

358

附录Ⅲ 《矿山救援规程》与《矿山救护规程》条文对照表

（续）

矿山救护规程	矿山救援规程
10.1.5.5 清理大块矸石等压人冒落物时，可使用千斤顶、液压起重器具、起重气垫等工具进行处理。 10.2.3.5 清理堵塞物和巷道冒落物压住遇险人员时，可使用千斤顶、金属网、木柱、铁梁、铁柱等避免伤害遇险人员，可使用千斤顶、液压起重器、多功能、金属切割机等工具进行处理。	第一百二十五条 应急救援人员清理大块矸石、支柱、支架、金属网、钢梁等冒落物和巷道堵塞物营救被困人员时，在现场安全的情况下，可以使用千斤顶、液压起重器具、液压剪、起重气垫、多功能钳、金属切割机等工具进行处置，使用工具时，应当注意避免误伤被困人员。
	第一百二十六条 矿山救援队参加冲击地压事故救援应当遵守下列规定： （一）分析再次发生地压灾害的可能性，确定合理的救援方案和路线； （二）迅速恢复灾区通风，恢复独头巷道通风时，按照排放瓦斯的要求进行； （三）加强巷道支护，保障作业空间安全，防止再次冒顶； （四）设专人观察顶板及周围支护情况，检查通风、瓦斯和矿尘，防止发生次生事故。
第六节 矿井提升运输事故救援	
	第一百二十七条 矿井发生提升运输事故，矿山企业应当根据情况立即停止事故设备运行，必要时切断其供电电源，停止事故影响区域作业，组织抢救遇险人员，采取恢复通风、通信和排水等措施。

359

(续)

矿山救护规程	矿山救援规程
	第一百二十八条 矿山救援队应当了解事故发生原因、矿井提升运输系统及设备，遇险人员数量和可能位置以及矿井通风、通信、排水等情况，探察井筒（巷道）破坏程度、提升容器坠落或者运输车辆滑落位置，遇险人员状况以及井筒（巷道）内通风、氧气和有毒有害气体浓度、积水水位等情况。
	第一百二十九条 矿山救援队在探察搜救过程中，发现遇险人员立即救出至安全地点，对伤员进行止血、包扎和骨折固定等紧急处理后，迅速移交专业医护人员送医院救治；不能立即救出的，在采取技术措施后施救。
	第一百三十条 应急救援人员在使用起重、破拆、扩张、牵引、切割等工具处置罐笼、人车（矿车）及堆积杂物进行施救时，应当指定专人检查瓦斯等有毒有害气体和氧气浓度，观察井筒和巷道情况，采取措施确保作业安全；同时，应当采取措施避免被困人员受到二次伤害。
	第一百三十一条 矿山救援队参加矿井坠罐事故救援应当遵守下列规定： （一）提升人员井筒发生事故，可以选择其他安全出口入井探察搜救；

360

附录Ⅲ 《矿山救援规程》与《矿山救护规程》条文对照表

（续）

矿山救护规程	矿山救援规程
	（二）需要使用事故井筒的，清理井口井设专人把守警戒，对井筒、救援提升系统及设备进行安全评估，检查提升测试，确保提升安全可靠； （三）当罐笼坠入井底时，可以通过排水通道抢救遇险人员，积水较多的采取排水措施，井底较深时通风局部通风措施，防止人员窒息； （四）搜救时注意观察井筒上部是否有物品坠落危险，必要时在井筒上部断面安设防护盖板，保障救援安全。 第一百三十二条 矿山救援队参加矿井卡罐事故救援应当遵守下列规定： （一）清理井架、井口附着物，井口设专人值守警戒，防止救援过程中坠物伤人； （二）有梯子间的井筒，先行探察井筒内有毒有害气体和氧气浓度以及梯子间安全状况，在保证安全的情况下可以通过梯子间向下搜救； （三）需要通过提升系统及设备进行探察搜救的，在经评估、检查和测试，应急救援人员佩带保险带，所带工具系防止掉落，配备使用通信工具保持联络； （四）应急救援人员到达卡罐位置，先观察卡罐状况，必要时采取稳定或者加固措施，防止救援时罐笼再次坠落；

(续)

矿山救护规程	矿山救援规程
	（六）救援时间较长时，可以通过绳索和吊篮等方式为被困人员输送食物、饮料、相关药品及通信工具，维持被困人员生命体征和情绪稳定。 第一百三十三条 矿山救援队参加倾斜井巷车跑车事故救援应当遵守下列规定： （一）采取紧急制动和固定跑车车辆措施，防止施救时车辆再次滑落； （二）在事故巷道采取设置警戒线、警示灯等警戒措施，井设专人值守，禁止无关车辆和人员通行； （三）起重、搬移、挪动矿车时，防止车辆侧翻伤人，保护应急救援人员和遇险人员安全； （四）注意观察事故现场周边设施、设备、巷道的变化情况，防止巷道构筑物塌落伤人，必要时加固巷道，消除隐患。
第七节 淤泥、黏土和流砂溃决事故救援	
10.1.6.3 当泥砂有流入下部水平人员撤到安全处。	第一百三十四条 矿井发生淤泥、黏土、矿渣、流砂溃决事故，矿山企业应当将下部水平作业人员撤至安全地点。
10.1.6.1 处理淤泥、黏土和流砂溃决事故时，救护队的主要任务是救即遇险人员，加强有毒有害、有害气体检查，恢复	第一百三十五条 应急救援人员应当加强有毒有害气体检测，采用呼喊和敲击等方法与被困人员进行联系，采取措施向

附录Ⅲ 《矿山救援规程》与《矿山救护规程》条文对照表

（续）

矿山救护规程	矿山救援规程
10.1.6.2 溃出的淤泥、黏土和流砂如果堵了人员，应用呼喊、敲击等方法与他们取得联系，并及时采取措施输送空气、饮料和食物。在进行清除工作的同时，寻找最近距离掘小巷接近他们。	被困人员输送新鲜空气、饮料和食物，在清理溃决物的同时，采用打钻和掘小巷等方法营救被困人员。
10.1.6.4 开采急倾斜煤层，黏土和淤浆或流砂流入下部水平巷道时，救护工作只能从上部水平巷道进行，严禁从下部接近充满流砂和淤泥的巷道。	第一百三十六条 开采急倾斜煤层或者矿体的，在黏土、淤泥、矿渣或者流砂流入下部水平巷道时，应急救援人员应当从上部水平巷道开展救援工作，严禁从下部接近充满溃决物的巷道。
10.1.6.5 当矿山救护小队在没有通在上部水平安全出口的巷道中逆泥浆流动方向行进时，基地应设待机小队，并与进入小队保持不断联系，以便随时通知进入小队返回或进入帮助。	
10.1.6.6 在淤泥已停止流动，寻找救助人员时，应在铺于淤泥上的木板上行进。	

第三部分 附　录

（续）

矿山救护规程	矿山救援规程
10.1.6.7　因受条件限制，需从斜井巷下部清理淤泥、流砂或煤渣时，必须设置牢固的阻挡设施，并制订与专门措施，由矿长亲自组织抢救，设有专人观察，防止泥砂积水突然冲下；并应设置有安全退路的躲避硐室。出现险情时，人员立即进入躲避硐室暂避。在淤泥下方没有阻挡设施的，严禁进行清除工作。	第一百三十七条　因受条件限制，需从倾斜巷道下部清理淤泥、黏土、矿渣或者流路的阻挡设施和有安全退路的躲避硐室，并设专人观察。出现险情时，应急救援人员立即撤离或者进入躲避硐室。没有安全阻挡设施的，严禁进行清理作业。
10.2.4　爆破事故救援	第八节　炮烟中毒窒息、炸药爆炸和矸石山事故救援
10.2.4.1　炮烟中毒事故 a) 处理爆破炮烟中毒事故时，救护队的主要任务是救助遇险人员，加强通风，监测有毒、有害气体。 b) 对独头巷道、独头采空区或采空区发生的气体爆炸事故或炮烟中毒事故，在救护过程中，应分析并确认没有爆炸危险情况下，采用局部通风的方式，稀释该区域的炮烟浓度。 c) 救护小队通信联系。如果救护小队有1人出现体力不支或者呼吸器氧气压力不足的情况，全小队应立即撤出事故区域，返回基地。	第一百三十八条　矿山救援队参加炮烟中毒窒息事故救援应当遵守下列规定： （一）加强通风，监测有毒有害气体； （二）独头巷道或者采空区发生炮烟中毒窒息事故，在没有爆炸危险的情况下，采用局部通风的方式稀释炮烟浓度； （三）尽快给遇险人员供氧气并让其静卧保暖，将遇险人员撤离救器，给中毒窒息人员佩用全面罩正压自吸氧气呼吸器或者炮烟事故区域，运送至安全地点交医疗救治。

364

附录Ⅲ 《矿山救援规程》与《矿山救护规程》条文对照表

（续）

矿山救护规程	矿山救援规程
10.2.4.2 炸药库意外爆炸事故 首先侦察爆炸现场的有毒、有害气体浓度、温度、巷道及碉室坍塌情况，爆炸前人员情况，以及爆炸事故发生后人员伤亡情况。救护指挥部制订救护计划，恢复矿井通风系统进行排烟通风。 a) 救护小队用防护面具或全面罩呼吸器进入事故现场救助遇险人员，撤出尚未爆炸的爆破器材，控制并迅速扑灭因爆炸产生的火灾。	第一百三十九条 矿山救援队参加爆炸药炸事故救援应当遵守下列规定： （一）了解炸药和雷管数量、放置位置等情况，分析再次爆炸的危险性，制定安全防范措施； （二）探察爆炸现场人员，有毒有害气体和巷道与碉室坍塌情况； （三）抢救遇险人员，运出爆破器材，控制并扑灭火源； （四）恢复矿井通风系统，排除烟雾。
10.1.1.3.17 处理矸石山火灾事故时，应做到： a) 查明自燃的范围、温度、气体成分等参数。 b) 处理火源时，可采用注黄泥浆、飞灰、凝胶、石灰水、泡沫等措施。 c) 直接灭火时，应防止水煤气爆炸，避开矸石山垮塌面和开挖暴露面。 d) 在清理矸石爆炸产生的高温抛落物时，应戴手套、防护面罩、眼镜、穿阻燃服，使用工具清除，并设专人观察矸石山变化情况。	第一百四十条 矿山救援队参加矸石山自燃或者爆炸事故，救援应当遵守下列规定： （一）查明自燃范围、周围温度和产生气体成分及浓度； （二）可以采用注入泥浆、飞灰、凝胶和泡沫等灭火措施； （三）直接灭火时，防止水煤气爆炸，避开矸石山垮塌面和开挖暴露面； （四）清理爆炸产生的高温抛落物时，穿隔热服，应急救援人员佩戴手套、防护面罩或者眼镜，使用工具清理； （五）设专人观测矸石山状态及变化，发现危险情况立即撤离至安全地点。

365

第三部分 附 录

（续）

矿山救护规程	矿山救援规程
10.2.3 冒顶、边坡及尾矿库事故救援	第九节 露天矿坍塌、排土场滑坡和尾矿库溃坝事故救援
10.2.3.6 露天矿边坡坍塌或排土场滑坡事故救护处理时，救护队快速进入灾区，侦察灾区情况，救助遇险人员；对可能坍塌的边坡进行支护，并要加强现场观察，保证救护人员安全；配合事故救护工程人员挖掘被掩埋遇险人员，在挖掘过程中应避免伤害被困人员。	第一百四十一条 矿山救援队参加露天矿边坡坍塌或者排土场滑坡（滑体）、排土场坍塌和尾矿库溃坝事故救援坍塌救援设备从坍塌体（滑体）两侧安全区域实施救援； （一）坍塌体（滑体）趋于稳定后，应急救援设备从坍塌体（滑体）两侧安全区域实施救援； （二）采用生命探测仪等器材和观察、听声、呼喊、敲击等方法搜寻被困人员，判断被埋压位置； （三）可以采用人工与机械相结合的方式挖掘搜救被困人员，接近被埋压人员时采用人工挖掘，在施救过程中防止造成二次伤害； （四）分析事故影响范围，设置警戒区域，安排专人对搜救地点、坍塌体（滑体）和边坡情况进行监测，发现险情迅速组织应急救援人员撤离。 积极采用手机定位、车辆探测、雷达、3D建模等技术分析被困人员位置，利用无人机、边坡雷达、位移形变监测等设备加强监测预警。
10.2.3.7 尾矿库事故救护时，应通过查阅资料和现场调查了解以下情况： a）尾矿库事故前实际坝高、库容、尾矿物质组成、坝体结构、坝外坡比。	第一百四十二条 矿山救援队参加尾矿库溃坝事故救援应当遵守下列规定： （一）疏散周边和下游可能受到威胁的人员，设置警戒区域； （二）用地填块石、砂袋和木桩等方法堵塞决堤口，加固

366

附录Ⅲ 《矿山救援规程》与《矿山救护规程》条文对照表

（续）

矿山救护规程	矿山救援规程
b) 尾矿库溃坝发生时间、溃坝规模、破坏特征。 c) 溃坝后库内水体情况、坝坡稳定性情况。 d) 遇险人员数量、可能的被困位置。 e) 下游人员分布现状及村庄、重要设施、交通干线等。 10.2.3.8 尾矿库事故救援时，首先抢救被困人员，救护队员应戴安全帽，穿救生服装，系安全联络绳，将被困人员移到安全地点救护。 10.2.3.9 对坍塌、溃堤的尾矿坝进行加固处理，用抛填块石、打木桩、砂袋堵塞等方法堵塞决堤口。在挖掘抢救被掩埋人员过程中，要采用合理的挖掘方法，加强观察，不得伤害被埋困人员。 10.2.3.10 如果不能保证救护人员安全，应首先对尾矿库堤坝进行加固和水砂分流，保证救护人员和被困人员安全。 10.2.3.11 尾矿泥沙仍处于持续流动威胁时，对下游村庄、重要工矿企业、交通干线形成威胁时，应采取拦截、疏导、改变尾矿砂流向等办法，避免事故损失的扩大。 10.2.3.12 在夜间实施尾矿坝事故救护时，救护现场充足的照明条件应得到保证。	尾矿库堤坝，进行水砂分流，实时监测坝体，保障应急救援人员安全。 （三）挖掘搜救过程中避免被困人员受到二次伤害； （四）尾矿泥沙仍处于流动状态，对下游流域保护目标形成威胁时，交通干线、饮用水源地及其他环境敏感保护目标等形成威胁时，采取拦截、疏导等措施，避免事故扩大。

（续）

矿山救护规程	矿山救援规程
10.4 医疗急救	第七章 现 场 急 救
10.4.2 矿山救护队指战员必须熟练掌握现场急救常识及处理技术，主要内容有：伤员的情伤检查和诊断、常用医疗急救器材的使用方法及人工呼吸，以及胸外心脏挤压、止血、包扎、骨折固定、伤员搬运等。	第一百四十三条 矿山救援队应急救援人员应当掌握人工呼吸、心肺复苏、止血、包扎、骨折固定和伤员搬运等现场急救技能。
	第一百四十四条 矿山救援队现场急救的原则是使用徒手和无创技术迅速抢救伤员，并尽快将伤员移交给专业医护人员。
10.4.1 救护队必须配备急救器材和训练器材，并应符合表13、表14的规定。	第一百四十五条 矿山救援队应当配备必要的现场急救和训练器材（见附录10、附录11）。
10.4.3 救护队应将急救常识和现场急救处理技术的培训纳入到年度复训中，并进行考核。	
10.4.4 救护队在医疗救护人员没有到达现场之前，应采取适当的救治措施： a) 检查现场是否安全。观察周围环境，确保抢救人员和伤员的安全，不要轻易移动伤员。	第一百四十六条 矿山救援队进行现场急救时应当遵守下列规定： （一）检查现场及周围环境，确保伤员和应急救援人员安全，非必要不轻易移动伤员；

368

附录Ⅲ 《矿山救援规程》与《矿山救护规程》条文对照表

（续）

矿山救护规程	矿山救援规程
b）人体隔离防护。在接触伤员以前，要使用合适的个人防护用具。 c）分析受伤机理。了解伤员受伤的原因以及体检的阳性特征。 d）确定受伤人数。依据受害者的伤病情况，按轻、中、重、死亡分类，分别以"红、黄、蓝、黑"的病卡作出标志，置于伤病员的左胸部或其他明显部位，便于医疗救护人员辨认并及时采取相应的急救措施。 e）固定脊椎。怀疑脊椎受伤，应先固定头部。 f）技术处理。根据伤情的特点，采取相关的处理技术。 g）伤员搬运。不同伤势，应采用不同的搬运方法。 10.4.6 有害气体中毒伤员的抢救措施： a）当感到有刺激性气体、有臭鸡蛋气味或有毒气体中毒症状产生时，除应立即向调度室汇报外，所有人员应立即戴好防护装置迅速将中毒人员抢离现场，撤到通风良好而又比较安全的地方，并就地立即进行抢救。 b）对中、重度中毒的人员应立即给予吸氧、保暖，严重窒息者，应在给予吸氧的同时进行人工呼吸。	（二）接触伤员前，采取个体防护措施； （三）研判伤员基本生命体征，了解伤员受伤原因，按照头、颈、胸、腹、骨盆、上肢、下肢、足部和背部（脊柱）顺序检查伤情； （四）根据伤情采取相应的急救措施，脊椎受伤的采取轴向保护，颈椎损伤的采用颈托制动； （五）根据伤员的不同伤势，采用相应的搬运方法。 第一百四十七条 抢救有毒有害气体中毒伤员应当采取下列措施： （一）所有人员佩用防护装置，将中毒人员立即运送至通风良好的安全地点进行抢救； （二）对中度、重度中毒人员，采取供氧和保暖措施，对严重窒息人员，在供氧的同时进行人工呼吸； （三）对因喉头水肿导致呼吸道阻塞的窒息人员，采取措施保持呼吸道畅通；

（续）

矿山救护规程	矿山救援规程
c) 有因喉头水肿致呼吸道阻塞而窒息者，应速用环甲膜穿刺术，以确保呼吸道畅通。 d) 者呼吸和心跳停止时，应立即进行心肺复苏。 e) 昏迷伤员可手针刺、针刺人中、内关、合谷等穴位，以促其苏醒。 f) 快速转送至医院进行综合救治。 10.4.7 溺水伤员的抢救措施： a) 立即将溺水者救至安全、通风、保暖的地点，首先清除口鼻内的异物，确保呼吸道的通畅。将救起的伤员俯卧式手救护者一腿跪下，救护者一腿屈膝，使溺水者头向下倒悬，以利于迅速排出肺内和胃内的水，同时用手按压背部做人工呼吸。 b) 如上述抢救效果欠佳，应立即抢救做20 min连续不间断；直至出现自主呼吸才可停止。工呼吸法，抢救工作不要间断，直至出现自主呼吸才可停止。 c) 心跳停止时，应立即采取心肺复苏术。	(四) 中毒人员呼吸或者心跳停止的，立即进行人工呼吸和心肺复苏，人工呼吸过程中，使用口对口式呼吸面罩。 第一百四十八条 抢救溺水伤员应当采取下列措施： (一) 清除溺水伤员口鼻内异物，确保呼吸道通畅； (二) 抢救效果欠佳的，立即改为俯卧式或者口对口人工呼吸； (三) 心跳停止的，按照通气优先策略，采用 A－B－C（开通气道、人工呼吸、胸外按压）方式进行心肺复苏； (四) 伤员呼吸恢复后，可以在四肢进行向心按摩，神志清醒后，可以服用温开水。

附录 Ⅲ 《矿山救援规程》与《矿山救护规程》条文对照表

（续）

矿山救护规程	矿山救援规程
d) 呼吸恢复后，可在四肢进行向心按摩，促使血液循环的恢复；神志清醒后，可给热开水喝。 e) 经过抢救醒后，应立即转运至医院进行综合治疗。 10.4.8 触电伤员的抢救措施： a) 立即切断电源，或以绝缘物将电源移开，使伤员迅速脱离电源，防止救护者触电。 b) 将伤员迅速移至通风安全处，解开衣扣、裤带，检查有无呼吸、心跳。若呼吸、心跳停止时，应立即进行心脏按压和口对口人工呼吸以及输氧等抢救措施。 c) 抢救同时可针刺或指掐人中、合谷、内关、十宣等穴，以促其苏醒。 d) 轻型伤员可给予保暖，对烧伤、出血及骨折等症，应给予及时的包扎、止血及骨折固定。 e) 病情稳定后，迅速转运出井至医院进行综合治疗。	第一百四十九条 抢救触电伤员应当采取下列措施： （一）首先立即切断电源； （二）使伤员迅速脱离电源，并将伤员运送至通风和安全的地点，解开衣扣和裤带，检查有无呼吸和心跳，呼吸或者心跳停止的，立即进行心肺复苏； （三）根据伤情对伤员进行包扎、止血、固定和保温。

（续）

矿山救护规程	矿山救援规程
10.4.9 烧伤伤员的抢救措施： a) 首先应使伤员迅速脱离灼热物体及现场，尽快设法以就地翻滚、泼水等方法扑灭伤员身上的火，力求尽量缩短烧伤时间。 b) 立即用冷水直接反复浇伤面，若有可能可用冷水浸泡 5 min～10 min，彻底清除皮肤上的余热，以减轻伤势和疼痛，减起水泡，降低伤面深度。 c) 脱衣困难时，应快速将衣领、袖口、裤腿提起，反复用冷水浇泼，待冷却后再脱去伤员的衣服，用被单或褥子包裹覆盖伤面和全身。 d) 衣服和皮肉贴住时，切勿强行拉扯，可先用剪子剪干粘连周围的衣服，再进行包扎。水泡不应弄破，焦痂不应扯掉。烧伤创口不应涂任何药物，只需用敷料覆盖包扎即可。 e) 检查有无并发症，如有呼吸道烧伤，面部五官烧伤，CO中毒、窒息、骨折、脑震荡、休克等并发症，要及时予以抢救处理。 f) 转运要快速，少颠簸，途中应有医护人员照顾，随时注意预防窒息和休克的发生。	第一百五十条 抢救烧伤伤员应当采取下列措施： （一）立即用清洁冷水反复冲洗伤面，条件具备的，用冷水浸泡5至10分钟； （二）脱衣困难的，立即将衣领、袖口或者裤腿剪开，反复用冷水浇泼，冷却后再脱衣，并用医用消毒大单、无菌敷料包裹伤员，覆盖伤面。

附录Ⅲ 《矿山救援规程》与《矿山救护规程》条文对照表

（续）

矿山救护规程	矿山救援规程
10.4.10 休克伤员的抢救措施： a）将伤员迅速撤至安全、通风、保暖的地方，松解伤员衣服，让伤员平卧或抬高两头均抬高30°左右，以增加脑部血流量，改善脑部血流量。 b）清除伤员呼吸道内的异物，确保呼吸道的畅通。 c）迅速找出休克病因，尽力予以祛除，出血者立即止血，骨折者迅速固定，剧痛者予以止痛剂，呼吸心跳停止者应立即进行心脏按压及口对口人工呼吸。 d）保持伤员温暖，有可能时可让伤员喝点热开水，但腹部内脏损伤疑有内出血者不能喝水。也可针刺或用手指人中、合谷、内关、十宣急救穴位，以促其苏醒。 e）针对休克的不同发病的病理生理反应及主要病症继续恶化，出血性休克应尽快止血。尽量制止原发病的继续恶化，不可过早使用升压药物，以免加重出血。输氧、输液等。 f）经抢救，休克症状消失，伤员清醒，输液、输氧，血压、脉律相对稳定才可运送。运送途中应继续输液、输氧，并时刻注意伤员。	第一百五十一条 抢救休克伤员应当采取下列措施： （一）松解伤员衣服，使伤员平卧或者下肢抬高约30度，保持伤员体温； （二）清除伤员呼吸道内的异物，确保呼吸道畅通； （三）迅速判断休克原因，采取相应措施； （四）针对休克不同的病理反应及主要病症积极进行抢救，出血性休克尽快止血，对于四肢大出血，首先采用止血带； （五）经初步评估和处理后尽快转送。

(续)

矿山救护规程	矿山救援规程
的呼吸、脉搏、血压的变化。昏迷伤员运送时面部应偏向一侧，以防呕吐物阻塞呼吸道。	
10.4.11 昏迷伤员的抢救措施： a) 立即将伤员撤至安全、通风、保暖的地方，使其平卧，或两头抬高30°，以增加血流的回心量，改善脑部血流量。 解松衣扣，清除呼吸道内的异物，可给热水喝。呕吐时头应偏向一侧，以免呕吐物吸入气管和肺内。 b) 可针刺或指掐人中、内关、合谷、十宣等穴位，以促其苏醒。 c) 迅速转送至医院进行救治。	第一百五十二条 抢救爆震伤员应当采取下列措施： （一）立即清除口腔和鼻腔内的异物，保持呼吸道通畅； （二）因开放性损伤导致出血的，立即加压包扎止或者压迫止血；处理烧伤创面时，禁止涂抹一切药物，使用医用消毒单、无菌敷料包裹，不弄破水泡，防止污染； （三）对伤员骨折进行固定，防止伤情扩大。 第一百五十三条 抢救昏迷伤员应当采取下列措施： （一）使伤员平卧或者两头均抬高约30度； （二）解松衣扣，清除呼吸道内的异物； （三）可以采用刺，按人中等穴位，促其苏醒。

附录Ⅲ 《矿山救援规程》与《矿山救护规程》条文对照表

（续）

矿山救援规程	矿山救护规程
第一百五十四条 应急救援人员对伤员采取必要的抢救措施后，应当尽快交由专业医院将伤员转送至医院进行综合治疗。	10.4.5 救护队应以最快的速度，把伤员移交给到达现场的医疗救护人员。医疗救护人员对伤员再进行必要的技术处理后，需提供医疗文书一式二份，一份向抢救指挥部提交，一份向接纳伤员的医疗机构提交。搬运危重伤员时必须由医疗救护人员护送。
第八章 预防性安全检查和安全技术工作	
第一节 预防性安全检查	
第一百五十五条 矿山救援队应当按照主动预防的工作要求，结合服务矿山企业安全生产工作实际，有计划地开展预防性安全检查，了解服务矿山企业基本情况，熟悉矿山救援环境条件，进行救援业务技能训练，开展事故预防性安全检查工作，矿山企业应当配合矿山救援队开展安全检查工作，提供相关技术资料和图纸，及时处理检查发现的事故隐患。	
第一百五十六条 矿山救援队进行矿井预防性安全检查工作，应当主要了解矿井巷道、采掘工作面、采空区、火区的分布和管理情况，检查下列内容： （一）矿井巷道、采掘工作面、采空区、火区的分布和管	6.1.11 救护队进行预防性检查工作时，应做到： a) 了解矿井巷道及采掘工作面、采空区的分布和管理情况。

（续）

矿山救护规程	矿山救援规程
b) 了解矿井通风、排水、运输、供电、压风、消防、监测等系统的基本情况。 c) 检查矿井有害气体情况。 d) 了解矿井各硐室分布情况和防火设施。 e) 了解矿井瓦斯、水害、自然发火、顶板、煤与瓦斯突出等方面的重大事故隐患，以及反风井火区的分布与管理情况。 f) 检查了解矿井应急预案或预案灾害预防和处理计划执行情况。 g) 熟悉井下非常仓库的地点及材料、设备的储备情况。 6.1.12 在预防性检查工作中，救护人员发现危及安全生产的重大事故隐患，应通知作业人员立即停止作业并撤出现场人员，同时报告有关主管部门；对查出的重大事故隐患和问题应提出排除建议，并填写三联单，交给企业有关负责人和上级主管部门。	理情况； （二）监控、通信、人员定位、紧急避险、风量和有害气体情况； （三）矿井巷道支护情况； （四）矿井各硐室分布情况和防火设施； （五）矿井瓦斯、水害、火灾、顶板、煤尘等方面灾害情况和存在的事故隐患； （六）矿井应急救援预案、灾害预防和处理计划的编制和执行情况； （七）地面、井下消防器材仓库地点及材料、设备的储备情况。 第一百五十七条 矿山救援队在预防性安全检查工作中，发现事故隐患应当通知矿山企业现场负责人予以处理；发现危及人身安全的紧急情况，应当立即通知现场作业人员撤离。 第一百五十八条 预防性安全检查结束后，矿山救援队应当填写预防性安全检查记录，及时向矿山企业反馈检查情况和发现的事故隐患。

附录Ⅲ 《矿山救援规程》与《矿山救护规程》条文对照表

矿山救护规程	矿山救援规程
10.3 安全技术性工作	第二节 安全技术工作
10.3.1 救护队佩用氧气呼吸器在井下从事的各项非事故性工作，均属安全技术工作。矿山救护队在实施安全技术工作时，应和矿山有关部门共同研究实施措施，并制订行动方案。	第一百五十九条 矿山救援队参加排放瓦斯、启封火区、反风演习、井巷揭露性技术操作作业、需要佩用氧气呼吸器进行的非事故性技术操作和安全监护作业，属于安全技术工作。开展安全技术和安全措施，应当由矿山企业和矿山救援队研究制定工作方案和安全措施，并在统一指挥下实施。矿山救援队参加危险性较大的排放瓦斯、启封火区等安全技术工作，应当设立待机小队。
	第一百六十条 矿山救援队参加安全技术工作，应当组织应急救援人员学习和熟悉工作方案和安全措施，并根据工作任务制定行动计划和安全措施。
	第一百六十一条 矿山救援队应当逐项检查安全技术工作实施前的各项准备工作，符合工作方案和安全技术措施规定后方可实施。
10.3.2 救护队排放瓦斯工作，应按下列规定进行： a) 对排放瓦斯措施，应逐项检查，符合规定后方可排放。 b) 对已确定的措施和方案，应向参与救护人员进行贯彻落实。	第一百六十二条 矿山救援队参加煤矿排放瓦斯工作应当遵守下列规定： （一）排放前，撤出回风侧巷道人员，切断回风侧巷道电源并严密封闭回风侧区域火区，检查并进入排放巷道的人员佩用氧气呼吸器，派 （二）排放时，

（续）

矿山救护规程	矿山救援规程
c) 排放前，应撤出回风侧人员，切断回风电源，并派专人看守；如果回风侧有火区时，应进行认真检查，并予以严密的封闭。 d) 进入瓦斯巷道的救护队员，必须佩用氧气呼吸器；在排放瓦斯过程中，应有专人检查瓦斯，排出的瓦斯与全风压风流混合处的瓦斯浓度不得超过1.5%，并要采用增阻或减阻的方法进行控制，逐段排放，严禁"一风吹"。 e) 排放结束后，救护队应与现场通风、安监部门一起进行检查，待通风正常后，方可撤出工作地点。	专人检查瓦斯、二氧化碳、一氧化碳等气体浓度及温度，采取控制风流排放方法，排出的瓦斯与全风压风流混合处的甲烷和二氧化碳浓度均不得超过1.5%； (三) 排放结束后，与煤矿通风、安监机构一起进行现场检查，待通风正常后，方可撤出工作地点。
	第一百六十三条 矿山救援队参加金属非金属矿山排放有毒有害气体工作，恢复巷道通风，可以参照矿山救援规程矿井排放瓦斯工作的相关规定执行。
10.3.3 救护队启封火区时，必须按下列规定进行： a) 贯彻火区启封措施，逐项检查落实，制订救护队行动安全措施。 b) 启封前，应检查火区的温度、各种气体浓度及密闭前巷道支护等情况；切断回风流电源，撤出回风侧人员；在通往回风道交叉口处设栅栏、警示标志；做好重新封闭的准备工作。	第一百六十四条 启封封闭火区符合启封条件后方可启封。矿山救援队参加启封封闭火区行动，制订救护队行动应当遵守下列规定： (一) 启封前，检查火区的温度，各种气体浓度和巷道支护等情况、切断回风流电源、撤出回风侧人员，在通往回风道交叉口处设栅栏和警示标志，并做好重新封闭的准备工作； (二) 启封时，采取锁风措施，逐段恢复通风，检查各种气体浓度和温度变化情况，发现复燃征兆，立即重新封闭火区；

附录Ⅲ 《矿山救援规程》与《矿山救护规程》条文对照表

（续）

矿山救护规程	矿山救援规程
c）启封时，必须佩用氧气呼吸器后采取锁风措施，逐段检查各种气体和温度，逐段恢复通风。有复燃征兆时，必须立即重新封闭启封时，火区进风端密闭启封时，应注意防止二氧化碳等有害气体溃出。 d）启封后 3 天内，每班必须由救护队检查通风状况，测定水温，空气温度和空气成分，并取气样进行分析，只有确认火区完全熄灭后，方可结束启封工作。 10.3.4 救护队参加实施震动爆破情措时，应按下列规定进行： a）按照批准的措施，检查准备工作落实情况。 b）佩带氧气呼吸器，携带灭火器和其他必要的装备在指定地点待机。 c）爆破 30 min 后，救护队佩用氧气呼吸器进入工作面检查，发现爆破引起火灾应立即灭火。 d）在瓦斯全部排放完毕，通风正常后，救护队应与通风、安监等部门共同检查，通风正常后，方可离开工作地点。	（三）启封后 3 日内，每班由矿山救援队检查通风状况，测定水温、空气温度和空气成分，并取气样进行分析，确认火区完全熄灭后，方可结束启封工作。

379

（续）

矿山救护规程	矿山救援规程
10.3.5 救护队参加反风演习，必须按下列规定进行： a) 按照批准的反风演习计划措施，逐项检查准备工作落实情况。 b) 贯彻反风计划措施，并制订出救护队行动计划和安全措施。 c) 反风前，救护队应佩带氧气呼吸器和携带必要的技术装备在井下指定地点值班，同时测定矿井风量达到正常风量的40%，经测定风量达到正常风量的40%，瓦斯浓度不超过规定时，应及时报告指挥部。 d) 反风10 min 后，经测定风量达到正常风量的40%，瓦斯浓度不超过规定时，救护队应将测定的风量、检测的瓦斯浓度报告指挥部。 e) 恢复正常通风后，待通风正常后方可离开工作地点。	第一百六十五条 矿山救援队参加反风演习工作应当遵守下列规定： （一）反风前，应急救援人员佩带氧气呼吸器，携带必要的技术装备在井下指定地点值班，同时测定矿井风量达到正常风量的40%，有毒有害气体浓度； （二）反风10分钟后，经测定风量达到正常风量的40%，瓦斯浓度不超过规定时，及时报告现场指挥机构； （三）恢复正常通风后，将测定的风量和瓦斯等有毒有害气体浓度报告现场指挥机构，待通风正常后方可离开工作地点。 第一百六十六条 矿山救援队参加井巷煤与瓦斯揭煤安全监护工作应当遵守下列规定： （一）揭煤前，应急救援人员佩带氧气呼吸器，携带必要的技术装备在井下指定地点值班，配合现场作业人员检查揭煤作业相关安全设施、避灾路线及停电、撤人、警戒等安全措施落实情况； （二）在爆破结束至少30分钟后，应急救援人员佩用氧气

附录Ⅲ 《矿山救援规程》与《矿山救护规程》条文对照表

（续）

矿山救护规程	矿山救援规程
	呼吸器，携带必要仪器设备进入工作面，检查爆破、揭煤、巷道，通风系统和气体参数情况，发现煤尘骤起、有害气体浓度增大、有响声等异常情况，立即退出，关闭反向风门； （三）揭煤工作完成后，与煤矿通风、安监机构一起进行现场检查，待通风正常后，方可撤出工作地点。 第一百六十七条 矿山救援队参加安全技术工作，应当做好自身安全防护和矿山救援准备，一旦出现危及作业人员撤离的险情或者发生意外事故，立即组织作业人员撤离，抢救遇险人员，并按有关规定及时报告。 第九章 经费和职业保障 第一百六十八条 矿山企业应当建立矿山救援队建设及运行经费。矿山企业应当保障矿山救援队建设及运行经费列入企业年度经费，可以将矿山救援队建设及运行费用等资金中列支。专职矿山救援队按照有关规定与矿山企业签订应急救援协议收取的费用，可以作为队伍运行、开展日常服务工作经费维护等的补充经费。 第一百六十九条 矿山救援任务和安全技术工作，从事高危险性作业，矿山救援人员承担井下一线矿山救援任务和安全技术工作，从事高危险性作业，应当享受
4.6 矿山救护资金实行国家、地方、矿山企业共同保障体制，矿山救护队社会化服务实行有偿服务。	
4.7 各级政府有关部门，矿山企业在编制生产建设和安全技术等发展规划时，必须将矿山救护发展规划列为其内容的组成部分。	
6.5 劳动保障	
6.5.1 矿山救护属特殊工种，并从事高危环境工作。救护指战员应享受与井下采掘工同等待遇，并实行救护岗位津贴。	

（续）

矿山救护规程	矿山救援规程
6.5.2 救护队指战员凡佩用氧气呼吸器工作，应享受特殊津贴。在高温或浓烟恶劣环境佩用氧气呼吸器工作津贴提高一倍。 6.5.3 救护队着装表按企业专职消防人员标准配备，劳动保护用品应按井下一线职工标准发放。 6.5.4 救护队指战员除执行企业职工保险政策外，应享受人身伤害意外保险。	下列职业保障： （一）矿井采掘一线作业人员的岗位工资、井下津贴、班中餐补贴和夜班津贴等，应急救援人员的救援岗位津贴；国家另有规定的，按照有关规定执行； （二）佩用氧气呼吸器工作的特殊津贴工作的，在高温、浓烟等恶劣环境中佩用氧气呼吸器工作的，特殊津贴增加一倍； （三）工作着装按照有关规定统一配发，劳动保护用品按照井下一线职工标准发放； （四）所在单位除执行社会保险制度外，还为矿山救援队应急救援人员购买人身意外伤害保险； （五）矿山救援队每年至少组织应急救援人员进行1次身体检查，对不适合继续从事矿山救援工作的人员及时调整工作岗位； （六）应急救援人员因超龄或者因病、因伤退出矿山救援队的，所在单位给予安排适当工作或者妥善安置。 第一百七十条 矿山救援队所在单位应当按照国家有关规定，对参加矿山生产安全事故或者其他灾害事故应急救援伤亡的人员及时给予救治和抚恤；符合烈士评定条件的，应当依法为其申报烈士。
4.9 矿山救护队所在企（事）业单位和上级有关部门，应对在矿山抢险救灾中作出重大贡献的救护指战员给予奖励；对在抢救遇险人员生命、国家和集体财产中因工牺牲的救护指战员，应为其申报"革命烈士"称号。	

附录 Ⅲ 《矿山救援规程》与《矿山救护规程》条文对照表

（续）

矿山救护规程	矿山救援规程
3 术语和定义 3.41 矿山救护队 mine rescue team 处理矿山灾害事故的职业性、技术性并实行军事化管理的专业队伍。 3.1 矿山救护队指挥员 commander of mine rescue team 矿山救援队担任副小队长以上职务人员，技术人员的统称。 3.32 氧气呼吸器 respirator 是一种自带氧源的隔绝式再生氧闭路循环的个人特种呼吸保护装置。 3.34 氧气充填泵 oxygen pump 将氧气从大氧气瓶抽出并充入小容积氧气瓶内的升压泵。 3.39 佩带氧气呼吸器 carry and use a respirator 救护人员背负氧气呼吸器，但未戴面罩或口具、鼻夹，未打开氧气瓶负氧。 3.40 佩用氧气呼吸器 carry and use a respirator 救护人员背负氧气呼吸器，戴上面罩或口具、鼻夹，打开氧气瓶负氧。 3.30 呼吸器班 respirator team	第十章 附 则 第一百七十一条 本规程下列用语的含义： （一）独立中队，是指按照中队编制建立、独立运行管理的矿山救援队。 （二）指挥员，是矿山救援队担任副小队长及以上职务人员，技术负责人的统称。 （三）氧气呼吸器，是一种自带氧源、隔绝再生式闭路循环的个人特种呼吸保护装置。 （四）氧气充填泵，是指将氧气从大氧气瓶抽出并充入小容积氧气瓶内的升压泵。 （五）佩带氧气呼吸器，是指应急救援人员背负氧气呼吸器，但未戴防护面罩，未打开氧气瓶吸氧。 （六）佩用氧气呼吸器，是指应急救援人员背负氧气呼吸器，戴上防护面罩，打开氧气瓶吸氧。 （七）氧气呼吸器班，是指应急救援人员佩用 4 小时氧气呼吸器在其有效防护时间内进行工作的一段时间，1 个氧气呼吸器班约为 3 至 4 小时。 （八）氧气呼吸器校验仪，是指检验氧气呼吸器的各项技术指标是否符合规定标准的专用仪器。 （九）自动苏生器，是对中毒窒息的伤员自动进行人工呼吸或者输氧的急救器具。

（续）

矿山救护规程	矿山救援规程
以 4 h 氧气呼吸器的有效使用时间进行计算，1 个呼吸器班为 3～4 h。 3.33 氧气呼吸器校验仪 calibrator of respirator 用以准确检验氧气呼吸器的各项技术指标是否符合规定标准的专用仪器。 3.35 自动苏生器 automatic resuscitator 对中毒或窒息的伤员自动进行人工呼吸或输氧的急救器具。 3.38 灾区 disaster Area 事故的发生点及波及的范围。 3.14 风障 air brattice 在矿井巷道或工作面内，利用帆布等软体材料构筑的阻挡或引导风流的临时设施。 3.2 地面基地 surface rescue base 在处理矿山事故时，为及时供应救援装备和器材，提供气体分析和矿山医疗急救而设在矿山地面的后勤支持系统。 3.3 井下基地 underground rescue base 选择在井下靠近灾区、通风良好、运输方便、不易受灾害事故直接影响的安全地点，用于井下救灾指挥、通信联络、存放救灾物资、待机小队停留和急救医务人员值班而设立的工作场所。	（十）灾区，是指事故灾害的发生点及波及的范围。 （十一）风障，是指在矿井巷道或者矿山事故处理中，利用帆布等软体材料构筑的阻挡或引导风流的临时设施。 （十二）地面基地，是指在处置矿山事故灾害时，为及时供应救援装备和器材，进行灾区气体分析和提供现场急救医疗的支持保障场所。 （十三）井下基地，是指在井下靠近灾区、为井下救援指挥方便、不易受事故灾害直接影响的安全地点，为井下救援队伍值班通信联络、存放救援物资、待机小队待命和急救医务人员值班等需要而设立的救援工作场所。 （十四）火风压，是指井下发生火灾时，高温烟流经有高差的井巷所产生的附加风压。 （十五）井巷火风压逆转，是指由于煤与瓦斯突出、爆炸冲击波、矿井火风压等作用，改变了矿井通风网络中局部或者全部正常风流方向的现象。 （十六）风流短路，是指打开风门或者挡风墙等方法，将进风道风流直接引向回风巷的做法。 （十七）水幕，是指通过高压水流和在巷道中安设的多组喷嘴，喷出水雾所形成的覆盖巷道全断面的屏障。 （十八）密闭，是指为隔断风流而在巷道中设置的隔墙。 （十九）临时密闭，是指为隔断风流、隔绝火区而在巷道中设置的临时构筑物。

附录Ⅲ 《矿山救援规程》与《矿山救护规程》条文对照表

（续）

矿山救护规程	矿山救援规程
3.5 火风压 fire-heating air pressure 井下发生火灾时，高温烟流经有高差的井巷所产生的附加风压。 3.6 风流逆转 inversion of air flow 由于煤与瓦斯突出或爆炸冲击波及火风压的作用，改变了矿井通风网络中局部或全部正常的风流方向的现象。 3.19 风流短路 air flow short out 打开人、排风联络巷道的风门或挡风墙，使进风巷道的风流直接进入回风巷。 3.17 水幕 water curtain 在巷道中安设的多组喷嘴，通过高压水流喷出的水雾所形成的覆盖全断面的屏障。 3.12 临时风墙 temporary bulkhead 用木板、帆布、砖等轻便材料建造的简易风墙。 3.15 防火门 fire-proof door 井下防止火灾蔓延和控制风流的安全设施。 3.22 风门 air door 在需要通过人员和车辆的巷道中设置的隔断风流的门。 3.21 锁风 locking air 在启封井下面需增设临时风墙挡控制风流，或需要缩小火区范围时，的风墙外面，为阻止向火区进风，首先需要启封	（二十）防火门，是指井下防止火灾蔓延和控制风流的安全设施。 （二十一）局部反风，是指在矿井主要通风机正常运转的情况下，利用通风设施，使井下局部区域风流反向流动的方法。 （二十二）风门，是指在巷道中设置的关闭时阻隔风流，开启时行人和车辆通过的通风构筑物。 （二十三）锁风，是指在启封井下火区或者缩小火区范围时，为阻止向火区进风，采取的先增设临时密闭，再拆除已设密闭，在推进过程中始终保持控制风流的一种技术方法。 （二十四）直接灭火，是指用水、干粉或者化学灭火剂、惰性气体、砂子（岩粉）等灭火材料，在火源附近或者一定距离内直接扑灭矿井火灾。 （二十五）隔绝灭火，是指在联通矿井火区的所有巷道内构筑密闭（防火墙），隔断向火区的空气供给，使火灾逐渐自行熄灭。 （二十六）均压灭火，是指利用矿井通风手段，调节矿井通风压力，使火区进、回风侧风压差趋向于零，从而消除漏风，使矿井火灾逐渐熄灭。 （二十七）综合灭火，是指采用封闭火区、火区均压、向火区灌注泥浆或者注入惰性气体等多种灭火措施配合使用的灭火方法。 （二十八）防水墙，是指在矿井受水害威胁的巷道内，为防止井下水突然涌入其他巷道而设置的截流墙。

385

（续）

矿山救护规程	矿山救援规程
3.7 直接灭火 direct extinguishing 用水、砂子、灭火器等器材灭火或直接挖除火源的方法。 3.11 隔绝灭火 extinguishing with air-sealed wall 在通往火区的所有巷道内构筑风墙，截断空气的供给，使火灾逐渐自行熄灭。 3.16 综合灭火 complex extinguishing 采取风墙封闭、均压、向封闭的火区灌注泥浆或注入惰性气体等两种以上配合使用的灭火方法。 3.25 防水墙 water proof dam 在井下受水害威胁的巷道内，为防止地下水突然涌入其他巷道而设置的截流墙。	3.4 反风演习 ventilation reversal exercise 生产矿山用以检查矿井反风设施是否灵活、可靠，保证在处理矿山灾害事故需要反风时迅速实现矿井反风的一项安全技术性演练。 3.8 高泡灭火 high expansion foam extinguishing

（续）

矿山救护规程	矿山救援规程
利用高倍数泡沫灭火机产生的空气泡沫混合体进行灭火的方法。 3.9 干粉灭火 dry-chemical fire extinguishing 通过内装高压气瓶动力，将干粉灭火剂发射到着火地点，以扑灭矿山初期明火和油类、电气设备等火灾的方法。 3.10 惰性气体灭火 fire extinguishing by inert gas 使用低氧、不燃烧、不助燃的混合气体，扑灭井下火灾的方法。 3.13 抗爆墙 antiknock wall 一种特殊加强结构，能承受一定爆炸压力和冲击波的构筑物。 3.18 非常仓库 emergency storage 井下贮存救灾材料和设备的硐室。 3.20 区域反风 regional reversing of airflow 在矿井主要通风机正常运转的情况下，利用通风设施，使井下局部区域实现风流反向的方法。	

(续)

矿山救护规程	
3.23	煤（岩）与瓦斯突出 coal (rock) and gas outburst 简称"突出"。在地应力和瓦斯的共同作用下，破碎的煤、岩和瓦斯由煤体或岩体内突然向采掘空间抛出的异常的动力现象。
3.24	老空水 abandoned goaf water 废弃的井巷和采空区内积存的水源。
3.26	中暑 get sun-stroke 由于在炎热潮湿的环境下工作或运动，人体内热量不能及时散发而引起的机体体温调节障碍。
3.27	休克 shock 由于伤情严重或大出血，致使伤员血压下降，循环衰竭、脏器功能衰竭的现象。
3.28	包扎 bind up 为防止受伤人员感染、出血，减轻疼痛和对骨折进行临时固定的一项救治技术。
3.29	人工呼吸 artificial respiration

388

附录Ⅲ 《矿山救援规程》与《矿山救护规程》条文对照表

（续）

矿山救护规程	矿山救援规程
借助人工的方法，在自然呼吸停止、不规则或不充分时，强迫空气进出肺部，帮助伤员恢复呼吸功能的一项急救技术。	
3.31 避难硐室 refuge chamber 当灾害发生，人员无法撤出灾区时，为防止有毒、有害气体的侵袭而设置的避难场所。	
3.36 高倍数泡沫灭火器 extinguisher with high expansion of foam 由发泡桌、局部通风机、发泡网、高倍数发泡液等组成的灭火装置。	
3.37 惰气发生装置 inert gas generator 能够产生大量惰气，用于扑灭封闭的火区或有限空间内的火灾，以及抑制瓦斯爆炸的灭火装备。	
3.42 兼职矿山救护队 part-time rescue brigade team 由符合矿山救护队员身体条件、能够佩用氧气呼吸器的矿山骨干工人、工程技术人员和管理人员兼职组成，协助专业矿山救护队处理矿山事故的组织。	
	第一百七十二条 本规程自 2024 年 7 月 1 日起施行。

389

表 4 矿山救护大队（独立中队）基本装备配备标准（续）

类别	装备名称	要求及说明	单位	大队数量	独立中队数量
车辆	指挥车	附有应急警报装置	辆	2	1
	气体化验车	安装气体分析仪器，配有打印机和电源	辆	1	
	装备车	4~5 t 卡车	辆	2	1
通讯器材	移动电话	指挥员1部/人	部		
	视频指挥系统	双向可视，可通话	套	1	
	录音电话	值班室配备	部	2	1
	对讲机	便携式	部	6	4

附录 1

矿山救援大队基本装备

类别	装备名称	要求及说明	单位	数量
救援车辆	指挥车	附有应急警报装置，通过性能好	辆	2
	气体分析化验车	安装气体分析仪器，配有打印机和电源	辆	1
	装备车	满足救援装备运输需要	辆	1
通信器材	视频指挥系统	双向可视，可通话	套	1
	录音电话	值班室配备	部	1
	对讲机	便携式，采用 370 MHz 的 PDT 集群制式，支持常规模式	部	6
灭火装备	高倍数泡沫灭火机	泡沫倍数≥500倍，发泡量≥200 m³/min	套	1

附录Ⅲ 《矿山救援规程》与《矿山救护规程》条文对照表

矿山救援规程 (续)			
类别	装备名称	要求及说明	单位	数量
灭火装置	惰性气体灭火装置	N_2、CO_2 等	套	1
	快速密闭	喷涂、充气、轻型组合均可	套	4
排水设备	潜水泵	流量≥200 m^3/h，扬程满足服务区域矿井排水需要	台	2
	高压软体排水管	耐磨、阻燃、防静电，规格参数与所配潜水泵配套，工作压力≥4.5 MPa	m	1000
	泥沙泵	适应服务区域矿井抽排泥沙需要	台	2
检测仪器	气体分析化验设备	分析 O_2、N_2、CO_2、CO、CH_4、C_2H_6、C_3H_8、C_2H_4、C_2H_2、H_2、SO_2、H_2S、NO_2 等矿井空气和各种灾变气体浓度	套	1

矿山救护规程 (续) 表4（续）					
类别	装备名称	要求及说明	单位	大队数量	独立中队数量
灭火装备	惰气（惰泡）灭火装置	或二氧化碳发生器1000 m^3/h 400型	套	1	
	高倍数泡沫灭火机		套		
	快速密闭	喷涂、充气、轻型组合均可	套	5	5
	高扬程水泵		台	2	1
	高压脉冲灭火装置	12 L 储水瓶2支、35 L 储水瓶1支	套	1	
检测仪器	气体分析化验设备		套	1	1
	热成像仪	矿用本质安全型或防爆型	台	1	1

矿山救护规程

表4（续）

类别	装备名称	要求及说明	单位	大队数量	独立中队数量
检测仪器	便携式爆炸三角形测定仪		台	1	1
	演习巷道设施与系统	具备灾区环境与条件	套	1	
	多功能体育训练器械	含跑步机、臂力器、综合训练器等	套	1	1
	多媒体电教设备		套		1
	破拆工具		套	1	1
信息处理设备	传真机		台	1	1
	复印机		台	1	1
	台式计算机	指挥员1台/人	台	1	1

矿山救援规程（续）

类别	装备名称	要求及说明	单位	数量
检测仪器	便携式气体分析化验设备	分析 O_2、N_2、CO_2、CO、CH_4、C_2H_6、C_3H_8、C_2H_4、C_2H_2、H_2 等矿井空气和主要灾变气体浓度	套	1
	氢氧化钙化验设备	检测氢氧化钙的水分含量、二氧化碳吸收率、粉尘率等	套	1
	热成像仪	本质安全型	台	2
	生命探测仪	探测埋压、被困的遇险人员,探测距离≥10 m	套	2
训练设备	氧气呼吸器校验仪	检测校验氧气呼吸器性能和技术参数	台	2
	演习巷道设施与系统	能够模拟灾区环境与条件	套	1

附录Ⅲ 《矿山救援规程》与《矿山救护规程》条文对照表

矿山救护规程（续）

表4（续）

类别	装备名称	要求及说明	单位	大队数量	独立中队数量
信息处理设备	笔记本电脑	配无线网卡	台	2	1
	数码摄像机	防爆	台	1	1
	数码照相机	防爆	台	1	1
	防爆射灯	防爆	台	2	1
	氢氧化钙		t	0.5	
	泡沫药剂		t	0.5	
材料	煤油	已配备惰性气体灭火装置的	t	1	

矿山救援规程（续）

类别	装备名称	要求及说明	单位	数量
训练设备	心理素质训练设备	高空组合、独立和地面组合、独立拓展训练器材等	套	1
	多功能体育训练器械	含跑步机、臂力器、体能综合训练器械等	套	1
	多媒体电教设备	满足多媒体教学、培训等需要	套	1
信息处理设备	传真机		台	1
	复印机		台	1
	台式计算机	指挥员、管理机构人员配备	台/人	1
	打印机	指挥员、管理机构人员配备	台/人	1
	笔记本电脑	配无线网卡	台	1
	数码摄像机	防爆	台	2
	数码照相机	防爆	台	2

393

（续）

类别	装备名称	要求及说明	单位	数量
	防爆射灯	便携式，连续放电时间≥8 h	台	2
工具	破拆、支护工具	具备剪切、扩张、破碎、切割、起重、支护等功能	套	1
药剂	氢氧化钙	满足《隔绝式氧气呼吸器和自救器用氢氧化钙技术条件》要求	t	0.5
	泡沫药剂	高倍数泡沫灭火机使用，泡沫稳定时间≥30 min	t	0.5

附录Ⅲ 《矿山救援规程》与《矿山救护规程》条文对照表

矿山救护规程

表5 矿山救护中队基本装备配备标准

类别	装备名称	要求及说明	单位	数量
运输	矿山救护车	每小队1辆	辆	2
通信	移动电话	指挥员1部/人	部	1
	灾区电话		套	
	程控电话		部	
	引路线		m	1000
个人防护	4 h氧气呼吸器		台	6
	2 h氧气呼吸器		台	6
	便携式自动苏生机		台	2
	自救器	压缩氧	台	30
	隔热服		套	12
灭火装备	高倍数泡沫灭火机		套	1

（续）

矿山救援规程

附录2

类别	装备名称	要求及说明	单位	数量	
				独立中队	大队所属中队
救援车辆	指挥车	附有应急警报装置，通过性能好	辆	1	
	气体分析化验车	安装气体分析仪器，配有打印机和电源	辆	1	
	装备车	满足救援装备运输需要	辆	1	2
通信器材	灾区电话	防爆，双向音频实时通信	套	2	2
	录音电话	值班室配备	部	1	1
	对讲机	便携式，采用370 MHz的PDT集群制式，支持常规模式	部	4	

表5（续）

类别	装备名称	要求及说明	单位	数量
灭火装备	干粉灭火器	8 kg	个	20
灭火装备	风障	≥4 m×4 m	块	2
灭火装备	水枪	开花、直流各2个	支	4
灭火装备	水龙带	直径63.5 mm或50.8 mm	米	400
灭火装备	高压脉冲灭火装置	12 L储水瓶2支，35 L储水瓶1支	套	1
检测仪器	呼吸器校验仪		台	2
检测仪器	氧气便携仪	数字显示，带报警功能	台	2
检测仪器	红外线测温仪		台	1
检测仪器	红外线测距仪		台	1
检测仪器	多种气体检测仪	CH_4、CO、O_2等3种以上气体	台	4
检测仪器	瓦斯检定器 一氧化碳检定器	10%、100%各2台	台	2

表5（续）

类别	装备名称	要求及说明	单位	数量（独立中队）	数量（大队所属中队）
个体防护	4 h氧气呼吸器	正压	台	6	6
个体防护	2 h氧气呼吸器	或者4 h氧气呼吸器，正压	台	6	6
个体防护	自动苏生器	便携式	台	2	2
个体防护	自救器	隔绝式，额定防护时间≥30 min	台	20	20
灭火装备	高倍数泡沫灭火机	泡沫倍数≥500倍，发泡量≥200 m^3/min	套	1	1
灭火装备	快速密闭	喷涂、充气、轻型组合均可	套	2	2
灭火装备	干粉灭火器	8 kg	个	20	20

附录Ⅲ 《矿山救援规程》与《矿山救护规程》条文对照表

矿山救护规程

表5（续）

类别	装备名称	要求及说明	单位	数量
检测仪器	风表	机械中、低速各1台；电子2台	台	4
	秒表		块	4
	干湿温度计		支	2
	温度计	0~100 ℃	支	10
装备工具	防爆工具	锤、斧、镐、锹、钎等	套	1
	液压起重气垫		把	1
	液压剪		套	2
	氧气充填泵	40 L	台	2
	氧气瓶	4 h 呼吸器备用1个／台	个	8
		2 h 呼吸器，备用	个	10
	救生索	长30 m，抗拉强度3000 kg	条	1

矿山救援规程（续）

类别	装备名称	要求及说明	单位	数量		
				独立中队	大队所属中队
灭火装备	风障	面积≥4 m×4 m，棉质	块	2	2
	水枪	开花、直流各2个	支	4	4
	水龙带	直径63.5 mm或者51.0 mm	m	400	400
排水装备	潜水泵	流量≥200 m³/h，扬程满足服务区域矿井排水需要	套	1	
	高压软体排水管	耐磨、阻燃、防静电，规格参数与所配潜水泵配套，工作压力≥4.5 MPa	m	500	

矿山救护规程

表 5（续）

类别	装备名称	要求及说明	单位	数量
装备工具	担架	含2副负压多功能担架	副	4
	保温毯	棉织	条	3
	快速接管工具		套	2
	手表	副小队长以上指挥员1块/人	块	
	绝缘手套		副	3
	电工工具		套	1
	绘图工具		套	1
	工业冰箱		台	1
	瓦工工具		套	1
	灰区指路器	或冷光管	支	10
设施	演习巷道		套	1
	体能训练器械		套	1

矿山救援规程

（续）

类别	装备名称	要求及说明	单位	数量 独立中队	数量 大队所属中队
检测仪器	氧气呼吸器校验仪	检测校验氧气呼吸器性能和技术参数	台	2	2
	便携式气体分析化验设备	分析 O_2、N_2、CO_2、CO、CH_4、C_2H_6、C_3H_8、C_2H_4、C_2H_2、H_2 等矿井空气和主要灾变气体	套	1	1
	便携式氧气检测仪	数字显示，带报警功能	台	2	2
	红外线测温仪	本质安全型	台	1	1

附录Ⅲ 《矿山救援规程》与《矿山救护规程》条文对照表

矿山救护规程					矿山救援规程					
表5（续）					（续）						
类别	装备名称	要求及说明	单位	数量	类别	装备名称	要求及说明	单位	数量	
									独立中队	大队所属中队
药剂	泡沫药剂		吨	1	检测仪器	氢氧化钙化验设备	检测氢氧化钙水分含量、二氧化碳吸收率、粉尘率等	套	1	
	氢氧化钙		吨	0.5		热成像仪	本质安全型	台	1	1
						红外线测距仪	**本质安全型**	台	1	1
						多参数气体检测仪	可检测 CH_4、CO、O_2 等三种以上气体	台	1	1
						瓦斯检定器	量程为 10%、100% 的各2台	套	4	4

399

（续）

矿山救援规程（续）

类别	装备名称	要求及说明	单位	数量	
				独立中队	大队所属中队
检测仪器	多种气体检定器	配备 CO、CO_2、O_2、H_2S、NO_2、SO_2、NH_3、H_2 检定管各30支	套	2	2
	风表	满足中、低速测量	套	4	4
	秒表	机械式	块	4	4
	干湿温度计	适用井下环境	支	2	2
	温度计	0 ℃~100 ℃	支	10	10
工具备品	破拆、支护工具	具备剪切、扩张、起重、破碎、切割、支护等功能	套	1	1
	防爆工具	锤、斧、镐、锹、钎、起钉器等	套	2	2

矿山救护规程

附录Ⅲ 《矿山救援规程》与《矿山救护规程》条文对照表

矿山救援规程

（续）

类别	装备名称	要求及说明	单位	数量 独立中队	数量 大队所属中队
工具备品	防爆射灯	便携式，连续放电时间≥8 h	台	1	
	氧气充填泵	氧气充填室配备	台	2	2
	氧气瓶	容积40 L，压力≥10 MPa	个	8	8
		氧气呼吸器每台备用	个/台	**1**	**1**
		自动苏生器每台备用	个/台	**1**	**1**
	救生索	长30 m，抗拉强度≥3000 kg	条	1	1
	担架	含2副负压多功能担架，铝合金、棉质	副	4	4

矿山救护规程

（续）

401

矿山救援规程

（续）

类别	装备名称	要求及说明	单位	数量 独立中队	数量 大队所属中队
工具备品	保温毯	棉质	条	4	4
	绝缘手套		副	3	3
	电工工具	钳子、电工刀、活扳手、螺丝刀、测电笔等	套	2	2
	冰箱（冰柜）	容积≥150 L	台	1	1
	瓦工工具	瓦工刀、桃铲、抹子、托灰板、刨锛等	套	2	2
	灾区指路器	或者冷光管	个	10	10
	引路线	阻燃、防静电、抗拉	m	1000	1000
	救援三脚架	包括绳索、安全带等装置	套	1	1

附录Ⅲ 《矿山救援规程》与《矿山救护规程》条文对照表

矿山救援规程（续）						
类别	装备名称	要求及说明	单位	数量		
				独立中队	大队所属中队	
训练设备	演习巷道设施与系统	能够模拟灾区环境与条件	套	1	
	体能综合训练器械	可进行引体向上、爬绳、跳高、跳远、跑步等训练	套	1	1
	多媒体电教设备	满足多媒体教学、培训等需要	套	1	
信息处理设备	传真机		台	1	
	复印机		台	1	
	台式计算机	指挥员、独立中队管理机构人员配备	台/人	1	1

矿山救护规程（续）

(续)

类别	装备名称	要求及说明	单位	数量 independent中队	数量 大队所属中队
信息处理设备	打印机	指挥员、独立中队管理机构人员配备	台/人	1	1
	笔记本电脑	配无线网卡	台	1	1
	数码摄像机	防爆	台	2	1
	数码照相机	防爆	台	2	1
药剂	氢氧化钙	满足《隔绝式氧气呼吸器用氢氧化钙技术条件》要求	t	0.5	0.5
	泡沫药剂	高倍数泡沫灭火机使用，泡沫稳定时间≥30 min	t	0.5	0.5

附录Ⅲ 《矿山救援规程》与《矿山救护规程》条文对照表

矿山救护规程					矿山救援规程				
表6 矿山救护小队基本装备配备标准					附录3 矿山救援小队基本装备				
类别	名称	要求及说明	单位	数量	类别	装备名称	要求及说明	单位	数量
通信器材	灾区电话		套	1	救援车辆	矿山救援车	附有应急警报装置，通过性能好	辆	1
	引路线		m	1000	通信器材	灾区电话	防爆，双向音频实时通信	套	1
个人防护	矿灯		盏	2	个体防护	矿灯	本质安全型，配灯带	盏	2
	氧气呼吸器	2 h、4 h 氧气呼吸器各1台 备用	台	2		4 h 氧气呼吸器	正压	台	1
	自动苏生器		台	1		2 h 氧气呼吸器	或者 4 h 氧气呼吸器，正压	台	1
	紧急呼救器	声音≥80 dB	个	3		自动苏生器	便携式	台	1
灭火装备	灭火器		台	2	灭火器材	干粉灭火器	8 kg	台	2
	风障		块	1		风障	面积≥4 m×4 m，棉质	块	1
	帆布水桶		个	2		帆布水桶	棉质	个	2
检测仪器	呼吸器校验仪	10%、100% 各1台	台	2	检测仪器	氧气呼吸器校验仪	检测校验氧气呼吸器性能和技术参数	台	1
	光学瓦斯检定器		台	2					

405

矿山救护规程

表 6（续）

类别	名称	要求及说明	单位	数量
检测仪器	一氧化碳检定器	检定管不少于 30 支	台	1
	氧气检定器	便携式数字显示，带报警功能	台	1
	多功能气体检测仪	检测 CH_4、CO、O_2 等	台	1
	矿用电子风表		套	1
	红外线测温仪		支	1
装备工具	氧气瓶	2 h、4 h 氧气瓶备用	个	4
	灾区指路器	冷光管或次区强光灯	个	10
	担架	包括球胆 4 个	副	1
	采样工具		套	2
	保温毯		条	1
	液压起重器	或起重气垫	套	1

矿山救援规程

（续）

类别	装备名称	要求及说明	单位	数量
检测仪器	瓦斯检定器	量程为 10%、100% 的各 1 台	台	2
	多种气体检定器	配备 CO、O_2、H_2S、H_2 检定管各 30 支	台	1
	便携式氧气检测仪	数字显示，带报警功能	台	1
	多参数气体检测仪	可检测 CH_4、CO、O_2 等三种以上气体	台	1
	风表	满足中、低速风速测量	套	1
	秒表	机械式	块	1
	红外线测温仪	本质安全型	台	1
	温度计	0 ℃~100 ℃	支	2
工具备品	氧气瓶	氧气呼吸器备用	个	4
	灾区指路器	或者冷光管	个	10

附录 Ⅲ 《矿山救援规程》与《矿山救护规程》条文对照表

矿山救护规程

表 6（续）

类别	名称	要求及说明	单位	数量
装备工具	刀锯		把	2
	铜顶斧		把	2
	两用锹		把	1
	小镐		把	1
	矿工斧		把	2
	起钉器		把	2
	瓦工工具		套	1
	电工工具		套	1
	皮尺	10 m	个	1
	卷尺	2 m	个	1
	钉子包	内装钉子各 1 kg	个	2
	信号喇叭	一套至少 2 个	套	1
	绝缘手套		副	2
	救生索	长 30 m，抗拉强度 3000 kg	条	1

矿山救援规程

（续）

类别	装备名称	要求及说明	单位	数量
	引路线	阻燃、防静电、抗拉	m	1000
	担架	铝合金管、棉质	副	1
	采气样工具	包括球胆 4 个	套	2
	保温毯	棉质	条	1
	液压起重器	或者起重气垫	套	1
	刀锯	锯头≥400 mm	把	2
工具备品	防爆工具	锤、斧、镐、锹、钎、起钉器等	套	1
	电工工具	钳子、电工刀、活扳手、螺丝刀、测电笔等	套	1
	瓦工工具	瓦工刀、桃铲、抹子、托灰板、刨锛等	套	1
	皮尺	10 m	个	1
	卷尺	2 m	个	1
	钉子包	内装常用钉子各 1 kg	个	2

407

矿山救护规程

表6（续）

类别	名称	要求及说明	单位	数量
装备工具	探险棍		个	1
	充气夹板		副	1
	急救箱		个	1
	记录本		本	2
	圆珠笔		支	2
	备件袋		个	1
其他	个人基本配备装备	不包括企业消防服装，见表8	套/人	1

注1：急救箱内装止血带、夹板、药棉、消炎药、中暑药和止泻药、酒精、碘酒、绷带、胶布、手术刀、剪子、镊子，以及止痛药等。

注2：备件袋内装保明片、防雾液、各种垫圈每件10个，以及其他氧气呼吸器易损坏件等。

矿山救援规程（续）

类别	装备名称	要求及说明	单位	数量
工具备品	信号喇叭	一套至少2个	套	1
	绝缘手套		副	2
	救生索	长30 m，抗拉强度≥3000 kg	条	1
	探险棍	轻便、防爆	个	1
	负压夹板	或者充气夹板	副	1
	急救箱	内装止血带、夹板、药棉、绷带、胶布、药刀、剪刀、碘伏、消炎药、医用手套、伤病人员标识卡等	个	1
	记录工具	记录笔、本各2个	套	2
	备件袋	内装防雾液、易损易坏件等	个	1

附录Ⅲ 《矿山救援规程》与《矿山救护规程》条文对照表

（续）

矿山救护规程

表7 兼职矿山救护队基本装备 配备标准

类别	装备名称	要求及说明	单位	数量
通信器材	灭区电话		套	1
	引路线		m	1000
个人防护	氧气呼吸器	4 h氧气呼吸器 1台/人	台	2
		2 h氧气呼吸器	台	20
	压缩氧自救器		台	2
	自动苏生器		台	20
灭火装备	干粉灭火器		只	2
	风障		块	2
检测仪器	呼吸器校验仪		台	2
	一氧化碳检定器	10%、100% 各1台	台	2
	瓦斯检定器		台	2
	氧气检定器		台	1
	温度计		支	2

矿山救援规程

附录4 兼职矿山救援队基本装备

类别	装备名称	要求及说明	单位	数量
通信器材	灭区电话	防爆，双向音频实时通信	套	1
个体防护	4 h氧气呼吸器	正压	台	1
	2 h氧气呼吸器	或者4 h氧气呼吸器，正压	台	1
	自救器	隔绝式，额定防护时间≥30 min	台	20
	自动苏生器	便携式	台	2
灭火器材	干粉灭火器	8 kg	台	10
	风障	面积≥4 m×4 m，棉质	块	2
检测仪器	氧气呼吸器校验仪	检测校验氧气呼吸器性能和技术参数	台	2
	多种气体检定器	配备CO、O_2、H_2S、H_2检定管各30支	台	2

表7（续）

矿山救护规程（续）

类别	装备名称	要求及说明	单位	数量
装备工具	采气样工具	包括球胆4个	套	1
	防爆工具	锤、钎、锹、镐等	套	1
	两用锹		把	2
	氧气充填泵	40 L	台	1
	氧气瓶	4 h	个	5
		2 h	个	20
	救生索	长 30 m，抗拉强度 3000 kg	条	5
	担架	含1副负压担架	副	2
	保温毯	棉织	条	2
	绝缘手套		双	1
	铜钉斧		把	2
	矿工斧		把	2
	刀锯		把	2

类别	装备名称	要求及说明	单位	数量
检测仪器	瓦斯检定器	量程为10%、100%的各1台（金属非金属的矿山救援队可不配备）	台	2
	便携式氧气检测仪	数字显示，带报警功能	台	1
	温度计	0 ℃～100 ℃	支	2
	引路线	阻燃、防静电、抗拉	m	1000
工具备品	采气样工具	包括球胆4个	套	1
	氧气充填泵	氧气充填室配备	台	1
	氧气瓶	容积40 L，压力≥10 MPa	个	5
		氧气呼吸器配套气瓶	个	20
		自动苏生器配套气瓶	个	2
	救生索	长 30 m，抗拉强度≥3000 kg	条	1

附录Ⅲ 《矿山救援规程》与《矿山救护规程》条文对照表

矿山救护规程

表7（续）

类别	装备名称	要求及说明	单位	数量
装备工具	起钉器		把	2
	手表	指挥员1块/人	块	1
	电工工具		套	1
药剂	氢氧化钙		t	0.5

矿山救援规程

（续）

类别	装备名称	要求及说明	单位	数量
工具备品	担架	含1副负压担架，铝合金管、棉质	副	2
	保温毯	棉质	条	2
	绝缘手套		副	1
	刀锯	锯头≥400 mm	把	1
	防爆工具	锤、斧、镐、锹、钎、起钉器等	套	1
	电工工具	钳子、电工刀、活扳手、螺丝刀、测电笔等	套	1
药剂	氢氧化钙	满足《隔绝式氧气呼吸器和自救器用氢氧化钙技术条件》要求	t	0.5

411

矿山救护规程

表8 矿山救护队指战员（含兼职矿山救护队指战员）配备标准

个人基本装备

类别	装备名称	要求及说明	单位	数量
个人防护	氧气呼吸器	4 h 压缩氧	台	1
	自救器		台	1
	战斗服	带反光标志	套	1
	胶靴		双	1
	毛巾		条	1
	安全帽		顶	1
	矿灯		盏	1
检测仪器	温度计	双光源、便携	支	1
装备工具	手套	布手套、线手套各1副	副	2
	灯带		条	2

（续）

矿山救援规程

附表5 矿山救援队应急救援人员个人基本装备

类别	装备名称	要求及说明	单位	数量
个体防护	4 h 氧气呼吸器	正压	台	1
	自救器	隔绝式，额定防护时间≥30 min	台	1
	救援防护服	反光标志和防静电、阻燃等性能符合国家和行业相关标准	套	1
	胶靴	防砸、防刺穿、防静电/绝缘	双	1
	毛巾	棉质	条	1
	安全帽	阻燃、抗冲击、侧向刚性、防静电、绝缘	顶	1
	矿灯	本质安全型，配灯带	盏	1

附录Ⅲ 《矿山救援规程》与《矿山救护规程》条文对照表

(续)

矿山救护规程 表8（续）					矿山救援规程（续）			
类别	装备名称	要求及说明	单位	数量	类别	装备名称	要求及说明	单位	数量

类别	装备名称	要求及说明	单位	数量
装备工具	背包	装战斗服	个	1
	联络绳	长2 m	根	1
	氧气呼吸器工具		套	1
	粉笔		支	2

类别	装备名称	要求及说明	单位	数量
装备工具	手表（计时器）	机械式，副小队长及以上指挥员配备	块	1
	手套	布手套、线手套、防割手套各1副	副	3
	背包	装救援防护服，棉质或者其他防静电布料	个	1
	联络绳	长2 m	根	1
	氧气呼吸器工具	氧气呼吸器配套使用	套	1
	记录工具	记录笔、本、粉笔各1个	套	1

413

第三部分 附 录

矿山救护规程

（续）

表10 矿山救护小队进入灾区侦察时所携带的基本装备配备标准

类别	装备名称	要求及说明	单位	数量
通信器材	灾区电话	与井下基地联系	台	1
	引路线		m	500
个人防护	2 h氧气呼吸器		台	1
	自动苏生器	放在井下基地	台	1
	瓦斯检定器	10%、100%各1台	台	2
检测仪器	一氧化碳检定器	含各种气体检测管	台	1
	温度计	0～100 ℃	支	1
	采气样工具	包括球胆4个	套	1
	氧气检定器	便携式数字显示，带报警功能	台	1
装备工具	担架		副	1
	保温毯	可放在井下基地	条	1

矿山救援规程

附表6

矿山救援小队进行矿井灾区探察携带基本装备

类别	装备名称	要求及说明	单位	数量
通信器材	灾区电话	防爆，双向音频实时通信	台	1
个体防护	2 h或者4 h氧气呼吸器	正压	台	1
	自动苏生器	便携式，可放在井下基地	台	1
检测仪器	瓦斯检定器	量程为10%、100%的各1台	台	2
	多种气体检定器	配备CO、O_2、H_2S、H_2检定管各30支	套	1
	采气样工具	包括球胆4个	套	1
	温度计	0 ℃～100 ℃	支	1
	便携式氧气检测仪	数字显示，带报警功能	台	1

附录Ⅲ 《矿山救援规程》与《矿山救护规程》条文对照表

矿山救护规程（续）

表10（续）

类别	装备名称	要求及说明	单位	数量
装备工具	4 h呼吸器氧气瓶		个	2
	刀锯		把	1
	铜钉斧		把	1
	两用锹		个	1
	探险棍		个	1
	灾区指路器	或冷光管	个	10
	皮尺	10 m	个	1
	急救箱		个	1
	记录本		本	2
	圆珠笔		支	2
	电工工具		套	1
其他	个人基本配备装备	见表8	套/人	1

注：必要时，应携带热成像仪、红外线测温仪和红外线测距仪进入灾区侦察。

矿山救援规程（续）

类别	装备名称	要求及说明	单位	数量
装备工具	担架	铝合金管、棉质	副	1
	保温毯	棉质	条	1
	氧气瓶	与4 h氧气呼吸器配套	个	2
	刀锯	锯头≥400 mm	把	1
	铜顶斧	防爆	把	1
	两用锹	防爆	把	1
	探险棍	轻便、防爆	个	1
	灾区指路器	或者冷光管	个	10
	引路线	阻燃、防静电、抗拉，用有线电话线引路的可不携带	m	500
	皮尺	10 m	个	1
	急救箱	小队急救箱	个	1
	记录工具	记录笔、本各1个	套	2

矿山救援规程（续）

类别	装备名称	要求及说明	单位	数量
装备工具	电工工具	钳子、电工刀、活扳手、螺丝刀、测电笔等	套	1
个人装备	应急救援人员个人基本装备	见附录5		

注：必要时，携带风表、红外线测温仪、红外线测距仪、热成像仪等装备。

附录7 应急救援登记卡（样式）

填报单位：　　　　　　上报日期：

事故单位名称		事故类别	
事故发生地点			
遇险人数		生还人数	
遇难人数		失踪人数	

表1 救援登记卡

填报单位：　　　　　　报出时间：

事故单位名称		事故性质	
事故发生地点		名	招请人
来电时间	月　日　时　分	名	姓名

附录Ⅲ 《矿山救援规程》与《矿山救护规程》条文对照表

矿山救护规程			矿山救援规程		
表1（续）			（续）		
出动时间	月 日 时 分		接警时间	月 日 时 分	
返回队部时间	月 日 时 分		出动时间	月 日 时 分	
出动人数	名	抢救总指挥	返回驻地时间	月 日 时 分	
出动总时间	小时	救护队负责人	通知人及单位		带队指挥员
事故现场情况及处理经过			出动小队		救援队负责人
主要经验与教训			出动人数		
事故现场示意图	另附事故现场示意图		事故现场情况（简述）		
佩用呼吸器时间	小时	运出尸体 具	应急救援情况（简述）		
未佩用呼吸器时间	小时	救出受伤人员 人			
恢复巷道	米	挽回经济损失 万元	经验与教训（简述）		

417

矿山救护规程

表1（续）

	佩带氧气呼吸器时间/h	佩用氧气呼吸器时间/h	其他有关情况		本队救出生还人数	本队救出遇难人数	恢复巷道/m

其他工作	内容		
填表人	姓名		

注1：每次事故救援返队后15天内填写此卡，一式四份，分别上报省级矿山救援指挥机构和国家矿山救援指挥机构；存档一份。

注2：此卡应打印填报，人工填写，字迹清楚。

填表人姓名：　　　　　负责人（签章）：　　　　　填报单位盖章

附录8

表11 各类泡爆墙的最小厚度

井巷断面/m²	水砂充填厚度/m	石膏墙		砂袋墙	
		石膏粉/t	厚度/m	厚度/m	砂袋数量/袋
5.0	≤5	11	2.2	5	1500
7.5	5~8	19	2.5	6	2600
10.5	8~10	30	3	7	4200
14	10~15	42	3.5以上	8	6400

防爆密闭墙最小厚度

井巷断面/m²	水砂充填墙/m	石膏（粉煤灰、胶凝剂）充填墙/m	砂袋墙/m
≤5.0	5	2.5	5
5.0~7.5	5~8	2.5~3	5~6
7.5~10.5	8~10	3~3.5	6~7
10.5~14	10~15	3.5~4	7~8

附录Ⅲ 《矿山救援规程》与《矿山救护规程》条文对照表

（续）

矿山救护规程	矿山救援规程

表12 救护人员进入高温灾区的最长时间值

巷道中温度/℃	40	45	50	55	60
进入时间/min	25	20	15	10	5

附录9

应急救援人员在高温巷道持续作业限制时间

巷道内温度/℃	40	45	50	55	60
持续作业时间/min	25	20	15	10	5

表13 救护中队急救器材基本配备清单

器材名称	单位	数量	备注
模拟人	套	1	
抗休克服	套	3	
背夹板	副	4	
充气夹板	套	3	
颈托	副	5	
聚酯夹板	副	10	
止血带	个	20	
三角巾	块	20	
绷带	m	50	

附录10

矿山救援中队基本急救器材清单

器材名称	单位	数量	备注
模拟人	套	1	
背夹板	副	4	或者充气夹板
负压夹板	套	3	大、中、小号各2副
颈托	副	6	或者木夹板
聚酯夹板	副	10	
止血带	个	20	
三角巾	块	20	

矿山救护规程

表13（续）

器材名称	单位	数量	备注
剪子	个	5	
手术刀	个	5	
镊子	个	10	
口式呼吸面具	副	5	
医用手套	个	20	
开口器	个	6	
夹舌器	张	6	
伤病卡		100	
相关药剂		若干	碘酒、消炎药、止泻药、止痛药
环甲膜穿刺针	个	5	
医疗急救箱	个	1	

矿山救援规程（续）

器材名称	单位	数量	备注
绷带	m	50	
剪子	个	5	
镊子	个	10	
口式呼吸面罩/隔离膜	个	5/50	口对口人工呼吸用面罩
医用手套	副	20	
开口器	个	6	
夹舌器	个	6	
伤病卡	张	100	
相关药剂		若干	碘伏、消炎药等
急救箱	个	1	
防护眼镜	副	3	
医用消毒大单	条	2	

附录Ⅲ 《矿山救援规程》与《矿山救护规程》条文对照表

矿山救护规程				矿山救援规程			
（续）				附录11			
表14 小队急救药品基本配备清单				矿山救援小队基本急救器材清单			
器材名称	单位	数量	备注	器材名称	单位	数量	备注
颈托	副	2		颈托	副	2	可调试
聚酯夹板	副	2		聚酯夹板	副	2	
三角巾	块	10		三角巾	块	10	
绷带	m	5		绷带	m	5	
消炎药水	瓶	2		消炎消毒药水	瓶	2	酒精、碘伏等
药棉	卷	2		药棉	卷	2	
剪子	个	1		剪子	个	1	
衬垫	卷	5		衬垫	卷	5	
冷敷药品	份	2		冷敷药品	份	2	
口对口式呼吸面具	个	2		口对口式呼吸面罩/隔离膜	个	2/20	
医用手套	副	2		医用手套	副	2	
夹舌器	个	1		夹舌器	个	1	
开口器	个	1		开口器	个	1	

421

矿山救援规程

（续）

器材名称	单位	数量	备注
镊子	个	2	
止血带	个	5	
无菌敷料	份	10	或者无菌纱布

矿山救护规程

表 14（续）

器材名称	单位	数量	备注
镊子	个	2	
手术刀	个	2	
止血带	个	5	
伤病卡	个	20	
无菌敷料	份	10	或无菌纱布